低渗透油藏二氧化碳驱油机理与油藏工程

Mechanism and Reservoir Engineering of Carbon Dioxide Flooding in Low Permeability Reservoir

计秉玉 何应付 吕成远 赵淑霞 刘 玄 等 著

科学出版社

北 京

内 容 简 介

本书针对我国陆相生油油藏混相压力高、注采压差大等实际问题，系统阐述了注CO_2非完全混相驱替理论、室内实验评价与物理模拟技术，以及基于非结构化网格的多相多组分数值模拟方法，通过实例详细介绍了特低渗透及致密储层注CO_2提高采收率的油藏工程优化设计技术，并通过现场试验总结了注CO_2提高采收率的技术政策。

本书可供从事CO_2驱油技术工作的科研人员、工程技术人员使用，也可作为高等院校相关专业师生的参考用书。

图书在版编目(CIP)数据

低渗透油藏二氧化碳驱油机理与油藏工程 = Mechanism and Reservoir Engineering of Carbon Dioxide Flooding in Low Permeability Reservoir / 计秉玉等著. —北京：科学出版社，2020.1
ISBN 978-7-03-062995-1

Ⅰ. ①低… Ⅱ. ①计… Ⅲ. ①低渗透油气藏-注二氧化碳-气压驱动 ②低渗透油气藏-油藏工程 Ⅳ. ①P618.130.2

中国版本图书馆 CIP 数据核字(2019)第 253185 号

责任编辑：万群霞 / 责任校对：王萌萌
责任印制：师艳茹 / 封面设计：蓝正设计

科学出版社 出版
北京东黄城根北街 16 号
邮政编码：100717
http://www.sciencep.com

北京汇瑞嘉合文化发展有限公司 印刷
科学出版社发行 各地新华书店经销

*

2020 年 1 月第 一 版 开本：787×1092 1/16
2020 年 1 月第一次印刷 印张：18 1/4
字数：430 000

定价：248.00 元
(如有印装质量问题，我社负责调换)

前 言

理论与实践表明，CO_2驱油是大幅度提高采收率的有效方法，目前在美国已形成年产量1500万t的生产能力，取得了较好的经济效益。我国在CO_2驱油方面也开展了大量的室内研究和一些现场试验，但由于油藏地质条件、CO_2来源等方面的制约，还没有进入大规模商业性开采阶段。

随着我国勘探发现商业储量难度的增加，提高已开发区域原油采收率、提高探明难采储量动用率成为油田企业增加储量、产量和提高经济价值的关键。CO_2驱油既可以提高原油采收率，又可以实现碳封存，减少CO_2大量排放。近年来，政府部门、科研机构和企业高度重视CO_2驱油，并不断加大研究试验力度。

近十年来，中国石油化工股份有限公司石油勘探开发研究院（简称中国石化石油勘探开发研究院）相继承担并完成了CO_2驱油方面的国家高科技研究发展计划（863计划）、国家重点基础研究发展计划（973计划）、国家自然科学基金及中国石油化工集团的科技攻关课题，在跟踪调研分析、理论研究、实验评价、物理模拟与数值模拟、现场试验设计与分析等方面做了大量工作和攻关，建立了注CO_2非完全混相驱替理论，并发展形成了碎屑岩油藏注CO_2提高采收率的技术体系，取得了一系列成果与认识。笔者以此为基础，撰写了这本专著。

全书共五章，第一章介绍国内外注CO_2驱油的应用概况和技术进展，由计秉玉、何应付撰写；第二章重点介绍低渗透储层的CO_2非完全混相驱替理论，由计秉玉、刘玄、何应付撰写；第三章介绍CO_2驱油室内实验评价和物理模拟技术进展，由吕成远、伦增珉、王锐、王海涛、何应付撰写；第四章介绍多相多组分数值模拟技术，由刘玄、何应付撰写；第五章介绍致密油藏、特低渗透油藏、水驱废弃油藏注CO_2提高采收率的油藏工程优化设计技术，由赵淑霞、何应付、刘玄、计秉玉撰写。全书由计秉玉、何应付构思并统稿。

本书在撰写过程中，得到了中国石化石油勘探开发研究院领导和有关专家的大力支持与指导，同时得到了国家重大科技专项"鄂尔多斯盆地致密低渗油气藏注气提高采收率技术"（2016ZX05048003）研究团队的鼎力支持，在此一并表示感谢。

由于CO_2驱油过程的复杂性和缺少系统性、规模性的现场试验，再加上研究水平有限，不足之处难免，敬请读者指正。

作 者

2019年8月

目 录

前言

第一章 概述 ·· 1
  第一节 国内外注 CO_2 驱油应用概况 ·· 1
    一、国外注 CO_2 驱油发展状况 ·· 1
    二、国内注 CO_2 驱油发展状况 ·· 5
    三、国内外技术发展对比与发展方向 ··· 7
  第二节 国内外 CO_2 驱油理论研究进展 ··· 9
    一、相态理论研究进展 ··· 9
    二、混相理论及研究进展 ·· 10
  第三节 我国注 CO_2 驱油潜力及发展建议 ··· 11
    一、我国注 CO_2 驱油潜力分析 ·· 11
    二、对我国发展 CO_2 驱油的建议 ·· 14

第二章 注 CO_2 非完全混相驱替理论 ··· 15
  第一节 CO_2 非混相一维驱替理论及前缘移动方程 ·· 15
    一、基本方程 ·· 15
    二、注入 CO_2 物质平衡分配模型 ·· 19
    三、开发指标计算 ·· 19
    四、计算实例与认识 ··· 21
  第二节 CO_2 驱替过程中物理化学作用分析 ··· 23
    一、萃取与溶解 ·· 23
    二、原油体积膨胀 ·· 26
    三、降低原油黏度 ·· 28
    四、扩散与弥散 ·· 29
    五、油气表面张力变化及影响 ·· 37
    六、沥青质沉淀 ·· 40
  第三节 低渗透储层 CO_2 非完全混相驱替理论 ·· 43
    一、混相驱概念存在的问题 ··· 43
    二、CO_2 驱替规律研究 ··· 44
    三、非完全混相驱概念及表征方法 ··· 47
    四、非完全混相驱替理论的应用 ·· 51

第四节　高含水油藏注 CO_2 驱机理研究 ··· 54
一、物理化学特征研究 ··· 55
二、CO_2 驱替过程中的物理化学效应 ··· 60
三、微观剩余油的动用机理 ··· 66

第三章　室内实验评价与物理模拟技术 ··· 74
第一节　相态模拟实验技术 ··· 74
一、原油高温高压相态测试技术 ··· 74
二、CO_2-原油相行为测试技术 ··· 77
三、CO_2 在油水中溶解分配规律实验技术 ··· 78

第二节　CO_2 驱替最小混相压力实验评价技术 ··· 81
一、长细管实验技术 ··· 81
二、升泡仪测试技术 ··· 82
三、界面张力消失技术 ··· 82
四、PVT 测试法 ··· 83

第三节　长岩心驱替实验评价技术 ··· 84
一、实验装置及方法 ··· 84
二、长岩心 CO_2 驱替实验 ··· 85

第四节　CO_2 扩散特征实验评价技术 ··· 88
一、CO_2 在原油中扩散系数测定实验 ··· 88
二、CO_2 在饱和原油多孔介质中扩散系数测定实验 ··· 92
三、低渗透岩心 CO_2 扩散作用分析 ··· 93

第五节　CO_2 驱替多相渗流实验评价技术 ··· 94
一、三相相对渗透率数学模型 ··· 94
二、扩散作用对油气相对渗透率的影响规律 ··· 95
三、溶解作用对气驱相对渗透率的影响规律 ··· 98
四、综合考虑扩散溶解作用的油气相对渗透率曲线及表征方法 ··· 101
五、三相相对渗透率曲线及其表征方法 ··· 103

第六节　流体流动孔隙下限在线测试实验评价技术 ··· 107
一、CO_2 驱油动用孔隙界限 ··· 107
二、CO_2 驱水动用孔隙界限 ··· 112
三、裂缝岩心动用孔隙界限 ··· 115
四、水驱油后 CO_2 驱油动用孔隙界限 ··· 117

第七节　致密多级压裂水平井 CO_2 吞吐物理模拟评价技术 ··· 118
一、注 CO_2 物理模拟相似准则 ··· 118
二、CO_2 吞吐二维物理模型设计与制备 ··· 126
三、实验设计 ··· 129
四、致密油藏水平井分段压裂 CO_2 吞吐机理及影响因素 ··· 132

第四章 多相多组分数值模拟技术 ... 145

第一节 气驱相态模拟技术 ... 145
一、状态方程 ... 145
二、相平衡与物性参数计算 ... 157
三、地层流体相态拟合 ... 159

第二节 多相多组分数值模拟模型 ... 164
一、多相多组分模型的基本假设 ... 164
二、多相多组分模型的一般方程 ... 165
三、离散方程及雅可比矩阵 ... 168
四、启动压力梯度方程及其离散 ... 180
五、应力敏感性方程及其离散 ... 182

第三节 动态非结构化网格建模技术 ... 184
一、分层非结构化网格生成技术 ... 184
二、离散裂缝处理技术 ... 189
三、非结构化网格属性建模 ... 191
四、非结构化网格传导率计算 ... 191

第四节 EORSim 程序的编制与验证 ... 193
一、软件架构 ... 194
二、程序验证 ... 196

第五节 应用 EORSim 分析致密裂缝性油藏 CO_2 驱主控因素 ... 199
一、CO_2 驱油技术评价参数与方法 ... 199
二、裂缝性储层 CO_2 驱影响因素数值模拟分析 ... 202
三、致密裂缝性储层 CO_2 驱注采井距分析 ... 205

第五章 注 CO_2 驱油藏工程优化设计技术 ... 209

第一节 开发方案智能优化技术 ... 209
一、开发方案优化方法 ... 209
二、粒子群算法原理 ... 211

第二节 压裂水平井 CO_2 吞吐油藏工程优化设计 ... 213
一、油藏概述 ... 213
二、注 CO_2 前后流体相态拟合 ... 213
三、三维地质建模与历史拟合 ... 214
四、注 CO_2 油藏工程优化设计 ... 221

第三节 特低渗透裂缝性油田 CO_2 驱油藏工程优化设计 ... 226
一、油藏概述 ... 226
二、注 CO_2 前后流体相态拟合 ... 227
三、储层特征与三维地质建模 ... 230
四、注 CO_2 混相程度分析 ... 235

五、注 CO_2 油藏工程优化设计 ………………………………………………………… 238
　　六、实施效果分析 …………………………………………………………………………… 244
第四节　水驱废弃油田 CO_2 驱综合调整方案优化 ……………………………………… 249
　　一、油藏概述 ………………………………………………………………………………… 249
　　二、精细油藏描述与三维地质建模 ………………………………………………………… 249
　　三、先导试验实施效果分析 ………………………………………………………………… 260
　　四、流体相态拟合 …………………………………………………………………………… 265
　　五、油藏工程综合调整优化设计 …………………………………………………………… 269
第五节　CO_2 驱替开发技术政策方面的认识 …………………………………………… 270
　　一、CO_2 驱井网层系优化 ………………………………………………………………… 270
　　二、超前注气，提高混相程度 ……………………………………………………………… 272
　　三、周期注气，发挥扩散作用 ……………………………………………………………… 273
　　四、水气异井注入，油藏混驱，增大波及体积 …………………………………………… 273
　　五、高压低速，扩大波及体积，增加混相程度 …………………………………………… 274

参考文献 …………………………………………………………………………………………… 277

第一章 概 述

第一节 国内外注 CO_2 驱油应用概况

通过注入 CO_2 气体提高采收率的方法的研究已有几十年的历史,早在 1920 年就有文献记载[1]。虽然美国人 Whorton 在 1952 年申请了第一个 CO_2 采油技术专利[2],但 CO_2 的现场应用最早开始于 1956 年,在美国 Permain 盆地首先进行了注 CO_2 混相驱替试验[3],结果表明注 CO_2 不但是一种有效提高采收率的方法,而且具有很高的经济效益。20 世纪 80 年代,在解决了注采系统和地面系统防腐、产出流体中 CO_2 分离和循环利用等技术难题后,注 CO_2 驱油进入技术集成和大规模应用阶段。近年来,随着科学技术的进步,同时为了满足环境保护的需要,注 CO_2 提高采收率方法越来越受到重视,很多国家开展了现场试验。

一、国外注 CO_2 驱油发展状况

(一)国外注 CO_2 驱油应用现状

据美国 "*Oil and Gas*" 报道,2014 年全球正在进行的提高原油采收率项目共有 327 项,其中注 CO_2 驱油的项目有 136 项,年产量超过 1600 万 t[4]。在所有注 CO_2 驱油项目中,CO_2 混相驱替有 126 项,年产油量超过 1300 万 t;CO_2 非混相驱替有 10 项,年产油量超过 300 万 t(图 1-1)。

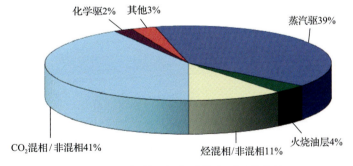

图 1-1 2014 年世界提高采收率项目分布情况

在所有开展注 CO_2 驱油项目的国家中,以美国开展的项目最多且逐年增加(图 1-2、图 1-3)。2014 年达到了 120 个,占全部注 CO_2 驱油项目数的 88.23%,年产油量超过 1300 万 t,占世界注 CO_2 产油量的 81.5%,其中 CO_2 混相驱替项目 112 个,年产油量超过 1100 万 t。

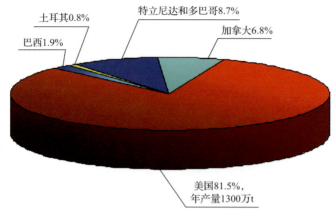

图 1-2 世界注 CO_2 驱油分布情况

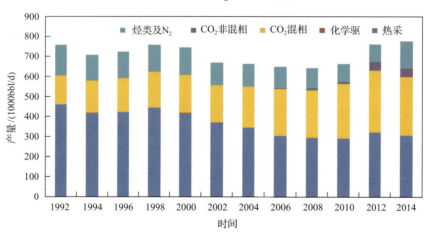

图 1-3 美国 EOR(enhanced oil recovery)产量变化情况

1bbl/d=0.159m³/d

美国通过注 CO_2 提高采收率有 4 个主要基地，分别为二叠纪盆地、海湾沿岸地区、落基山脉地区和中大陆地区，每个基地规模见表 1-1，美国注 CO_2 驱油项目分布如图 1-4 所示。

表 1-1 美国注 CO_2 驱油主要基地规模统计 (单位：万 t)

基地名称	年产油能力	年增油规模	年注入规模
二叠纪盆地	1257	937	3382
海湾沿岸地区	207	207	1879
落基山脉地区	264	205	670
中大陆地区	107	107	93

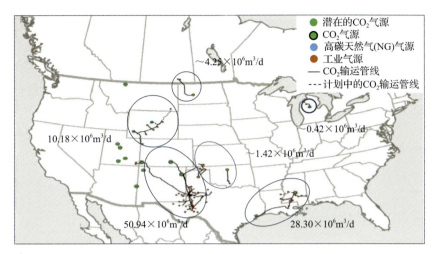

图 1-4 美国注 CO_2 驱油项目、气源及管线分布

注 CO_2 驱油之所以在美国成为重要的提高采收率技术，是因为以下几点：①丰富的气源，每年用于驱油的 CO_2 总量超过 5000 万 t，其中约 400 万 t 来源于煤气化厂和化肥厂的尾气，其他主要来自天然 CO_2 气藏，且气源位置与油藏位置具有较好的匹配性；②发达的管网，美国输送 CO_2 的管网十分发达，所有提高原油采收率项目所用 CO_2 均采用管网运输；③混相压力低且储层均质性较好，美国大多数开展 CO_2 驱的油藏属于海相生油，原油轻质组分含量高，密度、黏度低，易于混相，且储层均质，CO_2 波及范围大，采收率高。上述特点也决定了 CO_2 驱油在美国的经济性。

虽然美国 70% 以上的 CO_2 驱油项目是在水驱后的油藏中实施，但项目开始前油藏仍具有较高的含油饱和度。项目实施后饱和度降低幅度一般在 5% 左右，部分油藏高于 25%，提高采收率幅度一般为 10%~25%。从增油量角度来看，美国成功实施 CO_2 驱油的区块平均单井日增油量较高，大部分项目的单井日增油量超过 5t。从见效时间来看，无论是先导试验还是矿场应用，CO_2 混相驱替的见效时间一般是 0.5~1.5 年，在注入 0.4~0.6HCPV（hydrocarbon pore volume，烃类孔隙体积）时可以提高采收率 13%，CO_2 的平均换油率为 0.225~0.676t/t。从注 CO_2 驱油成本来看，由于美国 CO_2 采用管道运输，且采用较纯的天然 CO_2 气源，驱油成本仅为 18~28 美元/bbl（883~1374 元/t）。

（二）国外注 CO_2 驱油的技术特点

（1）储量规模。统计三次采油现场试验中心井和边角井的见效情况，中心井见效比例为 83.39%，而边角井见效比例仅为 76%。从单井增油效果来看，中心井单井增油为边角井单井增油的 2 倍。从每米增油效果来看，中心井每米增油为边角井每米增油的 5 倍，中心井效果要远远好于边角井。因此，CO_2 驱油项目要有尽可能多的中心井，减少边角井数量。同时，CO_2 驱油项目投资较高，只有达到一定规模才能取得较好的经济效益。为了形成较为完善的注采井网，并保证取得经济效益，国外矿场试验一般要求动用储量大于 $100×10^6$t，油藏具有一定的规模。

(2)注气时机。选择 CO_2 驱油的时机通常需要考虑经济效益和风险因素,实施得越早,风险越高。但是伴随风险的是提高采收率的潜力,并且如果项目能够成功,投资回报速度是较快的。相反,油藏开发时间越长,对油藏特征的认识越深刻,风险越低。CO_2 注入时机通常有四种:直接注 CO_2 驱油(没有水驱)、在水驱产量达到峰值时进行 CO_2 驱油、在水驱产量递减之后进行 CO_2 驱油、在水驱产量达到经济界限时进行 CO_2 驱油。实施时机统计表明,虽然存在衰竭开采后直接气驱的项目,但美国注 CO_2 驱油主要应用于水驱后进一步提高采收率,如图 1-5 和表 1-2 所示。

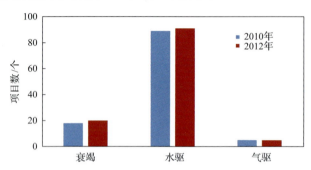

图 1-5　美国 CO_2 驱油开始前开发方式统计

表 1-2　美国部分油田 CO_2 注入时机统计

示例	采出程度/%	含水率/%
Little Creek 油田	46	—
SACROC 单元	—	95
Big Sinking 油田	—	50
Forest Reserve 油田	17.4	—
Ivanić 油田	40.5	—
RWSU 单元	44	—
SSU 单元	35	—
Sundown Slaughter 油田	—	97

注:—指没有获得相关数据。

(3)井网类型。目前已实施的注 CO_2 驱油项目所采用的井网类型主要有四种:反九点、五点、线性和鸡笼式。如 Little Creek 油田和 SACROC 单元采用的是反九点井网,而 Weyburn 油田和 SSU 单元采用的是线性驱动类型;土耳其 Ikiz tepe 油田采用的是 200m×200m 五点法井网。

(4)注入方式。在注 CO_2 驱油时,CO_2 注入储层的方式主要包括:CO_2 吞吐、连续注入、水气交替注入(water alter gas,WAG)、重力稳定驱、水和 CO_2 分开但同时注入(simultaneous separate injection of water and gas,SSWG)。其中水气交替注入和 CO_2 吞吐是最为常用的两种注入方式。但由于地下条件的不同,不同油藏的最佳注入方式也不相同,各种注入方式的对比分析如表 1-3 所示。

水气交替注入方式兼顾了两个最常用的提高采收率方法(注水和注气)的优点,其注

入方式为交替注入 CO_2 小段塞和水,直到完成所需要的 CO_2 注入总量为止,其主要优点是流度控制,防止气窜。这种注入方式的特殊情况就是只注一个 CO_2 段塞,然后连续注水。通过调研发现,水气交替注入方式是目前最主要的开发方式,并且采用交替注入 CO_2 小段塞和水是提高油藏采收率的最佳措施。

最早采用水气交替注入方式开发的油田是加拿大 Alberta 州的 North Pembina 油田,其在 1957 年开始实施水气交替注入开发方式,并取得了很好的效益[5]。由于水气交替注入,采油过程为三相渗流,在每个循环中都会产生渗吸和驱替两种效应。水气交替注入开采原油效果的最佳条件是气水两相的注入使油藏中气水两相渗流速度相等。

表1-3 不同注入 CO_2 方式的对比分析

注入方式	优点	缺点	影响因素	油田实例
连续注入	驱油效率高,混相压力小	CO_2 用量大;CO_2 突破早,波及面积小	注入速度、CO_2 用量、渗透率和饱和度	SSU 单元
水气交替注入	提高波及系数,降低 CO_2 采出量	可能造成水屏蔽和 CO_2 旁通包油,腐蚀	非均质性、润湿性、流体性质、注入参数	SACROC 单元、RWSU 单元
CO_2 吞吐	资本投入少,较高的 CO_2 利用率	采收率小	注入速度、周期注入量、闷井时间等	Big Sinking 油田、Camurlu 油田
重力稳定驱	较高的采收率	CO_2 用量大,油藏需具有大的倾角	注入速度、油藏倾角的大小	Timbalier 海湾
SSWG	较高的波及面积	重力超覆,腐蚀问题	非均质性、润湿性	Weyburn 油田

单井注入 CO_2 吞吐最初是作为蒸汽吞吐的替换方式开采稠油,1984 年开始用于轻质油藏的开采[6],已有经验表明其最适合面积较小的断块油藏、强水驱后的块状油藏等[7-9]。近年来,致密油藏注 CO_2 吞吐提高采收率技术受到越来越多的关注,已有研究报告认为注 CO_2 吞吐能够改善致密油藏的开采效果[10,11],且能够取得良好的经济效益,但目前大规模矿场应用还未见报道。

二、国内注 CO_2 驱油发展状况

我国注 CO_2 提高采收率室内研究始于 20 世纪 60 年代,矿场试验始于 20 世纪 90 年代。中国石油天然气集团有限公司(简称中国石油)的大庆油田将 CO_2 驱油作为提高采收率的手段,在高含水油田萨南葡 I2 开展试验[12,13],采收率提高了 8% 左右,但由于无法与化学驱竞争而终止(化学驱提高采收率 12% 以上)。

与美国、加拿大等国家不同,我国的化学驱占提高采收率的主导地位,主要应用于中高渗透的高含水油藏。CO_2 驱油面临的油藏对象更多的是低渗透油藏。自 2003 年以来,中国石油的大庆油田、吉林油田、中国石化的华东分公司、东北分公司、胜利油田、中原油田先后开展致密/低渗透油藏 CO_2 驱油先导试验,主要解决补充能量困难的问题。

先导试验按照早期开发情况,分为四类:一类为一般低渗透注水开发后 CO_2 混相驱,典型代表为草舍油田[实际上在 CO_2 驱替过程中,生产井流压也远低于长细管实验确定的最小混相压力(minimum miscibility pressure,MMP)];二类为特低渗透裂缝性油藏注水开发后 CO_2 非混相驱,典型代表为腰英台油田;三类为特低渗透弹性开发后 CO_2 近混

相驱，典型代表为高 89-4 区块、吉林黑 59 区块；四类为早期注气开发，典型代表为树 101 区块、芳 48 区块。先导试验油藏基础地质参数如表 1-4 所示。

现有的低渗透/致密先导试验区根据各自储层及井网条件，CO_2 驱油井网主要采用五点法或反七点法，井距为 300~400m，排距为 100~250m，根据 CO_2 气源供应情况，采取间歇注入或连续注入方式(表 1-5、表 1-6)。从所有试验区实施情况看，储层吸气能力都较强(图 1-6)，注入压力明显低于注水压力；混相驱、非混相驱都有一定的效果，但混相驱、近混相驱效果明显好于非混相驱；裂缝发育的油藏驱替效果较差，各先导试验单元均有腐蚀、气窜现象。

表 1-4 低渗透油藏 CO_2 驱油先导试验油藏基础地质参数

试验区	开发层位	含油面积/km²	地质储量/万 t	渗透率/$10^{-3}\mu m^2$	孔隙度/%
芳 48	扶余	0.43	16.0	1.4	12.8
芳 48 扩大	扶余	2.49	90.0	1.26	12.3
红 87-2	扶余	3.7	170	0.24	9.4
高 89-4	沙四	0.88	51.7	4.7	12.5
树 101	扶杨	2.36	148.5	1.06	10.7
黑 59	青一段	4.5	216	3.0	12.4
草舍	泰州组	0.703	142	46.0	14.1
腰英台	青山口组			1.0	9.2
试验区	油藏中深/m	平均地层压力/MPa	地层温度/℃	原油黏度/cP	平均有效厚度/m
芳 48	1880	20.4	85.9	6.6	9.2
芳 48 扩大	1880	20.3	85.1	5.8	6.6
红 87-2	2200	20.5	98.0		12.4
高 89-4	2900	41.8	126.0	1.6	10.6
树 101	2120	22.1	108.0	3.6	12.2
黑 59	2450	24.2	98.9		7.2
草舍	3020	35.9	119.0	12.8	17.0
腰英台	2000	15.0	90.0	2.4	13.0

注：$1cP=10^{-3}Pa \cdot s$。

表 1-5 CO_2 驱方案设计汇总表

项目	区块	井网	注采井距/m	注入井/口	油井/口	注入方式
井组先导	芳 48	五点法	200~300	1	5	连续注入
	红 87-2	五点法		1	4	连续笼统注入
	高 89-4	五点法	350~700	1	6	连续注入
	腰英台	行列	250~400	5	22	连续注气
区块试验	芳 48	五点法	400×250 300×150 300×100	14	26	先期间歇注入
	树 101	五点法	300×250	8	15	先期间歇注入
	黑 59	反七点	440×140	5	19	先注水后连续注入
	草舍	点状面积		5	10	连续注入

表 1-6　CO_2 驱试验区实施情况汇总表

试验区	注前地层压力/MPa	最小混相压力/MPa	注入压力/MPa	平均日注入量/m³
芳 48	20.4	29.0	10.5～15.0	50.0
芳 48 扩大	20.3	29.0	14.0～15.0	12.0～58.0
红 87-2	—	—	—	—
高 89-4	23.2	28.9	2.5～5.0	40.0～55.0
树 101	22.1	21.9	17.0～19.0	13.0～35.0
黑 59	19.5	26.15	9.3～13.4	30.0～70.0
草舍	32.1	29.34	22.0～29.0	30.0～40.0
腰英台	15.0	26	10.5	120.0
试验区	累计注入量/m³	见效前平均单井日产量/t	见效后平均单井日产量/t	平均单井增油/t
芳 48	23880.0	1.0	1.6	0.6
芳 48 扩大	1435.0	1.0	1.1	0.1
红 87-2	12060.0	2.2	2.4	0.2
高 89-4	13515.0	6.9	8.9	2.4
树 101	1211.0	1.5	3.0	1.5
黑 59	6119.0	3.2	5.8	2.5
草舍	0.29 亿	3.0	5.6	2.2
腰英台	0.53 亿	1.0	1.4	0.4

注："—"表示没有收集到数据。

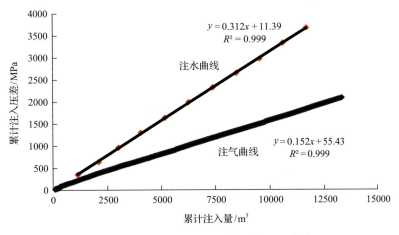

图 1-6　腰英台 2-2 井注气与注水 Hall 曲线

三、国内外技术发展对比与发展方向

(一) 国内外 CO_2 驱油技术对比

美国 CO_2 驱油已规模化应用，提高采收率幅度较高，配套技术成熟，国内 CO_2 驱油技术处于试验阶段。对比国内外 CO_2 驱油技术发展及应用情况，主要有以下差异。

(1) 气源不同。国外 CO_2 气源主要是天然 CO_2 气藏(85%以上)及高碳天然气开发副产品，如 Weyburn 油田项目的气源来自美国北达科他合成燃料厂净化装置的 CO_2。我国天然 CO_2 气藏不足，高碳天然气藏资源也有限，大规模发展 CO_2 驱油需要借力工业废气的捕集处理。因此国内 CO_2 供应不及时，供应量不足且价格高昂，这也是导致已实施项目进展缓慢的关键因素。

(2) 运输方式不同。管输是工业化实施 CO_2 驱油和埋存的基本条件，国外管网发达，已经建成的长距离输送 CO_2 管线超过 3000km。国内 CO_2 的运输以车载、船运为主，管网不健全，只在小管径短距离高压输送方面进行过尝试。CO_2 工业化处理和管输方法还没有形成，限制了高含 CO_2 天然气田的开发和 CO_2 驱油的规模化应用。

(3) 油藏类型不同。国外实施 CO_2 驱油的油藏以海相生油为主，储层均质性较好、混相压力低。国内主要针对难动用储量，储层品质较差，非均质性强，易产生气窜，且油藏以陆相生油为主，原油多为石蜡基，CO_2 混相压力高。

(4) 产出气处理与循环利用不同。国外规模较大的 CO_2 驱油项目产出 CO_2 均实现了分离—回收—循环注入，提高了 CO_2 的利用率。国内已经实施的 CO_2 驱油项目因实施时间较晚且规模小，分离—回收—循环注入工艺技术还处于试验阶段，目前只有草舍油田进行了产出气回收再循环利用，其他项目相关措施都在建设或计划实施中。

(5) 防窜封窜技术不同。国外防窜封窜技术以水气交替和周期泡沫封堵为主。国内防窜封窜技术还不能满足矿场需要，目前主要以间歇注气和水气交替方式控制气窜，化学封窜方法还处于攻关试验阶段。

(6) CO_2 腐蚀控制技术不同。国外对 CO_2 腐蚀的主要影响因素及其破坏机理和腐蚀防护措施进行了广泛的研究，已经可以为工程提供有明显防腐效果的缓蚀剂、防护涂料、涂层和耐蚀材料。国内有关 CO_2 的腐蚀研究起步较晚(20 世纪 80 年代)，除了在缓蚀剂的研究和应用方面作过一定的工作外，其他方面与国外差距较大，含 CO_2 气田的开发和 CO_2 驱油过程中的腐蚀问题突出。

(7) 油藏工程理论与优化设计等方面存在差异。国外从 CO_2 驱油的基础理论、室内实验到矿场实践已经系统配套，工业化应用效果明显。国内在基础研究方面虽然进行了大量的工作，但缺乏系统性认识，还需要深入研究。在油藏工程设计及矿场实施方面的差异也十分明显，如国外以水驱后提高采收率为主，部分油田为一次采油，国内 CO_2 驱油主要针对水驱不能动用的特低渗透油藏，在中高渗透油藏的应用则以水驱废弃油藏为主；国外以水气交替为主，国内以连续注气为主；国内外在方案设计及经济评价时均没有考虑埋存效应对驱油效果和经济效益的影响。

(8) CO_2 驱油标准方面。国外已基本形成较为配套的标准体系，国内在相关研究及矿场实施时基本引用美国的标准体系，还没有针对我国油藏地质特点建立相关标准。

综上所述，CO_2 驱油是实现碳埋存与提高原油采收率双赢的技术，目前在国外特别是美国已得到广泛应用，配套技术成熟。我国 CO_2 驱油仍处于起步阶段，与国外相比，油藏条件差，混相压力高，实施难度大，在气源的获得、产出气处理、防腐、防窜等技术及基础理论方面有待进一步的研究和实践。

(二)CO_2驱油技术发展方向

随着全球变暖，人们对温室效应的持续关注，作为 CCUS(carbon capture utilization and storage)最具有生命力的 CO_2 驱油技术的发展也越来越受到人们重视，近年来 CO_2 驱油技术的发展主要集中在以下几个方面。

(1)应用范围逐渐变宽。近年来 CO_2 驱油技术的实施对象逐渐向水驱废弃油藏、深层低渗透油藏、复杂断块油藏、致密储层和页岩油气藏扩展。不同实施对象的主要作用机理和开发模式不同，相应的基础理论需要进一步深化，数值模拟方法、油藏工程优化设计技术和配套工艺技术等也需要加快研究。

(2)驱油埋存逐渐一体化。随着社会经济的发展，CO_2 埋存效应受到各大石油公司的重视。目前已有的理论方法均分别针对埋存和驱油开展数值模拟研究和方案优化，驱油与埋存机理不同，需要将两者统一考虑并进行方案整体优化，在技术和评价体系上也需要深入研究。

(3)CO_2 化学复合驱逐渐发展。随着油藏条件变得复杂，单一 CO_2 驱油技术的适应性变差，将化学驱与气驱技术有机结合，提高 CO_2 驱油混相能力，有效扩大波及体积是未来发展方向。研发 CO_2 流度控制剂、高效泡沫封窜体系、CO_2 乳液体系、降低混相压力的混相剂等有助于改善 CO_2 驱油效果。

(4)有效监测技术逐步推进。国内对于 CO_2 驱油推进方向、波及状况的监测技术尚不成熟，需要进一步研发适应的技术，明确地下 CO_2 的分布状况，支撑后续调整方案的制定。

第二节 国内外 CO_2 驱油理论研究进展

一、相态理论研究进展

目前烃类流体的相态特征研究已形成了较为完整的理论和方法，可为油气田开发提供一整套相态实验技术和配套计算，如常用的 PR(Peng-Robinson)、SRK(Soave Redlich Kwong)、SW(Schmidt-Wenzel)等立方型状态方程，以及 ECLIPSE-PVTi、CMG-WINPROP、PVTSim 等相态模拟商业软件。但这些理论和方法的研究前提是流体的物性参数、相态变化机理不受油气储集层多孔介质的影响，相态实验是在没有多孔介质的 PVT 筒中进行的。至少从目前来看，在油气田开发中被广泛应用的相态理论和实验已经暗示了这样一个事实，即默认多孔介质对相态的影响是可以忽略的。

事实上，由于流体相态变化过程发生在油气储集层，多孔介质对相态的影响是客观存在的。毫无疑问，多孔介质中烃类流体相态特征研究能更贴切、真实地反映油气储集层中流体的相变规律。Trebin 和 Zadora[14]的研究结果表明，有多孔介质存在时，凝析气的露点压力比常规 PVT 筒中测得的露点压力高 10%～15%；Tindy 和 Raynal[15]研究原油在多孔介质中的饱和压力时发现，有多孔介质比无介质时原油的饱和压力高不足 10%。为此，美国、加拿大、丹麦等国家的学者[16-20]进行了多孔介质中相态特征的研究，但还未形成系统成熟的理论。

目前，考虑多孔介质的影响，最常用的处理方法是在已有的相态理论中增加毛细管压力参数[19]，即在进行闪蒸计算时，认为油气压力不相等，其差值为毛细管压力，该方程计算时会出现负闪蒸。部分相态理论研究时还考虑了吸附作用的影响，认为气相、液相和吸附相三相之间形成相平衡，且过程是瞬间完成的。部分学者理论研究后认为，仅需在致密储层(包括页岩油气和致密油)考虑多孔介质对油气相态的影响，而常规储层孔隙尺度较大，无需考虑该方面的影响。

二、混相理论及研究进展

目前，矿场实施注 CO_2 驱油项目主要分为混相驱和非混相驱，相应的机理、理论和矿场配套技术已比较成熟。早在20世纪50年代，混相驱就被认为是提高原油采收率最有前途的方法之一。传统理论认为注 CO_2 驱油是多次接触混相，可分为凝析气驱和蒸发气驱两类。Orr 等[21]、李菊花等[22]在进行 CO_2 驱油细管实验时，提出采收率曲线中的转效点并不一定表示由不混相驱替到动态混相驱替的转变，转效点可能是"近似混相的"。Stalkup[23]、Zick[24]、Novosad 和 Costain[25]分别通过细管实验、状态方程计算等研究手段对现场已实施的混相驱重新进行分析，置疑是否存在一种传统意义上的混相驱。1986年Zick[24]首次提出了凝析/蒸发型这种新的驱替类型，也称为近混相驱，研究认为凝析气驱过程中可能极少出现真正的凝析混相，在凝析、蒸发的双重作用下，油气两相的界面张力能达到一个较低点，采收率(注1.2倍HCPV溶剂)能达到95%或更高，但并未达到严格的物理化学意义上的混相。

Johns 和 Orr[26]采用四元相图(图1-7)分析多次接触混相的不同驱油机理。图1-7的水平面由气组分系线控制，垂直面由油组分系线控制。从图1-7可以看出，油组分和气组分所在位置与水平面和垂直面的相对位置决定了驱油机理的不同，或者说哪条系线成为临界系线决定了多次接触混相的驱油机理：①原油系线是临界系线，则属于纯蒸发气驱；②原油系线或注入气系线是临界系线，则属于蒸发/凝析气驱(vapour/condensate, V/C)；③交差系线是临界系线，则是凝析/蒸发气驱(C/V)；④注入气系线是临界系线，则属于纯凝析气驱。

1995年，Shyeh-Yung 和 Stadler[27]又将近混相驱的概念扩展，提出近混相气驱是指注入气体并非与油完全混相，只是接近混相状态。在此之后，近混相的概念得到科技研究人员和现场工作者的认可，并纷纷开展了关于近混相驱机理和影响因素的研究。Lars 和 Curties[28]提出了凝析/蒸发混相驱(即近混相驱)的最小混相压力确定方法。

目前，国内学者虽然对近混相驱开展了一定的室内研究[22,29-34]，但属于跟进式、仿造式的研究，国内矿场试验仍以混相驱理论指导为主，近混相驱理论还未用于矿场试验。

总的来说，已有的注 CO_2 驱油基础理论是国外学者基于海相生油和海相沉积储层建立的，而我国油藏大多是陆相沉积，储层非均质性更强，原油物性更差，储层温度一般更高，特别是对于我国中东部的低/特低渗透储层，很难达到真正物理意义上的混相驱，已有的理论难以指导我国陆相储层的注 CO_2 开发。

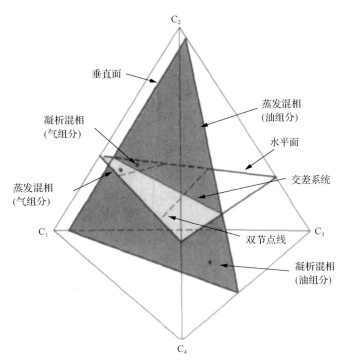

图 1-7　四组分系统驱油机理示意图

对于低渗透储层，油气田开发后地层压力场将发生很大的变化，使注入井附近压力很高，而采油井附近压力很低。CO_2-原油组成间的相互作用，除了与原油组成相关外，还与压力水平息息相关。这种低渗透储层的压力分布特征必然导致注入井附近混相而采油井附近大范围非混相的现象。因此，简单地将 CO_2 驱油划分为混相驱或非混相驱不能准确反映我国低渗透油藏的实际特征，用混相驱理论来指导注气的方案设计必然不能得到最佳的矿场实施效果。

因此，在国外学者研究的基础上，针对我国油藏的实际情况，除了深入研究近混相驱替理论外，还需探索适合我国陆相沉积储层的驱替理论和开发配套技术，为注气的高效开发提供理论指导和技术支持。

第三节　我国注 CO_2 驱油潜力及发展建议

一、我国注 CO_2 驱油潜力分析

注 CO_2 驱油的油藏筛选与潜力评价方法是进行中长期发展规划和规模化矿场应用的基础，国内外学者对此进行了大量的研究，主要形成了三类方法。第一类为二元对比法，如美国的混相驱筛选标准[35-38]、李士伦等[39]建立的筛选标准，该方法主要将 CO_2 驱油分为混相驱和非混相驱，并给出相关参数的取值范围，简单易行，但没有考虑油藏各参数的综合影响。第二类为代理模型法，即数值模拟和实验设计方法相结合，建立采收率、

换油率等计算模型,如 Wood 等[40]建立的基于无量纲参数的筛选模型,该方法建立过程较复杂,且适用性受模型建立时取值范围的影响,推广性差。第三类为模糊评判方法,如 1996 年 Daniel 等[41]提出的用参数权重向量乘参数适宜度矩阵来对油藏进行综合评价的方法,该方法考虑油藏各参数的综合影响,但依赖于油藏二元筛选参数。

为了注 CO_2 提高采收率的中长期发展,中国石油、中国石化在先导试验效果分析、借鉴美国筛选标准的基础上,相继建立了各自的 CO_2 驱油藏筛选标准和潜力评价方法。中国石油的油藏筛选标准综合考虑了 CO_2 驱油与埋存,重点考虑盖层的封闭性、油藏储层和流体特征、经济可行性等(表1-7)。中国石化的油藏筛选标准将 CO_2 驱分为混相驱、近混相驱和非混相驱三种类型(表1-8)。

表1-7 中国石油注 CO_2 驱油与埋存油藏筛选标准

	筛选项目	混相驱	非混相驱	枯竭油藏	对应因素
原油性质	原油重度/API	>25	>11	>11	混相能力
	原油黏度/cP	<10	<600		混相、注入
	原油组成	C_2~C_{10}含量高			混相能力
储层特征	油藏深度/m	900~3000	>900	>900	混相能力
	渗透率/mD	不考虑			注入能力
	油藏温度/℃	<90			混相能力
	含油饱和度/%	>30	>30		EOR 潜力
	变异系数	<0.75	<0.75		波及效率
	纵横渗透率比值	<0.1	<0.1		浮力因素
	Kh/m^3	>10^{-14}	>10^{-14}		可注入性
	$S_o\phi$	>0.05	>0.05		埋存能力
	油藏压力/MPa	原始注入 P_i>MMP	水驱后 P_c>MMP		混相条件
盖层特征	封闭性	盖层裂缝不发育			安全性
	逸出量	★			安全性
经济因素	CO_2 成本	★	★	★	经济可操作
	运输成本	★	★	★	经济可操作
	地面成本	★	★	★	经济可操作

注:Kh 指地层系数,即渗透率与油层厚度乘积;$S_o\phi$ 指含油饱和度与孔隙度的乘积;P_c 为当前地层压力,MPa;P_i 为原始储层压力。
★表示该参数在筛选时应该考虑,但没有具体的值。

表1-8 中国石化注 CO_2 驱油的油藏筛选标准

	原油黏度/(mPa·s)	原油密度/(g/cm^3)	含油饱和度/%	油藏深度/m	温度/℃	渗透率/mD	变异系数	油藏压力	储量规模/万t
CO_2 混相驱	<10	<0.876	>30	>1000	<120	>1	<0.75	P_c>MMP	>50
CO_2 近混相驱	<50	<0.922	>30	>1000	<120	>1	<0.75	P_c=(0.8~1)MMP	>50
CO_2 非混相驱	<600	<0.98	>40	>600	<120	>1	<0.55	P_c<0.8MMP	>50
对应因素	混相及注入能力	混相能力	EOR 潜力	混相能力	混相能力	注入能力	波及系数	混相条件	封存能力及投资管理

在油藏筛选标准建立的基础上，根据我国原油的实际情况，中国石油的相关人员建立了计算最小混相压力的经验公式和采收率系数的代理模型。我国东部油田混相驱水气交替注入下采收率计算模型：

$$E_R = 0.22671 - 3.417\times10^{-3}A - 2.558\times10^{-3}C - 0.1208E - 1.1468\times10^{-2}AB - 6.577\times10^{-4}AF \\ -7.72\times10^{-3}BC - 5.715\times10^{-3}CE - 0.1795BE + 0.3994BF - 0.4052\times10^{-2}EF \quad (1\text{-}1)$$

式中，A 为渗透率的纵横比，$A = k_{xy}/K_z$；B 为储层的非均质系数；C 为气油的流度比；E 为注入压力和最小混相压力之差与最小混相压力之比；F 为生产压力和最小混相压力之差与最小混相压力之比。

据此可获得国内各大油田的注 CO_2 驱油潜力，中国石油各油田注 CO_2 驱油潜力如表 1-9 所示，其适合注 CO_2 提高采收率的储量约为 145.4 亿 t，预计可增油量 15.2 亿 t。

表 1-9 中国石油各油田注 CO_2 油藏潜力

油田	地质储量/亿 t	增油量/亿 t	平均提高采收率/%
大庆油田	59.2	5.1	8.6
吉林油田	10.0	1.5	14.9
长庆油田	12.1	1.4	11.6
吐哈油田	6.8	0.9	13.2
新疆油田	14.8	1.9	12.8
大港油田	6.6	0.6	9.1
华北油田	10.2	1.0	9.8
辽河油田	18.9	2.0	10.6
冀东油田	0.8	0.07	8.9
塔里木油田	2.2	0.28	12.7
玉门油田	1.6	0.17	10.6
青海油田	2.2	0.25	11.3
合计	145.4	15.2	10.5

中国石化石油勘探开发研究院采用相似的方法，评价了相关油田注 CO_2 驱油潜力，如表 1-10 所示，其适合注 CO_2 驱油的储量约为 19 亿 t，预计可增油量 1.61 亿 t。

表 1-10 中国石化各油田注 CO_2 驱油潜力

分公司	混相驱		近混相驱		非混相驱		合计	
	单元数/个	储量/万 t	单元数/个	储量/万 t	单元数/个	储量/万 t	单元数/个	储量/万 t
胜利	168	34531	226	49005	211	43074	605	126610
西北	17	2686	2	1589	1	191	20	4466
中原	37	6070	53	10912	26	7172	116	24154
江苏	4	937	10	3677	11	9292	25	13906
江汉	1	556	3	636	22	7063	26	8255
华东	29	3186	13	978	5	317	47	4481

续表

分公司	混相驱		近混相驱		非混相驱		合计	
	单元数/个	储量/万 t	单元数/个	储量/万 t	单元数/个	储量/万 t	单元数/个	储量/万 t
华北	3	103	11	1597	9	1306	23	3006
河南	4	1448	21	2442	12	1208	37	5098
东北	2	221	1	21	2	297	5	539
合计	265	49738	340	70857	299	69920	904	190515

二、对我国发展 CO_2 驱油的建议

我国注 CO_2 驱油经过近十年的研究攻关和现场试验，积累了一定的经验。矿场试验表明，CO_2 驱油不仅适用低渗透油藏，也适合不同含水阶段油藏，应用前景广泛。针对我国现阶段油田开发实际和 CO_2 驱油特点，有如下几点建议。

(1) 结合我国东部老区原油混相压力高，储层非均质性强的特点，深化 CO_2 驱油机理研究，攻关流度控制(封堵封窜)技术，改善驱油效果，实现大幅度提高原油采收率，形成适合我国油藏地质特点的 CO_2 驱油理论和技术。

(2) 根据 CO_2 驱油机理认识、技术发展情况及技术经济条件，深化 CO_2 驱油油藏筛选标准研究。

(3) 我国 CO_2 天然气藏较少，应加强低成本工业废气捕集与长距离输送技术的研究，加强 CO_2 驱油与封存一体化研究。

(4) CO_2 驱油不仅适用于低、特低渗透油藏，对高含水油藏也有广泛的应用前景，应加强化学驱难以使用的高含水油藏的 CO_2 驱油可行性和必要性现场试验研究。

(5) 统筹推进 CO_2 驱油研究、技术攻关、现场试验与开发规划工作，做好 CO_2 气源与目标油藏匹配，保证技术与经济合理性，建设 CO_2 驱油示范基地，积累 CO_2 驱油藏管理经验。

(6) 探索 CO_2 驱油与化学驱方法的复合增效驱油机理与技术研究，发挥 CO_2 驱油与化学驱协同优势。

第二章 注CO_2非完全混相驱替理论

第一节 CO_2非混相一维驱替理论及前缘移动方程

CO_2在原油中的溶解及其在原油和多孔介质中的扩散是CO_2驱油的重要机理。Johns和Orr[26]的研究结果表明,把室内扩散研究成果推广到油田规模应用,细管实验结果可能导致错误的结论,油田规模应用中扩散和其他机理的混合作用很可能比用岩心得出的扩散作用大得多。储层中原油和气体混合可能造成众多的驱油效应,比如分子扩散、机械扩散、重力窜流、黏性窜流和毛细管窜流等。Johns等[42]研究了一维驱替中扩散对采收率的影响,研究成果表明,细管实验得出的采收率曲线的拐点取决于扩散水平。在细管这种典型的较小扩散性的情况下,拐点出现在最小混相组成(minimum miscibility enrichment,MME)处,在混合作用较大的情况下,拐点出现在比MME较高的部位。部分学者指出,扩散对气驱效果的影响较为复杂,可能导致油藏最小混相压力的增大、驱油效率的降低和波及系数的增大。

我国东部老油区为陆相生油,具有含蜡量高、原油黏度高、混相压力高等特点,在开采过程中难以混相,注入的CO_2与被驱替原油之间往往存在一个不断向前推进的相界面,可称之为相前缘。同时,CO_2易在原油中溶解并扩散,又在油相中存在一个CO_2组分前缘,两个前缘运动规律远远比水驱前缘复杂,对其深入理解有助于提高对CO_2非混相驱的认识。

1974年,美国学者桑德拉和尼尔森[43]采用Buckley-Leverett理论对气驱前缘进行了描述。在此基础上,中外学者对CO_2驱的渗流方程和前缘推进速度等进行了研究[44-53],但这些理论研究均没有考虑CO_2在原油中的溶解扩散作用。与此同时,很多学者相继指出注入气与地层流体之间存在分子扩散作用,并建立了考虑这一作用的多相多组分数学模型,部分学者根据Fick定律建立了CO_2在原油中的扩散方程[54-58],但这些理论无法有效地描述相前缘的运移。

笔者根据物质平衡原理,将两个前缘运移综合考虑,建立了CO_2非混相驱前缘运移方程,并分析两个前缘运动规律。前缘驱替理论虽然做了大量简化,但突出了CO_2驱替过程的主要本质。

一、基本方程

(一)油相中CO_2扩散段模型求解

假设CO_2在原油中的扩散满足Fick定律,可以得

$$D\phi\frac{\partial^2 c}{\partial x^2} - v\frac{\partial c}{\partial x} = \phi\frac{\partial c}{\partial t} \tag{2-1}$$

式中，D 为扩散系数，m^2/s；c 为组分浓度，mol/m^3；v 为渗流速度，m/s；x 为一维方向的坐标；ϕ 为孔隙度，小数。相应的初始及边界条件为

$$c_{xf} = c_0, \quad t \geqslant 0 \tag{2-2}$$

$$c_x = 0, \quad t = 0 \tag{2-3}$$

$$c_{x\to\infty} = 0, \quad t > 0 \tag{2-4}$$

式(2-2)～式(2-4)中，c_{xf} 为注入位置 CO_2 浓度；c_0 为注入浓度；t 为时间；c_x 表示模型中各点的浓度。

定义如下的无因次参数：

$$Pe = \frac{vL}{\phi D}, \quad t_D = \int_0^t \frac{v}{\phi L}\mathrm{d}t, \quad x_D = x/L, \quad c_D = \frac{c}{c_0}$$

式中，L 为长度，m；t 为时间，s；Pe 为 Peclet 数；t_D 为无因次时间；x_D 为无因次距离；c_D 为无因次浓度。

将数学模型无因次化，结果为

$$\frac{1}{Pe}\frac{\partial^2 c_D}{\partial x_D^2} - \frac{\partial c_D}{\partial x_D} = \frac{\partial c_D}{\partial t_D} \tag{2-5}$$

相应的初始及边界条件为

$$c_D = 1, \quad x_D = 0, \quad t_D \geqslant 0 \tag{2-6}$$

$$c_D = 0, \quad t_D = 0 \tag{2-7}$$

$$c_D = 0, \quad x_D \to \infty, \quad t_D > 0 \tag{2-8}$$

对式(2-5)～式(2-8)组成的模型进行求解，即可获得扩散段 CO_2 的浓度分布。对式(2-5)作 Laplace 变换，有

$$\frac{1}{Pe}\frac{\mathrm{d}^2 \bar{c}_D}{\mathrm{d}x_D^2} - \frac{\mathrm{d}\bar{c}_D}{\mathrm{d}x_D} = s\bar{c}_D \tag{2-9}$$

式中，s 为 Laplace 变量；$\bar{c}_D$ 为 Laplace 空间的无因次浓度。

式(2-9)为一二阶常微分方程，其特征方程为

$$\frac{1}{Pe}r^2 - r - s = 0 \tag{2-10}$$

式中，r 为特征变量。

该特征方程的根为

$$r_1 = \frac{1-\sqrt{1+4s/Pe}}{2/Pe}, \quad r_2 = \frac{1+\sqrt{1+4s/Pe}}{2/Pe} \tag{2-11}$$

因此，式(2-9)的解为

$$\bar{c}_D = A(s)\exp\left[\frac{x_D(1-\sqrt{1+4s/Pe})}{2/Pe}\right] + B(s)\exp\left[\frac{x_D(1+\sqrt{1+4s/Pe})}{2/Pe}\right] \tag{2-12}$$

将外边界条件 $c_D=1$，$x_D\to\infty$，$t_D>0$ 代入式(2-12)可知

$$\bar{c}_D = A(s)\exp\left[\frac{x_D(1-\sqrt{1+4s/Pe})}{2/Pe}\right] \tag{2-13}$$

将内边界条件 $c_D=1$，$x_D=0$，$t_D>0$，$\bar{c}_D=1/s$，$\bar{x}_D=0$ 代入式(2-13)可得

$$A(s)=1/s$$

因而有

$$\bar{c}_D = \frac{1}{s}\exp\left[\frac{x_D(1-\sqrt{1+4s/Pe})}{2/Pe}\right] \tag{2-14}$$

对式(2-14)作 Laplace 反演

$$c_D(x_D,t_D) = \exp\left(\frac{x_D}{2/Pe}\right)\left[\frac{1}{s}\exp\left(-\frac{x_D}{\sqrt{1/Pe}}\sqrt{1/4Pe+s}\right)\right] \tag{2-15}$$

根据 Laplace 变换的积分定理，若 $L[f(t)]=F(s)$

$$L\left[\int_0^t f(t)\right] = \frac{1}{s}F(s), \quad e^{-xt}f(t) = \bar{f}(p+s) \tag{2-16}$$

而由 Laplace 变换可知

$$\exp\left(-a\sqrt{b^2+s}\right) = \frac{a}{2\sqrt{\pi t^3}}\exp\left(-\frac{a^2}{4t}\right)\exp\left(-b^2 t\right) \tag{2-17}$$

令 $a = \dfrac{x_D}{\sqrt{1/Pe}}$，$b = \sqrt{\dfrac{1}{4Pe}}$，则有

$$L^{-1}\left[\frac{1}{s}\exp\left(-\frac{x_D}{\sqrt{1/Pe}}\sqrt{1/4Pe+s}\right)\right] = \int_0^t \frac{a}{2\sqrt{\pi t^3}}\exp\left(-\frac{a^2}{4t}\right)\exp(-b^2 t)\mathrm{d}t$$

$$= \mathrm{e}^{ab}\int_0^t \frac{a+2bt}{4\sqrt{\pi t^3}}\exp\left(-\frac{a-2bt}{4t}\right)\mathrm{d}t + \mathrm{e}^{ab}\int_0^t \frac{a-2bt}{4\sqrt{\pi t^3}}\exp\left[-\frac{(a+2bt)^2}{4t}\right]\mathrm{d}t \tag{2-18}$$

令 $H = \dfrac{a-2bt}{2\sqrt{t}}$，$Y = \dfrac{a+2bt}{2\sqrt{t}}$，$\mathrm{d}H = -\dfrac{a+2bt}{4t\sqrt{t}}\mathrm{d}t$，$\mathrm{d}Y = -\dfrac{a-2bt}{4t\sqrt{t}}\mathrm{d}t$，

$$L^{-1} = -\frac{\mathrm{e}^{ab}}{2}\frac{2}{\sqrt{\pi}}\int_0^{(a-2bt)/2\sqrt{t}}\exp(-H^2)\mathrm{d}H - \frac{\mathrm{e}^{ab}}{\sqrt{\pi}}\int_0^{(a+2bt)/2\sqrt{t}}\exp(-Y^2)\mathrm{d}Y \tag{2-19}$$

互补误差函数：

$$\mathrm{erfc}(z) = 1 - \mathrm{erf}(z) = \frac{2}{\sqrt{\pi}}\int_z^x \mathrm{e}^{-a^2}\mathrm{d}a \tag{2-20}$$

则

$$L^{-1} = \frac{\mathrm{e}^{-ab}}{2}\mathrm{erfc}(H) + \frac{\mathrm{e}^{ab}}{2}\mathrm{erfc}(Y) \tag{2-21}$$

把式(2-21)代入式(2-15)有

$$c_D(x_D,t_D) = \exp\left(\frac{x_D}{2/Pe}\right)\left[\frac{\mathrm{e}^{-ab}}{2}\mathrm{erfc}(H) + \frac{\mathrm{e}^{ab}}{2}\mathrm{erfc}(Y)\right] \tag{2-22}$$

将 $a = \dfrac{x_D}{\sqrt{1/Pe}}$，$b = \dfrac{1}{2\sqrt{1/Pe}}$，$H = \dfrac{a-2bt_D}{2\sqrt{t_D}}$，$Y = \dfrac{a+2bt_D}{2\sqrt{t_D}}$ 代入式(2-22)，即可获得扩散段 CO_2 的浓度分布为

$$c_D(x_D,t_D) = \frac{1}{2}\mathrm{erfc}\left(\frac{x_D - t_D}{2\sqrt{t_D/Pe}}\right) + \frac{1}{2}\exp(x_D Pe)\mathrm{erfc}\left(\frac{x_D + t_D}{2\sqrt{t_D/Pe}}\right) \tag{2-23}$$

(二) 油气非混相段及溶解量求解

不考虑毛细管力、重力、CO_2 溶解于油后油相特性的变化和 CO_2 相压缩性，可以采用经典的 Buckley-Leverett(B-L) 方程求解 CO_2 相前缘运动特征。

等饱和度前缘移动方程为

$$x_{f1} = \frac{f'_{gf}}{\phi A} Q_{c1}$$

式中，$f'_{gf} = \mathrm{d}f_g/\mathrm{d}S_g \big/ S_{gf}$，其中 S_g 为含气饱和度，小数，f_g 为含气率，小数，S_{gf} 为前缘含气饱和度；Q_{c1} 为非混相段以气相存在的 CO_2 量，m^3。导数项由相渗曲线求出，即可获得有关 Q_{c1} 和相前缘位置等参数。

在求解出气相前缘位置后，可由下面二式求解油气两相区油相溶解 CO_2 的量：

$$\overline{S}_o = \frac{1}{x_f} \int_0^{x_{f1}} S_o(x) \mathrm{d}x \tag{2-24}$$

$$Q_{c2} = R_s A \phi x_{f1} \overline{S}_o \tag{2-25}$$

式中，A 为模型横截面积，m^2；R_s 为原始溶解油气比，m^3/m^3；S_o 为含油饱和度，小数；Q_{c2} 为非混相段以溶解状态存在的量，m^3。

二、注入 CO_2 物质平衡分配模型

注入油藏中的 CO_2 量 Q_{ct} 可以概括为四部分，第一部分 Q_{c1} 以气相方式赋存在油藏中，第二部分 Q_{c2} 以溶解方式赋存在与气相伴随的原油中，第三部分 Q_{c3} 以扩散方式赋存在前段原油中，第四部分 Q_{c4} 由采出端产出。并满足如下物质平衡方程：

$$Q_{ct} = Q_{c1} + Q_{c2} + Q_{c3} + Q_{c4} \tag{2-26}$$

式中，Q_{c3} 为扩散段 CO_2 量，m^3；Q_{c4} 为采出端采出 CO_2 量，m^3。

可用如下计算方法对 CO_2 的各部分分配量进行计算。
(1)给定 t 时刻累计注入量 Q_{ct}。
(2)假定 Q_{c1}，由气相方程计算出相前缘。
(3)计算出气相段剩余油平均饱和度和溶解量 Q_{c2}。
(4)由扩散方程 CO_2 浓度分布计算 Q_{c3}，此时长度为 $L-x_f$。
(5)各个部分求和，与 Q_{ct} 比较，如果差别较大，调整 Q_{c1}，执行上述过程直到满足误差要求为止。

三、开发指标计算

(一)相前缘运动速度与相突破时间

根据气驱 B-L 方程可知，气相前缘运移速度为

$$v_f = \frac{q(t)}{\phi A} f'(S_{gf}) \tag{2-27}$$

式中，v_f 为前缘渗流速度，m/s；q 为注入速度，m^3/s。

在此基础上,进一步推导可获得气相突破时间:

$$t_{\mathrm{gb}} = \frac{E}{2f'^2(S_{\mathrm{gf}})} + \frac{1}{f'(S_{\mathrm{gf}})} \tag{2-28}$$

式中,

$$E = K_{\mathrm{ro}}(S_{\mathrm{wc}}) \int_{S_{\mathrm{gc}}}^{S_{\mathrm{gf}}} \frac{f'(S_{\mathrm{g}}) \mathrm{d} S_{\mathrm{g}}}{K_{\mathrm{ro}} + \mu_{\mathrm{og}} K_{\mathrm{rg}}} - f'(S_{\mathrm{gf}}) \tag{2-29}$$

其中,S_{wc} 为束缚水饱和度;S_{gc} 为束缚气饱和度;μ_{og} 为油气黏度比,小数;K_{ro} 为油相相对渗透率,小数;K_{rg} 为气相相对渗透率,小数。

(二)组分前缘运动速度与见气时间

对于给定组分浓度 c_{D},有

$$\frac{\partial c_{\mathrm{D}}}{\partial x_{\mathrm{D}}} \mathrm{d} x_{\mathrm{D}} + \frac{\partial c_{\mathrm{D}}}{\partial t_{\mathrm{D}}} \mathrm{d} t_{\mathrm{D}} = 0 \tag{2-30}$$

因而有

$$v_{xf2} = -\frac{v}{\phi} \frac{\mathrm{d} x_{\mathrm{D}}}{\mathrm{d} t_{\mathrm{D}}} = -\frac{v}{\phi} \frac{\dfrac{\partial c_{\mathrm{D}}}{\partial t_{\mathrm{D}}}}{\dfrac{\partial c_{\mathrm{D}}}{\partial x_{\mathrm{D}}}} \tag{2-31}$$

对式(2-31)进行数值求解即可以获得组分前缘运动速度和相应的突破时间。

(三)相突破前气油比和采出端产气量

相突破前,采出端属于单相流动,此时的初始产油量为

$$q_{\mathrm{o}} = \frac{q_{\mathrm{o}}^0}{\sqrt{1 + 2Et_{\mathrm{g}}}} \tag{2-32}$$

式中,q_{o}^0 为采出端初始采油量,m³/d;$t_{\mathrm{g}} = \dfrac{q_{\mathrm{o}}^0 t}{LA\phi}$,无因次时间。

根据扩散段 CO_2 浓度方程可获得出口端 CO_2 的摩尔浓度,由此可获得相突破前气油比的计算公式:

$$\mathrm{GOR} = 224 c_{\mathrm{D}} c_0 + R_{\mathrm{s}} \tag{2-33}$$

式中,GOR 为气油比,m³/m³;R_{s} 为原始溶解油气比。

(四)相突破后气油比和采出端产气量

在相突破以后,采出端属于油气两相流动,此时地下状态流体采出量为

$$q_{\mathrm{L}} = \frac{f'(S_{\mathrm{ge}})}{K_{\mathrm{ro}}(S_{\mathrm{gc}})\int_{S_{\mathrm{gm}}}^{S_{\mathrm{ge}}}\frac{f'(S_{\mathrm{g}})\mathrm{d}S_{\mathrm{g}}}{K_{\mathrm{ro}}+\mu_{\mathrm{og}}K_{\mathrm{rg}}}} \qquad (2\text{-}34)$$

则相应的采油量和采气量公式为

$$q_{\mathrm{g}} = q_{\mathrm{L}} f_{\mathrm{ge}} q_{\mathrm{o}}^{0} B_{\mathrm{g}}, \qquad q_{\mathrm{o}} = q_{\mathrm{L}}(1-f_{\mathrm{ge}})q_{\mathrm{o}}^{0} B_{\mathrm{o}} \qquad (2\text{-}35)$$

式中,B_{g} 为气相体积系数;B_{o} 为油相体积系数,其物理意义是地下体积与地面体积的比值。此时的油气比计算公式为

$$\mathrm{GOR} = \frac{f_{\mathrm{ge}} B_{\mathrm{g}}}{(1-f_{\mathrm{ge}})B_{\mathrm{o}}} + R_{\mathrm{s}} \qquad (2\text{-}36)$$

四、计算实例与认识

建立一维模型进行机理性分析:注入气黏度 0.05mPa·s,原油黏度 5.0mPa·s,束缚水饱和度 43%,束缚气饱和度 5%,模型横截面积 25m²,模型长度 100m,孔隙度 15%,注入气组分扩散(弥散)系数 $1.0\times10^{-5}\mathrm{m}^2/\mathrm{s}$,计算结果见图 2-1～图 2-5。

可以看出,CO_2 驱替效果与 CO_2 注入速度、扩散速度等因素有关。Pe 表示注入速度和扩散速度的相对比例,图 2-1～图 2-5 分别是 Pe 对扩散段浓度分布、相和组分突破时间、油气比、波及系数差值、注入气存在形式影响的计算结果,可以看出 Pe 越小,扩散段越大,组分突破越早而相突破越晚,相同采出程度下油气比越低,组分波及系数与相波及系数的差值越大,即开发效果相对越好;与之相反,若 Pe 越大,则扩散段较小,相突破越早,油气比较高,即开发效果相对较差。这是因为 Pe 越小,注入速度相对较小,扩散作用相对越大,能够充分发挥 CO_2 的溶解扩散作用,且相对推迟了相的突破时间。

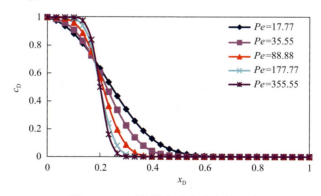

图 2-1 Pe 对扩散段浓度分布的影响

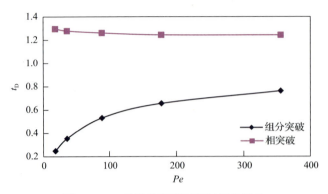

图 2-2　Pe 对组分和相突破时间的影响

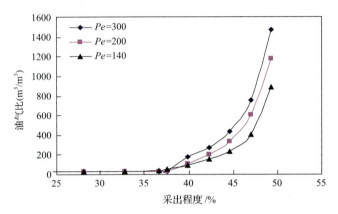

图 2-3　Pe 对油气比与采出程度计算结果的影响

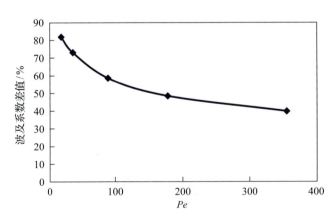

图 2-4　Pe 对组分波及系数与相波及系数差值的影响

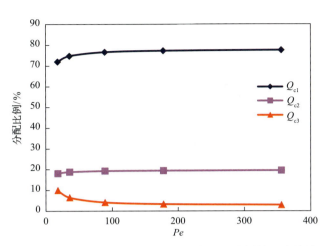

图 2-5　不同 Pe 下组分突破时注入气分配比例的影响结果

第二节　CO_2 驱替过程中物理化学作用分析

一、萃取与溶解

(一)概念分析

萃取又称溶剂萃取,亦称抽提,是利用系统中组分在溶剂中的溶解度不同来分离混合物的过程,即利用物质在两种互不相溶(或微溶)的溶剂中溶解度或分配系数的不同,使溶质物质从一种溶剂内转移到另外一种溶剂中的方法。萃取(抽提)强调的是一种组分从一种溶剂转移到另一种溶剂的过程。

蒸发过程在不同学科中定义不同,在物理学中定义为温度低于沸点时,物质从液态转化为气态的相变过程。水文学中定义为液态水转化为气态水,逸入大气的过程。大气物理学中定义为温度低于沸点时,从水面、冰面或其他含水物质表面逸出水汽的过程。蒸发侧重于温度低于沸点时,液相中的组分进入气相的过程。

由于蒸发的概念强调流体的沸点,且多用于水组分的相态转化,相对而言,萃取更适合用来描述原油中的烃组分进入富 CO_2 相这一过程。

溶解的定义有广义和狭义两种。广义是指超过两种以上物质混合而成为一个分子状态的均匀相的过程,狭义是指一种液体对于固体/液体/气体产生化学反应使其成为分子状态的均匀相的过程。

凝析指物质从气态转变为液态的物理过程。在石油工业中,凝析的定义为多组分体系在等温降压或等压升温过程中从气体中析出液体的现象。

由于凝析强调的是组分从气体中析出成为液体的过程,而 CO_2 组分从气相进入液相主要是由于闪蒸和扩散的影响,并非"析出",使用溶解来描述这个过程更为合适。

综上所述,本书推荐使用萃取来描述烃组分进入富 CO_2 相的过程,使用溶解来描述 CO_2 组分进入油相的过程。在后续论述中,均使用萃取和溶解进行叙述。

CO_2 与烃组分在油相和富 CO_2 相中的分配可以使用闪蒸过程来进行精确计算,而进行闪蒸的基础是选择合理的状态方程描述高温高压下两相的 PVT 行为,状态方程相关内容见后续数值模拟部分。

(二)不同油样的萃取/溶解分析

为了计算 CO_2 在不同油样中的溶解规律及 CO_2 对原油的抽提作用。按照气液两相闪蒸计算方法,首先确定 CO_2 与原油的混合比例,再在给定的温压条件下,对混合物进行闪蒸。根据闪蒸结果可获取油相和气相的摩尔密度 ρ_o、ρ_g,原油中各组分的摩尔分数 x_i,气相中各组分的摩尔分数 y_i,进一步可直接按式(2-37)计算原油中溶解的 CO_2 的质量 α,单位 m^3/kg。物理意义是地层条件下 1kg 油相混合物在地面标况条件下释放出的 CO_2 的体积(标况)。同时亦可按照式(2-38)计算气体中萃取的原油质量 β,物理意义是标况下 $1m^3$ CO_2 可以萃取出的原油的质量,单位为 kg/m^3。α 和 β 的计算公式分别为

$$\alpha = \frac{1-c_{CO_2,g}}{c_{CO_2,g}}\rho_{CO_2,o} \tag{2-37}$$

$$\beta = \frac{1-c_{CO_2,g}}{c_{CO_2,g}}\rho_{CO_2,o} \tag{2-38}$$

式中,$c_{CO_2,o}$、$c_{CO_2,g}$ 分别为 CO_2 在油相和气相中的质量分数,计算公式为

$$c_{CO_2,o} = x_{CO_2}M_{CO_2}/M_o \tag{2-39}$$

$$c_{CO_2,g} = y_{CO_2}M_{CO_2}/M_g \tag{2-40}$$

式中,M_{CO_2} 为 CO_2 的摩尔质量;M_o、M_g 分别是油相和气相的平均摩尔质量,计算公式为

$$M_o = \sum_{i=1}^{N_c} x_i M_i \tag{2-41}$$

$$M_g = \sum_{i=1}^{N_c} y_i M_i \tag{2-42}$$

使用中国石化华北分公司红河油田原油样品(红河油样)进行计算。计算温度区间为 50～80℃,压力区间为 6～12MPa。红河油样与 CO_2 混合的物质的量比为 1∶3。在该条件下反复进行以上计算过程,即可求出不同温压条件下 CO_2 对红河油样的萃取情况及红河油样溶解 CO_2 的能力(图 2-6、图 2-7)。

图 2-6 反映的是在地层温度、压力条件下,向地下注入一定 PV(孔隙体积)数的 CO_2 后,地下油相中所溶解的 CO_2 量。从图 2-6 可以看出,红河油样溶解 CO_2 的能力随压力的升高迅速增加,随温度的升高有所降低。在模拟条件下,1kg 红河油样能溶解的 CO_2

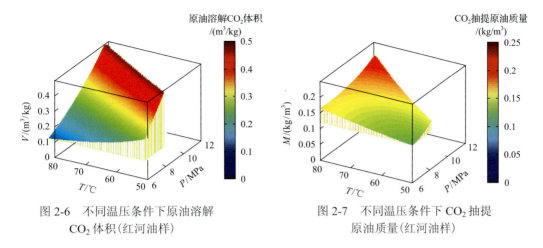

图 2-6　不同温压条件下原油溶解　　　　图 2-7　不同温压条件下 CO_2 抽提
　　　　CO_2 体积(红河油样)　　　　　　　　　　原油质量(红河油样)

在标况下的体积为 $0.1\sim0.5m^3$。图 2-6 曲面右上角部分残缺,这是由于在对应的温度压力下(低温、高压),CO_2、原油混合物已经成为一相。

图 2-7 反映的是在地层温度、压力条件下,向地下注入一定 PV 数的 CO_2 后,富 CO_2 相萃取的原油的质量,可以看出 CO_2 萃取原油的(即原油在 CO_2 相中的饱和蒸发量)能力随压力的升高而增大、随温度的升高而增大,尤其在高温高压条件下,CO_2 萃取原油的速度随着温度、压力的升高变得更快。在模拟条件下,$1m^3$ CO_2(标况)能溶解地层原油 $0.25kg$ 左右。

使用大庆油田扶杨油层原油样品(大庆油样),在同样的温度、压力条件下计算,可得 CO_2 对大庆油样的萃取情况及大庆油样溶解 CO_2 的能力(图 2-8、图 2-9)。从图 2-8 可以看出,大庆油样溶解 CO_2 的能力也随压力的升高而增加,随温度的升高而降低。但相比于红河油样来说,大庆油样溶解 CO_2 的能力略低,$1kg$ 大庆油样能溶解的 CO_2 在标况下的体积为 $0.1\sim0.4m^3$。从图 2-9 可以看出,CO_2 对大庆油样的抽提作用很差,地面条件下 $1m^3$ CO_2 仅能萃取原油 $0.05kg$,远小于红河油样的 $1\sim1.5kg$。且对大庆油样来说,萃取量随压力升高而增加的幅度很小,因此可以认为 CO_2 对大庆油样的萃取能力基本不受温度、压力影响(或影响很小)。

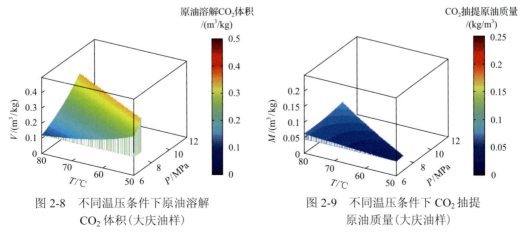

图 2-8　不同温压条件下原油溶解　　　　图 2-9　不同温压条件下 CO_2 抽提
　　　　CO_2 体积(大庆油样)　　　　　　　　　　原油质量(大庆油样)

图 2-8 右上角残破部分明显比图 2-6 大得多，这说明在注入 CO_2 量一定的条件下，大庆油样更容易溶解所有的 CO_2 从而保持为单一的液相。这一点并不与大庆油样对 CO_2 溶解度小相矛盾，主要原因在于大庆油样在富 CO_2 相中的蒸发能力要比红河油样小得多，因此留存的油相总量比挥发油大。尽管其溶解 CO_2 的能力略小于挥发油，但由于总量较大，故溶解的 CO_2 更多。

二、原油体积膨胀

CO_2 注入地下后可溶解于原油中，溶于原油后，会使原油密度降低、体积膨胀，从而提高油相饱和度，使原油的流动性增强，最终提高原油采收率。原油体积膨胀首先需根据闪蒸平衡计算溶解 CO_2 后的原油组成，再根据多组分混合物状态方程求取其密度。

以红河样品为例，在初始组成和温度、压力均不变的情况下，假设共取油样 a mol，体积为 V mL，向其中混入 b mol CO_2 气体，并计算 CO_2 融入原油后原油的体积，记为 y mL，则原油体积膨胀系数 y 是 CO_2 与原油物质的量比 c（$c=b∶a$）的函数，计算结果见图 2-10。从图 2-10 可以看出，随着混入的 CO_2 物质的量比的增加，原油的体积迅速膨胀，当混入的 CO_2 的物质的量是原油的 2 倍时，原油体积膨胀为原来的 1.6 倍；当混入 CO_2 的物质的量是原油的 4 倍时，原油体积膨胀超过 2.2 倍。需要指出的是，对于红河油样来说，其平均分子量为 142g/mol，CO_2 的分子量约为原油平均分子量的 30%。因此 CO_2 与原油混合的质量比约为 $0.3c$。即 CO_2 与原油物质的量比（4∶1）相当于 CO_2 与原油质量比（1.2∶1）。

图 2-10 的曲线在混合比为 4.03（物质的量比）时终止，是因为此值已是该温度、压力下原油对 CO_2 的溶解上限，当混合比超过此值时原油已经不能再继续溶解 CO_2，此时将发生气液相分离，有一部分烃组分将被萃取进富 CO_2 相，因此无法再定义原油体积膨胀倍数。

图 2-11 是使用大庆油样计算的结果，对该油样来说，由于其平均分子量较大，1mol CO_2 的质量仅为油样的 22%。从图 2-11 可以看出，大庆油样和红河油样溶解 CO_2 后体积膨胀的比例基本相同，但大庆油样显然可以溶解更多的 CO_2 并保持单相，对计算所用油样来说，大庆油样最多可以混合 7 倍其物质的量的 CO_2，而红河油样只能溶解 4 倍其物质的量的 CO_2。

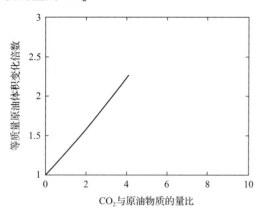

图 2-10 红河油样原油体积膨胀倍数变化

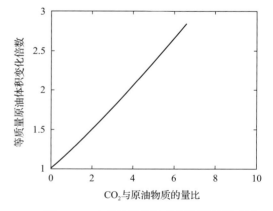

图 2-11 大庆油样原油体积膨胀倍数变化

由于 CO_2 分子体积、分子量均较小，故其溶解于原油后可使原油的摩尔密度升高。图 2-12 和图 2-13 即为两种油样溶解不同物质的量的 CO_2 后的油相摩尔密度变化趋势。从图 2-12 和图 2-13 可以看出，混入 CO_2 后，原油的摩尔密度迅速增大，但两种原油均存在一拐点(红河油样在混合比 4∶1 附近，大庆油样在 7∶1 附近)，此拐点即上述 CO_2 在原油中溶解的饱和点，超过该点后，油气两相发生相分离。此后油相的性质一直较为稳定，其摩尔密度变化不大。

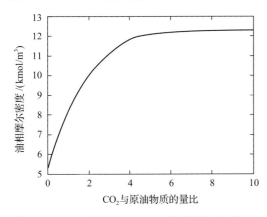 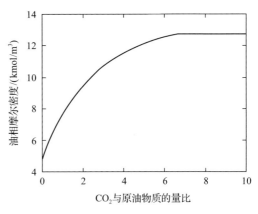

图 2-12　红河油样注入 CO_2 后油相摩尔密度变化　　图 2-13　大庆油样注入 CO_2 后油相摩尔密度变化

图 2-14 和图 2-15 分别是两种油样混入 CO_2 后油相质量密度的变化规律。从图 2-14 和图 2-15 可以看出，红河油样和大庆油样质量密度的变化规律差异较大。对于大庆油样来说，混入 CO_2 后，其质量密度随混入 CO_2 的增加呈直线下降，当达到饱和溶解度时，两相分离，此时油相的组成基本稳定，故质量密度不再下降，相反由于分相后，部分轻质、中质烃组分被气相萃取，故其质量密度反而随混合物中 CO_2 的比例升高而略有增大。而红河油样的质量密度变化规律与此完全不同。在注入 CO_2 之初，原油吸收 CO_2 后质量密度反而迅速上升，到达一个顶点后，质量密度才随 CO_2 注入量的增加而下降，直到饱和溶解度时发生分相。然后由于轻质、中质烃类被气相抽提，油相密度反而升高。

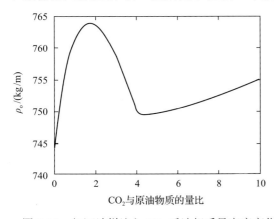 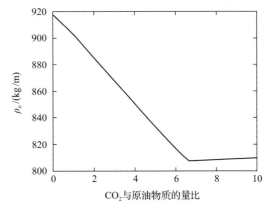

图 2-14　红河油样注入 CO_2 后油相质量密度变化　　图 2-15　大庆油样注入 CO_2 后油相质量密度变化

CO_2 注入初期油相质量密度升高的原因是注入初期原油体积膨胀速率小于 CO_2 注入引起的质量增加的速率。因为在注入 CO_2 的过程中,两个相互矛盾的效应共同影响原油的质量密度:一方面,注入的小分子 CO_2 溶于原油,并分散到原油中烃分子的间隙中,使油相质量密度增加;另一方面,混入 CO_2 又导致油相体积膨胀,从而使质量密度减少。对红河油样来说,在注入初期,体积膨胀速度略小,故综合表现为油相质量密度增加。

三、降低原油黏度

CO_2 溶于原油后可使原油黏度大幅降低,原油原始黏度越高,黏度降低幅度就越大。该过程也需首先闪蒸求取原油组成,再根据状态方程计算油相密度,然后再使用相应的黏度模型计算黏度。

一般来说,在恒温条件下,纯组分流体的黏度 μ 与密度满足一定的方程。但真实原油为多种组分的混合物,其黏度除了跟各组分的化学性质有关,还与混合物的组成有关,缺乏统一、简洁的计算公式。在石油工业中,对原油和天然气黏度的计算方法有两种,即查表法和半经验模型。在半经验模型中,应用比较广泛的有 Lohrenz 等[59]提出的基于剩余黏度的 LBC(Lohrenz-Bray-Clark)模型,Pedersen 和 Fredenslund[60]提出的基于广义对应态理论的 CS(corresponding states model)模型及 Little 和 Kennedy[61]、郭绪强和荣淑霞[62]提出的基于实际气体状态方程的模型。本节选择 LBC 黏度模型计算 CO_2 对原油降黏的影响。

图 2-16 和图 2-17 分别是使用红河油样和大庆油样计算的混入 CO_2 后的黏度变化曲线。从图 2-16 和图 2-17 可以看出,混入 CO_2 后,原油黏度迅速下降,对于红河油样来说,黏度从 2.5mPa·s 降低到 0.2mPa·s,下降约 12 倍;大庆油样的黏度从 25mPa·s 下降到 1.1mPa·s,降低约 22 倍。可见,原油越重,黏度降低越多。同时,降黏作用在 CO_2 注入初期尤其明显。在注入初期,只需要很少的 CO_2 量,即可使其原油黏度发生大幅下降,当黏度降低到一定值后,下降趋势变得相对较小。

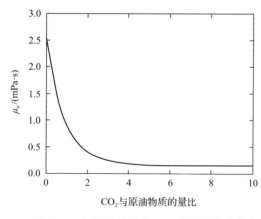

图 2-16 红河油样注入 CO_2 后原油黏度变化

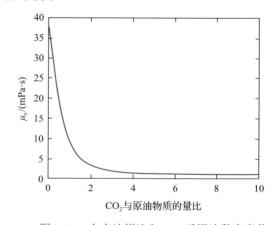

图 2-17 大庆油样注入 CO_2 后原油黏度变化

四、扩散与弥散

(一) 概念分析

储层多孔介质内流体的定向迁移运动包含两种机制，分别是对流迁移和物理弥散。其中对流迁移过程即常规讨论的达西流动及高速非达西等现象，核心思想是流体分子在同样的压差或重力驱动下，具有相同的运动方向和运动速度，即平均渗流速度，且该速度可以通过达西定律(或其他相关规律)求出；而物理弥散指的是在流动过程中不同位置的流体分子的速度偏离平均渗流速度的效应，即溶质(组分、示踪物)在地下流体中运移而逐渐传播时，可以占据超出地下水平均流速范围的现象。

与物理弥散相对应，在使用有限差分、有限体积等数值方法求解流体流动问题时，存在数值弥散现象，该现象的作用与物理弥散相似，均是将溶质的分布范围扩大。数值弥散产生的本质是差分近似的截断误差，因此在常规的油藏数值模拟中是不可避免的。需要指出的是，数值弥散虽与物理弥散的结果相似，但它是计算上的人为效应，其本质与物理机制无关。

物理弥散是由质点的热动能和流体的对流引起的，是分子扩散和机械混合两种作用的结果，所以物理弥散具有分子扩散和机械弥散两种作用。在渗透性能较好的储层中，流体流速较大，机械弥散作用比分子扩散作用大，可忽略后者；而在较致密的储层或页岩储层中，流体流速通常很慢，分子扩散作用比较明显。

总体而言，物理弥散通常作为一个集总项，是前面介绍的由于流体速度变化引起的机械弥散和由于分子热运动引起的分子扩散的综合。虽然习惯上将弥散视为一种迁移过程，但其物理机制主要是反映各组分流体速度相对于达西渗流速度的变化情况。因此，把弥散迁移视为一种调整对流迁移计算结果的方法更为确切，弥补了目前对储层流体速度场刻画中的不足。

(二) 分子扩散

20世纪80年代，国外学者对CO_2在流体中分子扩散过程开展了大量的研究。根据CO_2扩散入烃或水中时，直接观察其界面移动测量得到扩散系数，并确定了常压条件下扩散系数的数学描述模型[63]。后来，有学者建立了在线测量扩散系数的方法，即运用胶结多孔介质测量高压下CO_2和富气在原油中的扩散系数，而不必测量流体组成[64]。同时，一种被称为压力降落法的方法被用来测量气体与纯烃或稠油间的扩散系数，该方法简单易行[65-67]。近年来，相关学者发展了动态悬滴形状分析法和动态悬滴体积分析法两种新的方法，用于测量溶剂在稠油中的扩散系数[68,69]。此外，相关学者建立了具有不同孔隙度、渗透率和弥散系数层状系统的数学模型，来研究弥散作用对CO_2驱混相能力的影响，并建立了其影响驱替特征及驱油效率的关系式[70]。

分子扩散的本质是分子的无规则热运动，其产生的必要条件是分子浓度的非均匀性。经典的扩散模型认为流动系统内的所有离子或分子都在做随机运动，这种随机运动发生在其存在浓度梯度时，并最终导致该物质的流动通量或迁移。经典的扩散理论(Fick 扩散定律)假设扩散面积为 A，扩散距离为 Δl，认为任意时刻越过面积 A 的扩散迁移项与界面两侧的浓度差及面积 A 成正比，并与 Δl 成反比。其比例系数称为分子扩散系数 D。即

$$F_D = -D\frac{\partial c}{\partial l} \tag{2-43}$$

式中，c 为组分浓度；F_D 为扩散的质量通量，表示单位时间内通过单位面积的质量，$MT^{-1}L^{-2}$。

需要注意的是，由于岩石多孔介质内流体的扩散距离要比自由空间长(图 2-18)，孔隙空间中的 Fick 定律必须进行修正，即

$$\Delta c = -D^* \frac{\partial^2 c}{\partial x^2} \tag{2-44}$$

式中，Δc 为浓度的扩散通量；D^* 为有效分子扩散系数。它与自由空间中的分子扩散系数 D_0 的关系为

$$D^* = \tau D_0 \tag{2-45}$$

式中，τ 为孔隙的迂曲度。由于测量粒子的实际迹线长度非常困难，因此 τ 实际上是一个经验值。Freeze 和 Cherry 提出 τ 的范围为 0.01～0.5[71]。

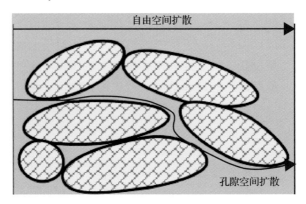

图 2-18 孔隙空间扩散与自由空间扩散关系

Fick 扩散定律描述了流体扩散通量与浓度梯度的关系，并没有从机理上来解释扩散现象，只是一个有关分子扩散的唯象定律。根据 Fick 扩散定律所需的基本假设，它的适用范围仅为以下几种特殊情况。

(1) 两组分混合物中的扩散。
(2) 混合物中浓度很低的组分在一个大大过量的组分中的扩散。
(3) 混合物中的所有组分具有类似大小和性质的情况。

只有对于二元体系，Fick 扩散系数才具有物理意义，而且只有对二元理想体系，才是与组成无关的常数。对于非理想二元体系，Fick 扩散系数也是组成的函数。为了能描

述多组分分子，扩散系数必须引入其他条件。但为了适应工程需要，甚少考虑扩散系数随流体组成变化而变化的现象，且对多组分系统仍按照 Fick 扩散定律进行处理。因此在目前的数模研究中，常采用统一、恒定的扩散系数。

油相混合物中 i 组分的扩散系数计算公式如下：

$$D_{o,i} = \frac{7.40 \times 10^{-8} T \sqrt{\dfrac{\sum\limits_{j \neq i} x_j M_j}{1 - x_i}}}{\mu V_{bi}^{0.6}} \tag{2-46}$$

式中，x_i 为油相中 i 组分的摩尔分数；M_j 为油相中 i 组分的分子量；μ 为油相的动力学黏度，Pa·s；V_{bi} 为 i 组分的沸点摩尔体积，m³/kmol。

气相混合物中组分 i 的扩散系数公式如下：

$$D_{g,i} = \frac{1 - x_i}{\sum\limits_{j \neq i} x_i D_{ij}^{-1}} \tag{2-47}$$

式中，

$$D_{ij} = \frac{\rho^0 D_{ij}^0}{\rho_g} \left(0.99569 + 0.096016 \rho_{gr} - 0.22035 \rho_{gr}^2 + 0.032874 \rho_{gr}^3 \right) \tag{2-48}$$

$$\rho_{gr} = \rho_g \frac{\sum\limits_{i=1}^{N} x_{ig} v_{ci}^{5/3}}{\sum\limits_{i=1}^{N} x_{ig} v_{ci}^{2/3}} \tag{2-49}$$

$$\rho_g^0 D_{ij}^0 = \frac{1.8583 \times 10^{-3} T^{0.5}}{\sigma_{ij}^2 \Omega_{ij} R} \left(\frac{1}{M_i} + \frac{1}{M_j} \right)^{0.5} \tag{2-50}$$

其中，ρ_{gr} 为气相的相对密度；下角标 i 和 j 表示混合物中组分 i、j 之间的量；σ 为势能常数，10^{-10}m；M_i 为 i 组分的分子量；$\sigma_{ij} = (\sigma_i + \sigma_j)/2$；$R$ 为普适气体常数；Ω 为扩散碰撞积分，无量纲，Ω 表达式为

$$\Omega = \frac{1.06036}{T_N^{0.1561}} + \frac{0.19300}{\exp(0.47625 T_N)} + \frac{1.03587}{\exp(1.52996 T_N)} + \frac{1.76474}{\exp(3.89411 T_N)} \tag{2-51}$$

这里，$T_N = kT/\eth_{AB}$，其中，k 为玻尔兹曼常数，$\eth_{AB}$ 为分子势能常数。

使用以上方法，可以计算 CO_2 在不同组成的油样中的扩散系数，以及被富 CO_2 相萃取的各烃组分的扩散系数。将红河油样与 CO_2 按物质的量比 1∶3 混合后的混合物闪蒸成为油气两相后，即可计算 CO_2 组分在油气相中的扩散系数（图 2-19、图 2-20）。

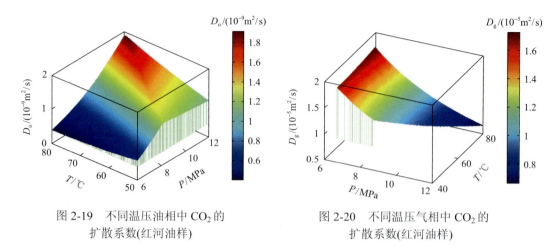

图 2-19　不同温压油相中 CO_2 的
扩散系数(红河油样)

图 2-20　不同温压气相中 CO_2 的
扩散系数(红河油样)

从图 2-19 可以看出，当混合物为单纯的油相时，CO_2 的扩散系数随着温度、压力的变化均为线性变化，这是因为对于液相（油相）而言，扩散系数受其黏度支配，即单纯油相中的扩散系数随着温度的升高而增加，随压力的升高而降低。但当温度升高、压力降低导致油气分离之后，CO_2 的扩散系数随温度、压力呈非线性变化：压力升高，CO_2 在油相中的扩散系数均迅速升高，这是因为压力升高后，更多轻质、中质烃组分被压入油相，油相中重质烃组分的比例降低，油相黏度随之降低；而当温度升高时，CO_2 的扩散系数下降，这是由于温度升高使烃组分更容易挥发而进入气相，最终使油相黏度升高。

图 2-20 中气体的扩散系数随压力的升高而降低，随温度变化不明显。这主要是因为对于气体来说，其扩散系数更多的是受其分子自由程的影响，而由气体状态方程可知，几十度的温度变化对其体积影响不大，而压力变化数兆帕对其体积影响较大，故在油藏问题中，CO_2 在气体中的扩散系数随温度的变化可以忽略，可以认为其仅是压力的函数。

图 2-21 和图 2-22 分别是大庆油样与 CO_2 混合后的油相、气相中 CO_2 的扩散系数随温压的变化。可以看出，其规律与轻质油基本相同，只不过大庆油样中的扩散系数明显小于轻质油。

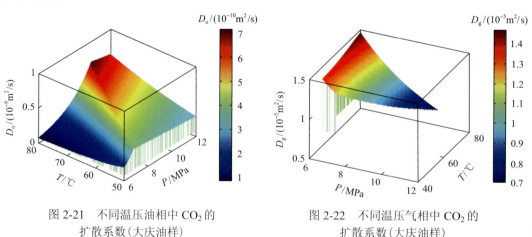

图 2-21　不同温压油相中 CO_2 的
扩散系数(大庆油样)

图 2-22　不同温压气相中 CO_2 的
扩散系数(大庆油样)

在注 CO_2 提高油藏采收率的矿场实践中，与 CO_2 在气相中的扩散系数相比，我们更关注其在油相中的扩散系数。从图 2-19 和图 2-21 可以看出，CO_2 在油相中的扩散系数受温度影响不大，因此在研究中可忽略温度的影响，而压力和油相组成是影响 CO_2 扩散系数的两个主要因素。

在 70℃、不同压力下，将 CO_2 与原油按不同的物质的量比混合，并计算混合物相分离后的油相中的 CO_2 扩散系数，红河油样和大庆油样的计算结果分别见图 2-23 和图 2-24。从计算结果可知，对于原油与 CO_2 的混合物来说，其是否发生油气相分离对油相中 CO_2 的扩散系数影响非常大。因此，图 2-23 和图 2-24 均将没有发生相分离和发生相分离分开绘图。

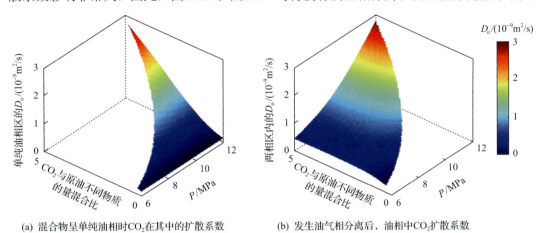

(a) 混合物呈单纯油相时CO_2在其中的扩散系数　　(b) 发生油气相分离后，油相中CO_2扩散系数

图 2-23　红河原油样品混合 CO_2 后油相中 CO_2 的扩散系数

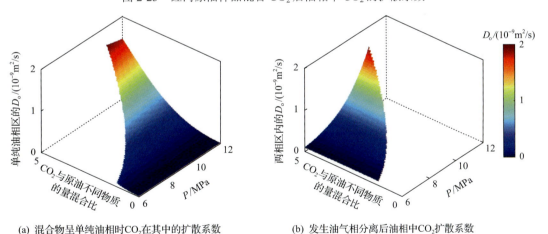

(a) 混合物呈单纯油相时CO_2在其中的扩散系数　　(b) 发生油气相分离后油相中CO_2扩散系数

图 2-24　大庆油样混合 CO_2 后油相中 CO_2 的扩散系数

从纯油相计算结果可以看出，CO_2 的扩散系数受储层压力的影响不大，但原油中 CO_2 的浓度却对 CO_2 的扩散系数影响极大：原油中混合的 CO_2 越多，其扩散系数也就越大。在发生相分离之前，CO_2 的扩散系数已达到纯原油中 CO_2 扩散系数的一个数量级以上。造成这一现象的主要原因是油相中溶解 CO_2 的量对油相黏度的影响比单纯的压力变化大

得多。而油相黏度又是油相中 CO_2 扩散系数的决定性因素。

当混入原油的 CO_2 量较大时，原油无法再维持单相，因此将发生相分离。从计算结果可以看出，发生相分离后剩余油相中 CO_2 的扩散系数不再和溶解 CO_2 的多少有关，仅仅只与储层压力相关。压力从 6MPa 上升到 12MPa，CO_2 的扩散系数提高了 7 倍。这一点同样可以从油相黏度变化的角度解释，因为发生相分离后，注入再多的 CO_2 也只会存在于气相当中，对油相的物性影响不大，而压力升高，会改变气液平衡的位置，使更多的 CO_2 进入油相，从而大幅降低油相黏度，最终使 CO_2 的扩散系数升高。

综上所述，在注 CO_2 提高油藏采收率的工程实践中，对 CO_2 气体未波及的区域来说，其中油相内 CO_2 的扩散系数可以认为仅仅只是油相中溶解 CO_2 的浓度的函数；而对 CO_2 波及区内的油相来说，其中 CO_2 的扩散系数可以认为仅仅是压力的函数：

$$D_{CO_2} = \begin{cases} f(P), & CO_2\text{未波及区} \\ f(c_{CO_2}), & CO_2\text{波及区} \end{cases}$$

无论在任何位置，CO_2 的扩散系数均不应按照常数处理，因为无论是压力还是油相中 CO_2 的浓度变化，都可能引起 CO_2 扩散系数量级上的波动。

(三) 机械弥散

机械弥散，又称水动力弥散，是研究由于微观流动造成的单个流体粒子的运动速度偏离于达西定律所定义的平均渗流速度的效应(图 2-25)。

实际上，有诸多因素使单个粒子的速度不同于平均渗流速度。除分子扩散外，多孔介质的微观非均质性及孔隙结构的弯曲性也会使单个粒子的速度偏离平均渗流速度。对储层多孔介质中的流动来说，大孔隙中的流速必然大于小孔隙中的流速，而达西速度只是所有微观流速的宏观平均结果(图 2-26)。此外还必须指出，自然界的所有多孔介质实际上都具有宏观非均质性，且其中大多是无法直接测量的。因此在计算速度时所用的渗透率是宏观的平均渗透率，但就某一小的局部范围来说，速度计算时所涉及的体积之内，其渗透率可能与大的宏观的平均渗透率并不相同。这一点也造成了储层中流体粒子的实际速度与平均达西速度不同。

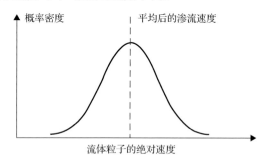

图 2-25 平均渗流速度与真实深流速度示意图

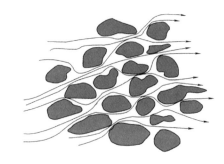

图 2-26 多孔介质微观流速变异性

多孔介质中实际流动过程异常复杂，即使宏观上呈现出稳定的单一方向的达西流动，但在微观上，不同孔道内的流体流动速度大小和方向也均不相同(图2-27)。这种微观上速度的变异性就导致注入储层的CO_2不会仅仅只在压差驱动下沿压力梯度方向运动，同时还会从注入点开始在达西流动的基础上叠加一个球面的扩散运动。

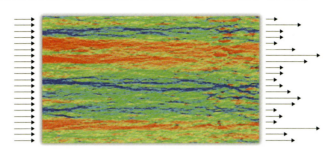

图2-27 达西速度仅是流体微观速度的平均结果

将机械弥散过程与分子扩散过程进行对比即可发现，两者的宏观影响是类似的。因此目前对机械弥散过程的描述是类比分子扩散进行的：假设孔隙介质中的机械弥散量与浓度梯度及截面积的乘积成正比，也就是说假定垂直于纵向的单位面积上的弥散迁移与浓度梯度的纵向分量成正比，相似地，与横向垂直的单位面积上的弥散迁移与浓度梯度的横向分量成正比。

机械弥散与静止液体中的分子扩散有一个重要区别，即机械弥散的量与流体流动速度有关。在目前的研究中，假设机械弥散在纵向与横向上都与该方向渗流速度矢量的大小成正比。这一假设是根据机械弥散是由单个粒子的速度与渗流速度的累积差异这一认识而引出的：若流动系统的总速度增大，单个粒子的速度与渗流速度的差值也将增大，因此机械弥散的作用将更加明显。

在渗流力学中，将该球面扩散的速度视作一个随机矢量，即流体真实速度矢量与达西渗流速度矢量之间的差异矢量。从概率的角度可以知道在空间某一点该项会落在某个范围内，更具体地说，可以把该差异矢量的纵向分量和横向分量视为两个不相关的随机量。

因此，机械弥散通量可以被写成

$$\Delta c = -\alpha |\boldsymbol{u}| \frac{\partial^2 c}{\partial x^2} \tag{2-52}$$

式中，c为组分浓度；Δc为浓度的扩散通量；α为机械弥散度，是一个与孔隙介质性质有关的常数；$\boldsymbol{u}$为速度矢量。值得注意的是，在机械弥散的公式中，显含了速度矢量$\boldsymbol{u}$的模，这一点与分子扩散有显著差异。

弥散度α的确定非常困难，而且α受观测尺度的影响非常明显(不同的观测尺度上有不同非均质性)。目前大量的室内实验及矿场实验结果表明，α的取值为$10^{-1} \sim 10^0 \text{m}^2/\text{d}$,

且垂向上的弥散度小于水平方向的弥散度，一般小一个量级。沿压力梯度方向的弥散度大于垂直压力梯度方向的弥散度。一般的水平面内垂直压力梯度方向的弥散度约为压力梯度方向弥散度的1/3[71]。

综合考虑，一个全面的考虑机械弥散效应的扩散通量表达式为

$$\Delta c = -\left(\tau D_0 + \alpha |\boldsymbol{u}|\right)\frac{\partial^2 c}{\partial x^2} \quad (2\text{-}53)$$

式中，$\boldsymbol{u}$ 为流体的达西流速；τD_0 为分子扩散产生的弥散效应；D_0 为自由空间中的分子扩散系数，引入多孔介质迂曲度 τ 是为了表征多孔介质内部扩散距离更长这一事实；$\alpha |\boldsymbol{u}|$ 代表机械弥散的作用，机械弥散效应的大小与达西流速直接相关，其比例系数即为弥散度 α。

现有的研究表明，在大多数情况下，机械弥散是引起弥散的主要原因。但当储层中流体的流动速度很小时，分子扩散将成为主要的迁移机制。为衡量这两种效应对总弥散度的贡献，定义机械弥散效应的作用比为

$$\eta = \frac{\alpha |\boldsymbol{u}|}{\tau D_0 + \alpha |\boldsymbol{u}|} \quad (2\text{-}54)$$

对常规油藏开发来说，假设注采井距300m，注采压差20MPa，结合红河油样黏度（2cP）和大庆油样黏度（10cP），以及红河油样和大庆油样中CO_2的扩散系数（$2\times10^{-9}\text{m}^2/\text{s}$、$8\times10^{-10}\text{m}^2/\text{s}$），可计算出在不同的储层渗透率对应的流态中，机械弥散的占比（计算中取迂曲度 τ 为0.05，机械弥散度 α 为 $10^{-1}\text{m}^2/\text{d}$）（图2-28、图2-29）。

可以看出，对于两种油样来说，当储层渗透率大于1mD时，原油的渗流速度较快，机械弥散效应将非常明显，其对总弥散度的影响超过90%，此时机械弥散已经足以掩盖分子扩散的影响。因此，对于基质渗透率大于1mD的油藏来说，分子扩散效应对总弥散度影响不大。

但对渗透率小于1mD的油藏来说，尤其当渗透率小于0.1mD时，原油的流动速度较为缓慢，机械弥散已不再占据支配地位，此时就必须考虑分子扩散的影响，而且随着渗透率的不断降低，分子扩散在总弥散度中的权重也越来越高。

需要指出的是，以上结论仅是针对无裂缝的纯基质储层而言。对裂缝型储层，其中原油的主要流动方式是先从基质块向裂缝网络中流动，再从裂缝网络向生产井流动。在前一阶段，即原油从基质块中向四周的缝网中渗吸流动的过程中，压力差并不是引起流动的主导因素，整个流动过程并没有显著的宏观流速，不存在机械弥散效应。此时只有分子扩散效应发生，因此对于裂缝型储层而言，无论基质渗透率如何，均需考虑扩散效应对产量的影响。

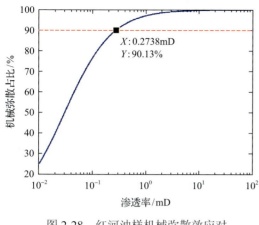

图 2-28 红河油样机械弥散效应对总弥散度的贡献

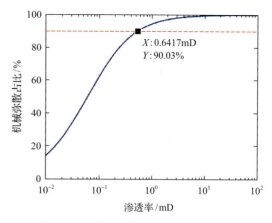

图 2-29 大庆油样机械弥散效应对总弥散度的贡献

五、油气表面张力变化及影响

CO_2 注入油藏后，能够大量溶于油相，同时能萃取一部分轻质、中质烃类进入气相，这一过程使得油气两相间的差异（密度、组成）发生变化，因此会使油气两相间的表面张力值发生变化。表面张力值变化后，根据润湿角的计算方法，油气两相与岩石的润湿角将发生变化。而润湿角的变化直接影响油气相的相对渗透率，毛细管力曲线也发生变化，最终影响采出效果。

（一）表面张力变化计算

对储层流体来说，其气液相之间的表面张力有多种计算方法，较为常用的一种为 Macleod-Sugden 关联式。为了使用 Macleod-Sugden 关联式计算油气表面张力，首先必须计算出原始混合物在给定温压条件下是否呈两相共存状态，若是，则需求出油相和气相的摩尔密度 ρ_o、ρ_g，以及各组分在油气两相中的摩尔分数 x_o、y_g，再代入式(2-55)，即可计算出该温压条件下，油气相间的表面张力：

$$\sigma = \left[\sum_{i=0}^{N_c} \eta_i \left(\rho_l x_i - \rho_v y_i \right) \right]^4 \tag{2-55}$$

式中，N_c 为组分数；η_i 为组分 i 的等张比容，对各组分来说，是一个固定的常数，可由实验测得；ρ_l 为液相密度；ρ_v 为蒸汽相密度。

以红河油样为例，在油样初始组成和温度、压力均不变的情况下，向其中混入不同物质的量比的 CO_2 后，按以上方法计算其油气相间的表面张力（图 2-30）。从图 2-30 可以看出，当物质的量比大于 4∶1 后，出现气液分离，两相间的表面张力先是随着注入 CO_2 量的增加而迅速下降，当下降到一定值后变化速度趋于平缓，此时混入再多的 CO_2 也不会让表面张力值下降为 0，即在此条件下，CO_2 与原油不会发生一次接触混相。表

面张力随 CO_2 注入量增加而不断下降的原因在于注入的 CO_2 越多，溶于原油的 CO_2 也就越多，油相的摩尔密度会更小，油气相间的差异也更小，因此表面张力更小。

图 2-31 是使用大庆油样计算的结果。从图 2-31 可以看出，在 CO_2 注入初期，原油仍然保持为单相，故无法计算表面张力。持续注入 CO_2，在气液分离后，表面张力值首先随着注入 CO_2 量的增加而下降，但存在一极值点，越过这一极值点后，表面张力值反而随着注入 CO_2 量的增加而增加。

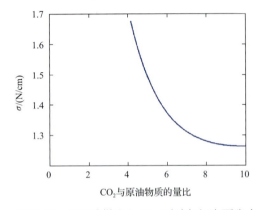 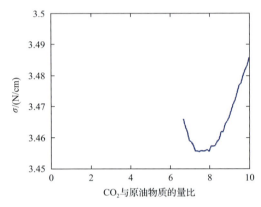

图 2-30 红河油样注入 CO_2 后油气间表面张力　　图 2-31 大庆油样注入 CO_2 后油气间表面张力

对于大庆油样来说，注入 CO_2 后，轻质、中质的烃组分不断挥发进入气相，但由于黑油中最重的两种组分 C_{17+} 和 C_{22+} 的摩尔分数占到了 40% 以上，这两种组分的挥发性较差，几乎无法被富 CO_2 相萃取，因此始终留在油相当中。当注入的 CO_2 越来越多后，轻质、中质的烃组分几乎已经全部被萃取，留下的油相中 C_{17+} 和 C_{22+} 的比例越来越高。而由于 C_{17+} 和 C_{22+} 与 CO_2 的物性差异极大，因此 CO_2 也无法更多地溶于油相，不能有效地降低油相密度，结果导致油相越来越重，气相越来越轻。最终使油气两相差异越来越大，从而表面张力值也增加。

储层压力或注入压力也是影响油气表面张力的重要因素，不同压力下油气两相界面张力值见图 2-32、图 2-33，可以看出，混合物中 CO_2 与原油不同物质的量混合比对表面

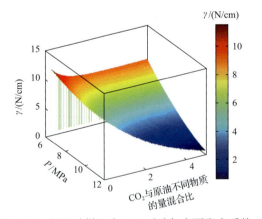 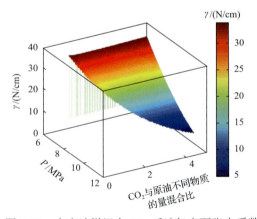

图 2-32 红河油样混合 CO_2 后油气表面张力系数　　图 2-33 大庆油样混合 CO_2 后油气表面张力系数

张力值影响很小,说明增加注入 CO_2 的量并不能降低表面张力(从而达到近混相驱、混相驱)。相反,储层压力对表面张力值的影响很大:压力越高,表面张力值越低。这是由于压力升高后,会有更多的 CO_2 和烃组分被压入油相当中,原油的密度下降,同时气体被压缩,密度增加。最终油气性质更加接近,因此表面张力值下降。

(二)相渗曲线及毛细管力曲线移动

如前所述,注入 CO_2 后油气相间的表面张力值会发生改变,但当表面张力值改变不大时,油气两相与岩石的润湿角变化也较小,此时油气的相对渗透率曲线、毛细管力曲线几乎不发生变化,整个驱替过程为 CO_2 的非混相驱。

当注入压力升高,且注入的 CO_2 量较多时,CO_2 导致油气表面张力值发生较大的变化,进而明显改变油气两相与岩石的润湿角。而润湿角的改变使油气的相对渗透率、毛细管力曲线也发生改变,这一驱替过程称为 CO_2 对原油的近混相驱。

当注入压力更高时,注入的 CO_2 完全溶于油相(或通过多次接触导致油气相界面消失),此时流动呈一单相流动,不再存在相对渗透率、毛细管力等数值。此时驱替过程转化为混相驱。

判断整个驱油过程进入近混相驱的方法目前仍不成熟,且油气界面张力改变带来的相渗曲线、毛细管力曲线移动的规律也还缺乏准确的解析描述。目前在油藏数值模拟中广泛采用的方法是通过将非混相驱的相渗曲线、毛细管力曲线和混相驱的相渗曲线、毛细管力曲线进行调和,来近似表征近混相驱时的流动性质。为此,首先需定义近混相系数 F:

$$F = \min\left(1, \left(\frac{\sigma}{\sigma_0}\right)^N\right) \tag{2-56}$$

式中,σ 为一定温压下计算出的油气表面张力;σ_0 为近混相表面张力系数的界限,即当计算出的表面张力值 σ 大于时 σ_0 时,为非混相驱,小于 σ_0 时进入近混相驱范围;N 为用于调节混相影响程度的一个参数。σ_0、N 均需通过实验或开发经验确定,式(2-56)表明 F 取 1 和 $(\sigma/\sigma_0)^N$ 之间的较小的值。

计算出近混相系数 F 后,即可通过式(2-57)~式(2-61)计算近混相驱过程中的相对渗透率曲线和毛细管力曲线:

$$K_{ro} = FK_{ro}^{imm} + (1-F)K_{ro}^{mis} \tag{2-57}$$

$$K_{rg} = FK_{rg}^{imm} + (1-F)K_{rg}^{mis} \tag{2-58}$$

$$P_{cog} = FP_{cog}^{imm} \tag{2-59}$$

$$S_{cr,o} = FS_{cr,o}^{imm} + (1-F)KS_{cr,o}^{mis} \tag{2-60}$$

$$S_{cr,g} = FS_{cr,g}^{imm} + (1-F)KS_{cr,g}^{mis} \tag{2-61}$$

式中，K_{ro} 为油相相对渗透率；K_{rg} 为气相相对渗透率；P_{cog} 为油气毛细管力；K_{ro}^{imm}、K_{rg}^{imm} 和 P_{cog}^{imm} 为非混相驱油气之间的相对渗透率和毛细管力曲线值；K_{ro}^{mis}、K_{rg}^{mis} 为混相驱油气相对渗透率和毛细管力曲线，一般均以直线代替；$S_{cr,o}$ 为残余油饱和度；$S_{cr,g}$ 为束缚气饱和度；$S_{cr,o}^{imm}$、$S_{cr,g}^{imm}$ 为非混相驱相渗曲线端点值；$S_{cr,o}^{mis}$、$S_{cr,g}^{mis}$ 为混相驱相渗曲线端点值，一般均取 0；同时，混相状态的毛细管力被认为是 0。

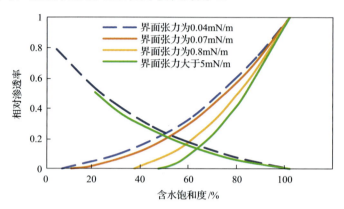

图 2-34　考虑近混相效应后油气两相相对渗透率移动情况

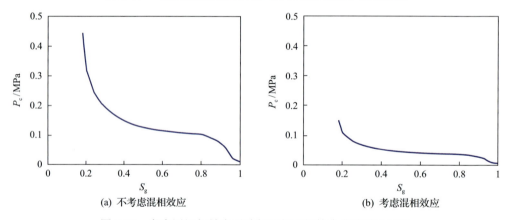

图 2-35　考虑近混相效应后油气两相毛细管力曲线移动情况

图 2-34、图 2-35 为考虑了混相效应后原油的相渗曲线、毛细管力曲线与非混相驱时对比。计算中使用的混相影响指数 N 为 0.25。

六、沥青质沉淀

沥青质是溶解在原油中的一类物质，在芳香族溶剂中可溶，在饱和烷烃中不可溶[72]，它具有复杂的结构、强极性和高分子量，密度大约为 1.2g/cm³。当向高沥青质油藏中注入 CO_2 后，原油的压力或组成等均发生改变，沥青质动态稳定体系受到干扰甚至破坏，最终将发生沥青质聚集和沉淀现象。国外对注气开采中沥青质沉淀进行了两大类实验，主要包括静态沥青质沉淀实验及岩心驱替实验。

(一)静态沥青质沉淀实验

静态沥青质沉淀实验又可分为改进 PVT 筒实验、静态平衡测试及频率影像方法。Srivastava 等[73]、Jamaluddin 等[74]、Takahashi 等[75]分别对 PVT 筒进行了改进,实施了注气引发沥青质沉淀的静态测试。Novosad 和 Costain[76]使用滴定实验量化沉淀的沥青质质量。Fisher 等[77]使用频率影像方法,研究当溶剂/原油比率改变时,在散装油/CO_2 混合流动过程中沥青质颗粒的改变。

(二)岩心驱替实验

岩心驱替实验:Srivatava 等[73]使用单根泥灰岩岩塞和多层多孔复合岩心,测量在岩心基质内的沥青质沉淀,通过分光光度仪确定沥青质的含量,使用 Novacor 技术公司的计算机辅助层析成像 CAT(computer-aided tomography)对大粒度多孔岩心进行 X 光扫描,对比驱替前及驱替后的岩心,使用扫描图像的 CT(computer tomography)数分布计算平均 CT 数,基质的平均 CT 数给出了基质平均密度的指标。Takahashi 等[75]测量了注气过程中两种岩心(碳酸盐岩和砂岩岩心)内的沥青质沉淀。通过注入 n-庚烷清洗岩心,测量注入 CO_2 后原油的有效渗透率。使用氯仿提取岩心中沉淀的沥青质,并使用 SARA(scan,analyze,respond and assess)分析。

综上所述,整个沥青质沉淀过程极为复杂。一般数值模拟研究当中,将整个沉淀历史分为 3 个过程,共 6 种相互对应的机理。

析出:降压、降温、外来溶剂加入等导致原油中胶质浓度降低或从沥青分子表面脱附。

溶解:胶质重新聚集在脱附后的沥青质颗粒周围,形成新的稳定状态。

絮凝:脱附后的沥青质相互吸附,并凝聚成更大的胶团。

分散:絮凝的胶团发生分散,又分散成单个的沥青分子颗粒。

沉积:絮凝产生的沥青胶团吸附到岩石壁面或堵塞住狭小喉道,从流体相转变为固体相的过程。

卷吸:由于孔喉中液体流动,导致已沉淀的沥青胶团重新开始移动,又回到流体相中。

以上 6 种机理,构成了 3 个可逆的物理化学过程。对完善描述沥青质沉淀问题缺一不可。关于这 6 种机理的详细计算流程可参见 ECLIPSE 等数值模拟软件技术手册[78]。

沥青质沉淀会对储层造成 4 个方面的伤害。

(1)导致储层孔隙度减小。

沉淀的沥青质占据了孔隙体积,因此在一定程度上减小孔隙体积,这一点可以通过沉淀的沥青质质量和沥青质密度计算得出

$$\phi = \phi_0 - \int_0^t \frac{\partial \varepsilon}{\partial t} \mathrm{d}t \qquad (2\text{-}62)$$

式中,ϕ 为孔隙度;ϕ_0 为注气前初始孔隙度;ε 为沥青质的瞬时沉淀量。

(2) 导致储层渗透率降低。

部分沉淀的沥青质会阻塞喉道，导致渗透率的大幅下降，一般渗透率的下降程度可以根据实验结果计算，也可以根据孔隙度降低进行折算，折算公式为

$$\frac{K}{K_0} = \left(1 - \frac{\phi}{\phi_0}\right)^{\delta} \quad (2\text{-}63)$$

式中，K 为渗透率；K_0 为注气前渗透率；δ 为基于室内实验确定的系数，无因次。

(3) 导致原油黏度发生变化。

沥青质的析出和絮凝会使原油黏度升高，而沥青质的沉淀又会使原油变轻从而降低原油黏度。该过程的描述公式为

$$\frac{\mu}{\mu_0} = \left(1 - \frac{w_p}{w_{p0}}\right)^{-\eta w_{p0}} \quad (2\text{-}64)$$

$$w_p = \frac{M_{wp} x_{pf} + M_{wf} x_f}{M_{woil}} \quad (2\text{-}65)$$

式中，w_p 为沥青质沉淀的质量分数；η 为固有黏度，一般取 2.5；M_{woil} 为原油分子量；M_{wp} 为沉淀组分的分子量；$x_{pf} = x_p - x_{lim}$，其中 x_p 为沉淀组分摩尔分数，x_{lim} 为能发生沉淀的组分临界摩尔分数；M_{wf} 为絮体组分的分子量；x_f 为絮体组分的摩尔分数。

(4) 导致储层润湿性的变化。

部分沥青质会吸附于储层孔隙表面，会使原本水湿的体系转化为油湿，但转化规律目前仍不明确。目前数值模拟中常使用的方法是将未沉积的相对渗透率曲线、毛细管力曲线与完全沉积的相对渗透率曲线、毛细管力曲线加权来描述：

$$\begin{aligned}
K_{ro} &= F_a K_{ro}^{ocr} + (1 - F_a) K_{ro}^{wcr} \\
K_{rw} &= F_a K_{rw}^{ocr} + (1 - F_a) K_{rw}^{wcr} \\
S_{cr,o} &= F_a S_{cr,o}^{ocr} + (1 - F_a) K S_{cr,o}^{wcr} \\
S_{cr,w} &= F_a S_{cr,w}^{ocr} + (1 - F_a) K S_{cr,w}^{wcr}
\end{aligned} \quad (2\text{-}66)$$

式中，K_{ro}^{ocr} 为 $S_o = S_{cr,o}$ 时的油相相对渗透率；K_{ro}^{wcr} 为 $S_w = S_{cr,w}$ 时的油相相对渗透率；K_{rw}^{ocr} 为 $S_o = S_{cr,o}$ 时的水相相对渗透率；K_{rw}^{wcr} 为 $S_w = S_{cr,w}$ 时的水相相对渗透率；$S_{cr,o}^{ocr}$ 为考虑沥青质沉淀下残余油饱和度；$S_{cr,o}^{wcr}$ 为不考虑沥青质沉淀的残余油饱和度；$S_{cr,w}^{ocr}$ 为考虑沥青质沉淀下束缚水饱和度；$S_{cr,w}^{wcr}$ 为不考虑沥青质沉淀的束缚水饱和度；F_a 为沥青质沉淀量的函数，定义为

$$F_a = \min\left[1, \frac{w_p}{w_{p0}}\right] \quad (2\text{-}67)$$

第三节 低渗透储层 CO_2 非完全混相驱替理论

CO_2 驱替通过改变两相接触带组成而降低界面张力，从而改善驱替效率，提高原油采收率。两相间界面张力变化与压力密切相关。低渗透储层与中高渗透储层的井间压力分布明显不同，其 CO_2 驱替特征也因此存在明显差异。与国外油藏和原油性质相比，我国原油混相压力普遍偏高，也导致其驱替特征不尽相同，所以对 CO_2 驱替特征的认识是我国 CO_2 驱工作研究的重点和基础，必须予以高度重视。

一、混相驱概念存在的问题

CO_2 在驱油过程中能否与原油混相是人们十分关心的问题，甚至有学者将其视为 CO_2 驱替成功的关键[39,79]。根据传统的混相概念，判断 CO_2 驱替能否混相的依据多采用室内实验结果，比如细管实验、升泡法实验和蒸汽密度法实验等。其中细管实验是最通用的方法，该方法测出压力和采收率（常常取注入 CO_2 1.2PV 的采出程度）关系曲线，关系曲线一般存在一个拐点，高于拐点压力情况下采收率随压力升高变化不大，低于拐点压力情况下，CO_2 驱替采收率随着压力升高急剧增加，拐点处的压力被认为是最小混相压力[一般与 90% OOIP（original oil in place）相对应]，也有学者称其为工程混相压力。将求出的最小混相压力与油藏当前地层压力进行对比，判断 CO_2 驱替为混相驱还是非混相驱[80-82]，并认为两种情况下驱替效果存在质的差别。

但是 CO_2 驱油过程十分复杂，不仅包含动力学过程，还涉及热力学过程，甚至还包括酸岩反应等化学过程。在整个 CO_2 驱油过程中，各种物理化学作用直接影响油相、气相的流动能力，进而影响驱替的动力学过程；而动力学过程又会改变油藏压力分布，从而使各物理化学平衡发生移动。两者之间相互制约，共同决定了油藏的压力场、饱和度场、组分浓度场，并导致 CO_2 与原油间的界面张力、毛细管力、油气相密度和黏度等具有时变性和空变性的特点。

因此，上述判断方法存在的一个很大问题，即忽略了油田注气开发之后地层压力场将会发生的重大变化及其对混相状态的影响[83]。实际注气过程中，注采井间的压力是变化的（图 2-36），如大庆外围油田在注入端压力可以达到 40MPa 以上，远远高于实验室长

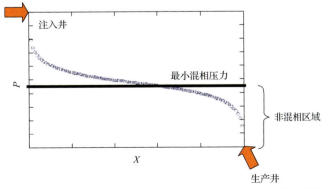

图 2-36 注采井间压力剖面及其与最小混相压力的关系示意图

细管测得的混相压力,而采出端压力仅为 2~3MPa,又远远低于混相压力。这意味着在注入井附近是混相驱替,而在生产井附近是非混相驱替。所以,仅仅简单地划分为混相驱或非混相驱不能准确反映很多油藏的实际特征,通过将原始地层压力与实测的最小混相压力简单对比来判别实际油藏是否实现混相驱的做法值得商榷[84]。为此,笔者开展了 CO_2 驱替规律、混相状态及其表征方法等方面的研究,并应用于油藏筛选评价和方案优化等领域。

二、CO_2 驱替规律研究

CO_2 与原油间主要的物理化学作用可以概括为 3 个方面:①溶解作用,CO_2 从气相转移到油相中,降低了油相密度与黏度,增加弹性能量,降低油气界面张力;②萃取作用,油相中的轻烃组分转移到 CO_2 相中,使油相密度与黏度增大,对高含蜡油藏或高含沥青质油藏,甚至会出现固相沉积;③CO_2 在油相中的扩散作用,具体可以分为分子扩散和水力弥散两种,分子扩散是由组分浓度差引起的,水力弥散是由储层微观非均质性导致的,两者的宏观效果一致,但后者在数量级上一般远远大于前者。扩散作用使 CO_2 组分的波及系数远远大于 CO_2 相的波及系数,为此在后续章节定义了相波及系数、组分波及系数的概念。

上述 3 种物理化学作用受油藏所处的动力学条件影响,尤其是受压力分布控制。注入端高压漏斗、采出端低压漏斗和整个压力剖面均对注采井间相变化特征和物理化学特征影响重大,并可以概括为以下 4 个规律。

(1)相与相界面变化规律。

使用数值模拟的方法可以计算出 CO_2 驱替的整个过程,采用大庆外围油田的流体物性和储层参数,并取五点井网的 1/4 建立理想模型,再使用 ECLIPSE 的混相驱组分模型进行一注一采模拟。图 2-37 为模拟获得的注入井与生产井连井剖面上的油藏压力及饱和度分布。在注入端附近,储层压力一般高于 CO_2 与原油间的一次接触混相压力[85]。此时 CO_2 与原油达到一次接触混相状态,相界面消失。在此过程中,压力场对混相起主导作用,该现象具有普遍性。

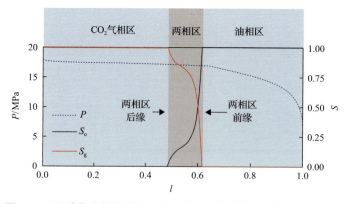

图 2-37 注采井连井剖面上压力及油相、气相饱和度分布(0.4PV)

随着 CO_2 的持续注入,储层流体朝向低压采出端推进,CO_2 及部分轻烃组分逐渐分离出来形成单独相,即富 CO_2 气相,油气相界面产生。在油气两相区内,存在两个重要特征，即两相区前缘和两相区后缘。前缘运动速度大于后缘运动速度，因此两相区长度不断增大，两相区内含油饱和度不断降低。重质原油在后缘可能出现固相沉积[86]，轻质原油在前缘可能出现多次接触混相，最终导致界面张力消失[图 2-38(a)、图 2-38(b)]。在该阶段，除仍受压力控制外，CO_2 对原油的萃取作用也成为关键因素。

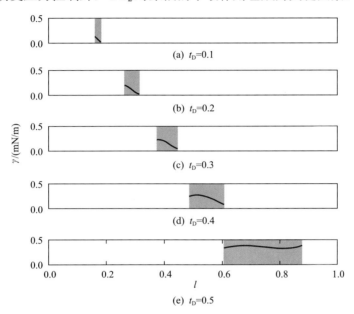

图 2-38　不同注入时间两相区范围(灰色部分)及两相区中油气界面张力分布

CO_2 与原油多次接触混相过程非常复杂，Zick[24] 于 1986 年针对富气驱提出的凝析/蒸发混相驱过程，被证明也存在于 CO_2 驱当中，即混相是通过在前缘发生凝析作用、后缘发生蒸发作用而共同实现的[87]。

驱替继续进行，气相前缘表面张力值不再为 0[图 2-38(c)、图 2-38(d)]。此时油气已不再混相，但仍存在低表面张力区。Coats[88] 的研究，当表面张力低于临界表面张力时，低表面张力区内的相渗曲线、毛细管力曲线同样发生变化。因此驱替过程仍不同于典型的非混相驱，属于近混相驱范畴。

随着气相前缘进一步向采出端推进，储层压力下降较大，压力作用又成为主导：油相中溶解的 CO_2 重新蒸发到气相中建立新的平衡，油相中 CO_2 浓度进一步降低，密度增大；气相密度随着压力的降低而持续减小，因此油气界面张力加大[图 2-38(e)]，并在整个两相区内均大于近混相临界表面张力，驱替过程转变为普通的非混相驱替。

概括起来，整个 CO_2 驱替过程，呈现出混相—相分离—前缘界面张力降低—界面张力升高的规律。

(2) 组分变化规律。

在 CO_2 波及到的范围，油、气组分的变化规律需分 3 个区域来考察，即纯 CO_2 区、富 CO_2 气相-油相混合区和纯油相区。图 2-39 是 $t_D=0.4$ 时，注采井连井剖面上油相、气相中各(拟)组分摩尔浓度分布。

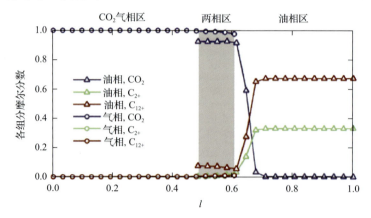

图 2-39　注采井连井剖面上油、气两相组分变化

从图 2-39 可以看出，在两相区左侧，储层中仅有纯的 CO_2 气体存在，原因是高压下 CO_2 与原油形成混相，从而实现活塞式驱替，以及 CO_2 对原油中各组分具有较高的萃取作用。

在两相区内，原油中轻烃组分(图 2-39 中的 C_{2+})和重烃组分(C_{12+})逐渐被萃取进富 CO_2 气相中；同时，CO_2 也大量进入原油，使原油中烃类的浓度下降。值得注意的是，对两相区内的油相来说，其中轻烃组分越靠近气相，浓度越低，但重烃组分则相反，越靠近气相，浓度越高。这是因为 CO_2 对轻组分的萃取能力较强，而对重组分较弱。在油气过渡带中，CO_2 对原油萃取时间越长，轻组分挥发越多，留下的原油就越重。

在两相区右侧，CO_2 通过扩散作用进入纯油相区域中，且浓度逐渐降低，分布服从扩散方程。

(3) 物性变化规律。

扩散进入油相的这部分 CO_2 降低了原油的密度和黏度，使原油更易流动(图 2-40、图 2-41)，且相对于密度来说，黏度下降的比例更大。对于部分原油，溶解 CO_2 后黏度可降至原始黏度的 1/10 以下。但是在两相区内部，油相的密度和黏度均逐渐升高，这是由于富 CO_2 气体萃取轻烃组分后，油相中重烃的含量越来越高，从而导致油相密度、黏度升高。对于部分原油，在两相区后缘，油相的密度甚至可以超过原始地层原油密度。

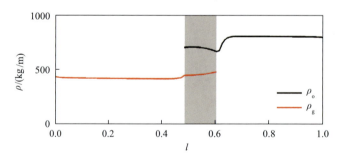

图 2-40　油、气两相密度在连井剖面上的分布

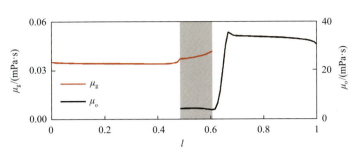

图 2-41　油、气两相黏度在连井剖面上的分布

对于气相而言，从注入端到采出端，其中的轻烃比例不断增大，故其密度与黏度也随之持续增大。

由于 CO_2 的注入，油气两相间的差异（密度、组成）发生变化，将使两相间的界面张力发生变化。油气界面张力的变化，会改变油气与岩石的润湿角，从而直接影响油气相的相对渗透率曲线和毛细管力曲线。因此，对于 CO_2 驱替而言，相渗曲线、毛细管压力曲线随界面张力具有时变性与空变性的特征。

(4) 组分扩散规律。

在注入端，CO_2 溶解于原油，并在油相中向采出端扩散，形成浓度梯度。这种宏观的扩散作用是分子扩散和水力弥散两种作用混合的结果。分子扩散是由流体分子的热运动导致的；水力弥散则是由储层微观非均质性引起的。这两种效应存在本质的不同，但作用规律却是相似的，均可以使用 Fick 扩散定律描述。

在渗透率较高的储层，水力弥散作用较强，成为扩散的主要因素；而在渗流速度极慢的低渗、致密储层，分子扩散的作用不容忽视[89]。

总的扩散作用使 CO_2 组分超越气相前缘，向采出端运移，起到原油降黏、增加弹性能量的作用。

三、非完全混相驱概念及表征方法

(一) 非完全混相驱替概念

我国注 CO_2 面临的油藏对象大多是水驱难以动用的低、特低渗透油藏。该类油藏一般注入井高压注入，采出井低压生产，整个注采剖面上压力变化很大，使注采井间 CO_2 与原油的关系也从一次接触混相到多次接触混相、近混相、完全非混相连续变化，因此传统的混相驱或非混相驱的概念已不适用，已无法采用对比地层压力与最小混相压力来判定驱替类型。

为此，笔者提出非完全混相驱的概念。所谓非完全混相驱，是指在驱替中某一时刻，储层不同位置同时存在混相、近混相、非混相等多种状态；在整个驱替历史上，储层内某一点，可能依次经历混相、近混相、非混相的转变。非完全混相驱的特征是在驱替过程中，动力学过程与热力学过程相互耦合、制约，共同决定了油藏的压力场、饱和度场、组分浓度场，使 CO_2 与原油间的界面张力、混相状态、毛细管力、油气相密度和黏度等具有时变性和空变性。

(二)非完全混相驱表征参数

混相状态与范围是制约非完全混相驱效果的重要因素。为了定量描述和表征混相状态，定义 3 个无量纲参数，即 CO_2 相波及系数、低界面张力区体积分数和界面张力减弱指数。

1. CO_2 相波及系数

CO_2 相波及系数指富 CO_2 气相所占体积与储层中总孔隙体积的比值。其中富 CO_2 气相指注入的 CO_2 气体混合轻质烃类后形成的气相。CO_2 相波及系数的表达式为

$$C_p = \frac{\int S_g dV}{\int dV} = \int S_g dV / PV \tag{2-68}$$

式中，C_p 为 CO_2 相波及系数；S_g 为富 CO_2 气相饱和度；dV 为体积微元；$PV = \int dV$ 为储层的总孔隙体积。

2. 低界面张力区体积分数

富 CO_2 气相与原油发生萃取/溶解平衡后，会导致油气界面的界面张力发生改变。当界面张力下降到近混相临界界面张力下时，油气相渗曲线和毛细管力曲线将发生移动，驱替过程更加类似于活塞式驱替，驱替效率更高。因此，界面张力降低区域(包括界面张力为 0 的混相区)的体积是混相、近混相效应的量度之一。低界面张力区体积分数 φ_s 定义为该体积与总孔隙体积的比值：

$$\varphi_s = \frac{\int_{\gamma<\gamma_c} dV}{PV} \tag{2-69}$$

式中，γ 为体积元 dV 内的界面张力；γ_c 为近混相临界界面张力，由实验获得。

3. 界面张力减弱指数

在低界面张力区内，界面张力下降的比例反映了驱替向活塞式驱替移动的程度，因此定义界面张力减弱指数 C_γ 为低界面张力区内界面张力降低值与近混相临界界面张力的比值：

$$C_\gamma = \frac{\int_{\gamma<\gamma_c} (\gamma_c - \gamma) dV}{\gamma_c \int_{\gamma<\gamma_c} dV} \tag{2-70}$$

以上 3 个参数在驱替过程中是连续变化的，可以通过油藏数值模拟获得。图 2-42 为驱替过程中 3 个参数随无因次注入时间的变化情况，可以看出在驱替过程中，CO_2 相波及系数逐渐增加，低界面张力区体积分数先增加后减小，这是两相区范围及距离生产井的位置共同影响的结果，界面张力减弱指数呈减小趋势。

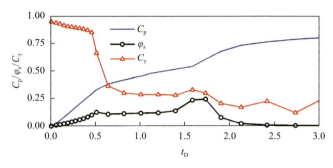

图 2-42　混相状态表征参数随无因次注入时间的变化规律

CO_2 组分可以穿过油气相界面进入油相，并在油相内部不断扩散。同时，原油中的烃组分（以轻烃组分为主）也可以被 CO_2 萃取进入气相，并随着气体突破被开采出来。为了描述 CO_2、烃组分在两相间的传递特征，定义 CO_2 组分波及系数和烃类携带系数两个无量纲参数。

4. CO_2 组分波及系数

进入油相中的 CO_2 可以显著降低油相的黏度和密度，对驱替意义重大。为了定量表征 CO_2 组分进入油相的范围，定义 CO_2 组分波及系数 C_c 为 CO_2 摩尔分数超过 1% 的油相体积与总油相体积之比：

$$C_c = \frac{\int_{x>1\%} S_o \mathrm{d}V}{\int S_o \mathrm{d}V} \tag{2-71}$$

式中，x 为体积元 $\mathrm{d}V$ 内油相中 CO_2 的摩尔分数。

5. 烃类携带系数

进入富 CO_2 相的烃组分会随着气相一同被采出，并在地面分离器中重新进入油相，其结果相当于被气体萃取出来。为了描述萃取的烃类的量，定义烃类携带系数 C_h 为地层条件下进入生产井的气相中烃组分的质量分数：

$$C_h = \frac{\sum\limits_{i=\text{烃类}} M_i y_i}{\sum\limits_i M_i y_i} \tag{2-72}$$

式中，下标 i 代表第 i 种组分，指代体系中所有组分；M_i 为组分 i 的摩尔质量；y_i 为组分 i 在气相中的摩尔分数，利用地层条件下进入生产井井底的气相组成进行计算。

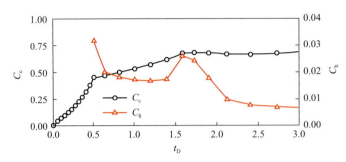

图 2-43　组分传递表征参数随无因次注入时间的变化规律

两参数随无因次注入时间的变化见图 2-43。可以看出，随着驱替的进行，CO_2 波及的原油比例越来越高。但即使在气窜较长时间后，仍有原油尚未被 CO_2 波及（C_c 始终小于 0.75）。另外，由 C_h 曲线可知，地层条件下气相可以萃取 1%～3% 的原油。

CO_2 驱替提高采收率的一个重要原理即溶解于原油的 CO_2 显著降低原油的黏度和密度，从而增加油相流动能力。为了描述该效应，定义两个无量纲参数，即降黏指数和增弹指数。

6. 降黏指数

将溶解 CO_2 后原油黏度降低的比例定义为 CO_2 驱的降黏指数 C_μ：

$$C_\mu = \frac{\int \left(\mu_o^0 - \mu_o\right) S_o dV}{\mu_o^0 \int S_o dV} \tag{2-73}$$

式中，μ_o 为体积元 dV 内的原油黏度；μ_o^0 为注 CO_2 前的原油黏度；S_o 为油相饱和度。

7. 增弹指数

将溶解 CO_2 后原油弹性压缩系数增加的比例定义为 CO_2 驱替的增弹指数 C_e：

$$C_e = \frac{\int \left(C_o^0 - C_o\right) S_o dV}{C_o^0 \int S_o dV} \tag{2-74}$$

式中，C_o 为体积元 dV 内原油的弹性压缩系数，$C_o = -\frac{1}{V}\frac{dV}{dP}$。该系数不仅与油藏温度、压力有关，也受溶解 CO_2 后油相组成的影响，需要利用状态方程进行计算。

降黏指数和增弹指数随无因次注入时间的变化见图 2-44，可以看出随着 CO_2 注入的进行，CO_2 对原油降黏、增弹的作用越来越重要，且两者变化规律基本一致。但通过对比两个参数的量级可知,对提高采收率而言,降黏的作用要大于增弹。这两个参数与 CO_2 组分波及系数结合,即可表征降黏、增弹两种效应对整体驱替效果的贡献。

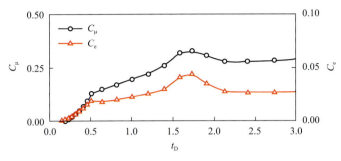

图 2-44　原油物性变化表征参数随无因次注入时间的变化规律

(三)国内低渗透油藏 CO_2 驱混相程度评价

利用上述的计算方法,建立典型数值模拟模型,计算不同低渗透油藏的混相程度(表 2-1)。模拟计算时,不同油藏采用各自的基础数据,包括原油组成、渗透率、油层厚度等。从模拟计算结果可以看出不同油藏混相程度差异较大,这与油藏原油物性、温度等有关。

表 2-1　国内部分低渗透油藏注 CO_2 驱替混相程度　　　　(单位:%)

油田名称	纯 CO_2 气相体积分数	低界面张力区体积分数	混相程度
腰英台油田	1	15	16
草舍泰州组	32	42	74
高 89 断块	27	48	74
胜利樊 15	16	32	48
胜利桩 11	31	47	78
江汉新沟	9	24	33
江苏崔庄	15	31	46

四、非完全混相驱替理论的应用

(一)油藏筛选标准

目前最常用的也是最简单的注 CO_2 驱油藏筛选标准将 CO_2 驱分为混相驱和非混相驱,并且主要筛选参数为原油黏度、API、原油组分和深度。但是由非完全混相驱理论可知,对于陆相低渗透油藏, CO_2 驱不能简单地分为混相驱和非混相驱,而是根据上述定义的 7 个特征参数来定量表征,因此原有的筛选标准需进一步改进。

采用数值模拟方法,建立概念模型,计算多个油样在不同地层压力下混相程度的变化。在分析混相程度变化规律的基础上，提出新的筛选参数。根据目前国内注 CO_2 驱油典型区块的物性参数，取五点法井网的 1/4 建立如下概念模型：网格划分为 $25\times25\times1$，网格步长为 5m，平面渗透率为 2mD，孔隙度为 15%，有效厚度为 5m，油水和油气相对渗透率曲线采用腰英台油藏的数据。油样的原油黏度为 0.7mPa·s，密度为 0.75g/cm³，原油组成摩尔分数见表 2-2。模拟计算结果见图 2-45 和图 2-46。

表 2-2 典型模型使用油样组成

组成	摩尔分数/%	组成	摩尔分数/%
N_2	0.39	C_{7+}	17.99
CO_2	0.78	C_{10+}	14.82
CH_4	14.83	C_{13+}	14.22
C_{2+}	8.67	C_{18+}	11.92
C_{5+}	6.56	C_{23+}	9.82

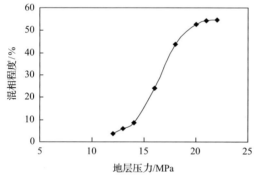

图 2-45 地层压力与混相程度关系曲线

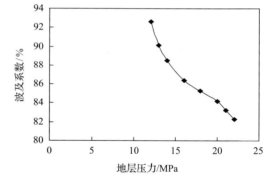

图 2-46 地层压力与波及系数关系

从模拟计算结果可以看出，混相程度与地层压力间的关系呈现"S"形曲线，即当地层压力较低时(非混相驱替)，混相程度增加较慢；当地层压力增加到一定程度时(近混相驱替)，混相程度增加很快；当地层压力超过最小混相压力时(混相驱替)，混相程度增加再次变慢。从波及系数的曲线也可以看出，地层压力与波及系数曲线也大致存在两个拐点：在地层压力较低和较高时，波及系数随着地层压力的增加下降都很快；而在近混相驱阶段，波及系数随着地层压力增加变化较小。

分析模拟结果，发现从非混相驱转变为近混相驱的拐点为地层压力与最小混相压力比值等于 0.8。因此，在进行油藏筛选时，通过增加地层压力与最小混相压力比值这一参数，将 CO_2 驱分为非混相驱、近混相驱和混相驱；当地层压力/最小混相压力小于 0.8 时为非混相驱；当地层压力/最小混相压力为 0.8~1.0 时为近混相驱；当地层压力/最小混相压力不小于 1.0 时为混相驱。

结合国内外常用的筛选标准，初步建立的 CO_2 驱油藏资源潜力筛选标准见表 1-8。

(二)油藏工程方案优化设计

大庆油田为了探索 CO_2 驱油方法开采特低渗透储层的可行性,在芳 48 区块、树 101 区块分别开展了 CO_2 驱油现场试验。试验设计过程中,首先在沉积微相分析基础上建立了地质模型,开展了室内实验和相态拟合计算确定各种参数,然后通过组分模型数值模拟优化油藏工程方案,并在优化过程中特别考虑了混相程度对油藏开发效果的影响。

图 2-47 和图 2-48 分别是在周期注入条件下油藏开发 15 年后芳 48 区块 F17-2 小层的混相区和含油饱和度分布图,从图 2-47、图 2-48 可以看出,在注入 CO_2 波及区域内,纯 CO_2 气相区主要分布在注气井附近,其范围内的含油饱和度接近于 0,驱油效率很高;低界面张力区主要分布于油气井之间,其延伸方向受到地层物性的影响,分布范围内含油饱和度较低,平均值低于 20%,驱油效率较高;非混相区的含油饱和度较高,主要分布在油井附近和气相饱和度较低的区域,驱油效率较低。

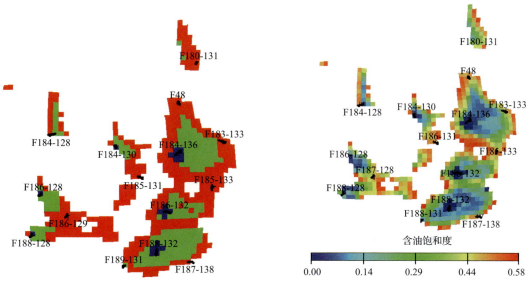

图 2-47 芳 48 区块 F17-2 层混相区分布图　　图 2-48 芳 48 区块 F17-2 层含油饱和度分布图

表 2-3 和表 2-4 分别是芳 48 区块和树 101 区块各方案混相状态分析结果。两个区块的纯 CO_2 气相体积分数均低于 10%,低界面张力区体积分数均在 25%左右。根据实验室的最小混相压力实验,认为树 101 区块能够达到混相,而芳 48 区块为非混相驱替。但由实际油藏数值模拟计算结果可以看出树 101 井区的纯 CO_2 气相体积分数仅比芳 48 区块高出 0.82%(推荐方案分别为 9 号和 3 号),仅能说明树 101 区块混相程度略高于芳 48 区块,两者不存在驱替本质上的差别。

表 2-3　芳 48 区块注 CO_2 驱油各方案混相程度分析

序号	方案描述				纯 CO_2 气相体积分数/%	低界面张力区体积分数/%	非混相体积系数/%	平均驱油效率/%
	井网	流压/MPa	注入方式	注气时机				
1	五点	5	连续注入	同步注入	8.84	24.77	66.39	29.75
2	反九点	5	连续注入	同步注入	3.66	19.33	77.01	24.35
3	五点	3	连续注入	同步注入	8.21	23.02	68.77	28.53
4	五点	10	连续注入	同步注入	9.20	27.82	62.98	30.75
5	五点	5	连续注入	超前 3 月	8.96	25.32	65.72	29.86
6	五点	5	连续注入	超前 6 月	9.05	25.71	65.24	30.10
7	五点	5	连续注入	超前 1 年	9.07	25.90	65.03	30.21
8	五点	5	注二关一	超前 6 月	8.53	24.09	67.38	29.45
9	五点	5	注三关一	超前 6 月	8.76	24.33	66.91	29.60
10	五点	5	注六关一	超前 6 月	8.85	24.96	66.19	29.71

表 2-4　树 101 区块注 CO_2 驱油各方案混相程度分析

序号	方案描述			纯 CO_2 气相体积分数/%	低界面张力区体积分数/%	非混相体积系数/%	平均驱油效率/%
	井网类型	井距/m	排距/m				
1	五点	250	200	8.62	22.85	68.53	29.64
2	五点	300	200	8.86	23.91	67.23	28.24
3	五点	300	250	9.58	24.61	65.81	30.23
4	反九点	250	250	8.44	23.86	67.70	29.19
5	反九点	300	300	8.06	21.69	70.25	29.38
6	反九点	300	250	8.16	21.42	70.42	30.24
7	反七点	250		8.44	22.63	68.93	29.16
8	反七点	300		8.32	22.18	69.50	27.78

纯 CO_2 气相体积分数和低界面张力区体积分数的大小影响 CO_2 驱油效率的高低,其与区块的井网形式、油气井工作制度、注气时机和注气方式息息相关(表 2-3),因此与波及系数一样,纯 CO_2 气相体积分数与低界面张力区体积分数也是 CO_2 驱油开发方案优选的主要评价指标之一。

第四节　高含水油藏注 CO_2 驱机理研究

我国东部老油田几乎全部进入了高、特高含水阶段,急需探索接替的提高采收率技术。尽管高含水使 CO_2 驱油复杂化,但国外实例证明高含水油藏 CO_2 驱仍能大幅度提高采收率。为此，中国石化在濮城沙一下油田，探索了水驱废弃油田注CO_2提高采收率可行性。笔者通过对室内实验、理论研究等总结，针对高含水油藏CO_2驱三相并存特点，研究了物理化学特征、作用效应和微观剩余油动用机理。

一、物理化学特征研究

(一)差异溶解特征

CO_2在原油中的溶解是降黏、膨胀原油体积、降低界面张力等机理的基础。高、特高含水油藏不仅会对CO_2接触原油产生影响，也会由于CO_2在水相中的溶解而影响CO_2驱油效果。目前，CO_2在原油和水相中溶解特征的研究大多是在单相条件下进行的，没有考虑油水共存状态的影响。尽管根据相似相容原理，CO_2在油中的溶解度远高于在水中的溶解度，但油水共存条件下，CO_2在油水中的溶解能力还未见定量对比成果。为此，周宇等[90]建立了CO_2在油水共存条件下的溶解分配系数测定实验技术(详见第三章第一节)，探索CO_2在油水共存条件下的溶解特征。

图2-49是红河油田条件下CO_2在油水中的溶解度及溶解分配系数变化趋势，从图2-49可以看出，CO_2在油水中溶解度差异大，且CO_2在油水相中的溶解分配系数随着压力的升高而增大，但当压力升高至15MPa以上时，溶解分配系数不再增加，该拐点与CO_2在油相中溶解度变化趋势有关。红河油田当前地层压力为12MPa，溶解分配系数为7.91，水中溶解约占15%左右。

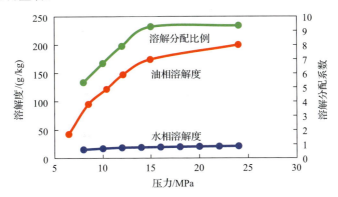

图2-49 红河油田注CO_2溶解度及溶解分配系数的变化趋势

(二)差异扩散特征

第三节详细分析了注CO_2扩散-弥散机理，指出扩散是注CO_2提高采收率的重要机理之一。为了定量评价CO_2在油水中的扩散能力，特别是在多孔介质中的扩散能力，笔者研发了多孔介质中CO_2扩散系数测定实验技术(详见第三章第四节)。针对濮城沙一下油水条件，室内测试表明CO_2在原油中的扩散系数为$10^{-8}m^2/s$数量级，在地层水中的扩散系数为$10^{-7}m^2/s$数量级(图2-50、图2-51)。尽管CO_2在油相中的溶解度大于在水相中的溶解度，但扩散系数正好相反，两者扩散系数差异产生的原因在于油水组分与 CO_2 分子间的作用力差异。由于高含水阻碍了 CO_2 与原油接触，这一差异特征正好有利于 CO_2 穿透水膜，与原油接触并溶解于原油。

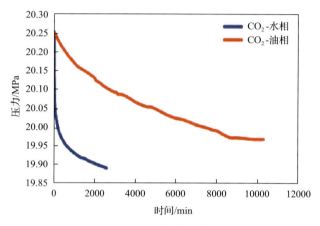

图 2-50　扩散系数测定实验结果

CO_2 在油水相中的扩散能力与储层压力大小紧密相关，室内测试结果表明，压力越高，CO_2 的扩散系数增大（图 2-51），而扩散系数增大必然有利于 CO_2 与更多的原油接触，改善驱替效果。

同时，扩散作用能够使 CO_2 进入水驱无法动用的小孔隙，提高 CO_2 的波及体积，并通过溶解膨胀动用其中的剩余油。图 2-52 和图 2-53 为不同压力下 CO_2 驱替室内岩心实验结果，随着压力的增大，小尺度孔隙原油动用程度增加明显。

因此，注 CO_2 驱替过程中，提高压力水平，不仅有利于改善 CO_2-原油间的混相程度，也有利于 CO_2 接触更多的剩余油，增大 CO_2 波及体积，从而提高最终采收率。

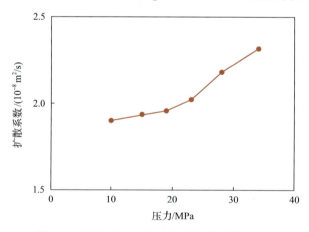

图 2-51　压力对 CO_2 在油相中扩散系数的影响

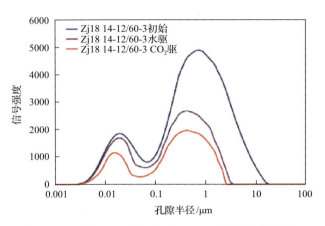

图 2-52　红河油田岩心水驱后 CO_2 驱核磁共振结果

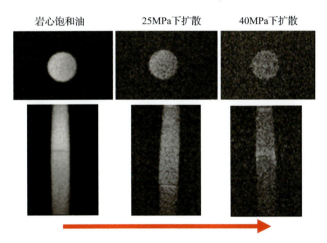

图 2-53　不同压力下 CO_2 驱替核磁共振成像结果

(三)水岩反应特征

CO_2 注入储层后，会溶解于地层水，改变水相离子组成、pH 等，进而引发水岩反应，使 CO_2 在储层中永久埋存。目前注 CO_2 水岩反应的研究大多针对咸水层开展，采用的主要研究手段包括扫描电镜(scanning electron microscope，SEM)、电感离子耦合(inductively coupled plasma，ICP)、X 射线衍射(X-ray diffraction，XRD)、能谱分析(energy dispersive spectrometer，EDS)、核磁共振(nuclear magnetic resonance，NMR)、电子计算机断层扫描(computed tomography，CT)、拉曼光谱分析等。中国石化石油勘探开发研究院针对特高含水油藏，将上述静态检测手段与动态驱替实验有机融合，开展了 CO_2 驱油与埋存过程中的酸岩反应特征研究。

陆相沉积砂岩油藏的大量室内实验结果表明，对于 CO_2-水-矿物溶蚀作用，主要以方解石胶结物和长石溶蚀为主(图 2-54)；CO_2-水-砂岩矿物溶蚀速率与压力、CO_2-水与矿物接触面积有关,压力越高,接触面积越大条件下,溶蚀速率越大。另外,CO_2-水-矿物溶蚀的无机沉淀动态变化规律为在 CO_2 注入升压过程中,溶蚀产生的 Ca^{2+} 浓度增加,Ca^{2+} 与 CO_3^{2-} 离子浓度乘积仍小于沉淀临界溶度积,不会产生碳酸钙沉淀;在降温降压过程中,由于 CO_2 分压降低,CO_2 析出会导致碳酸盐矿物达到饱和状态,可能析出沉淀。将核磁共振检测与 CT 扫描综合分析后发现,CO_2-水溶蚀后岩心孔隙度增大,注 140PV 增大 4%左右(图 2-55、图 2-56)。CO_2-水溶蚀后岩心渗透率的变化趋势与岩心孔喉分布的变化有关,对于高渗岩心,溶蚀颗粒远远小于孔喉大小,溶蚀作用使渗透率大幅度增加,实验样品增大近 50%(图 2-57);对于中低渗岩心,溶蚀颗粒与孔喉大小在一个数量级,溶蚀作用产生的颗粒在岩心中不断运移,渗透率变化呈现出先降低后增加的变化趋势;对于低渗致密岩心,溶蚀颗粒要大于孔喉大小,溶蚀作用产生的颗粒会堵塞孔喉,使渗透率急剧降低,实验样品降低近 80%(图 2-58)。

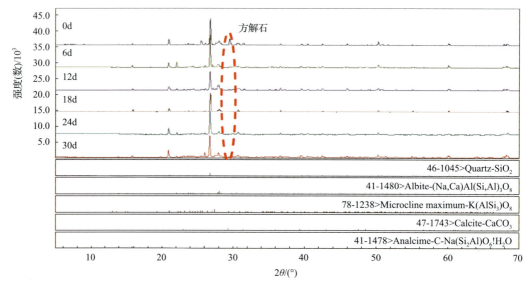

图 2-54　砂岩样品溶蚀 XRD 全岩矿物分析(粉末 20MPa)

Albite 为钠长石;Quartz 为石英;Calcite 为方解石;Analcime 为方沸石;Microcline 为微斜长石,maximum 为最大值

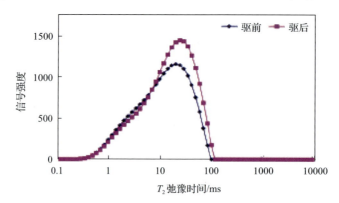

图 2-55　濮 1-154-3 岩心溶蚀前后核磁共振 T_2 谱图

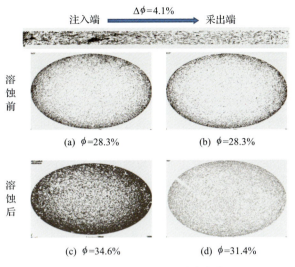

图 2-56　溶蚀前后孔隙度变化

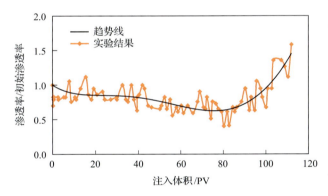

图 2-57　濮 1-4 岩心渗透率随注入 CO_2 体积变化曲线（岩心初始渗透率 581.48mD）

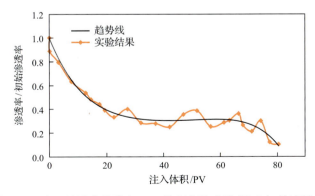

图 2-58　濮 2-84-2 岩心渗透率随注入 CO_2 体积变化曲线（岩心初始渗透率 0.336mD）

二、CO_2驱替过程中的物理化学效应

(一)油水差异膨胀效应

使原油体积膨胀是注CO_2提高采收率的主要作用机理之一,不同油藏原油样品实验结果表明,大多数油藏注CO_2后可使得原油体积增加10%~40%(图2-59)。膨胀作用增大了原油饱和度,增加了储层的弹性能,使部分残余油变为可动油。除此以外,CO_2在水相中的溶解也会使水相体积略微增加(图2-60),但与油相相比,体积膨胀很小,差异显著。利用前述建立的非完全混相驱表征参数增弹指数,针对红河油田参数评价,认为通过原油-水的体积膨胀能够提高储层弹性能4%左右。

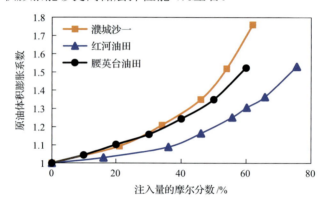

图2-59 不同注入量条件下原油体积膨胀系数

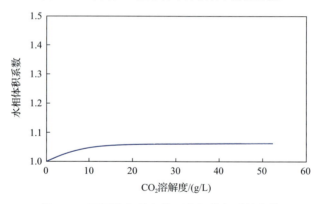

图2-60 不同注入量条件下水相体积系数变化

(二)原油降黏效应

CO_2溶解于油后,除了增大原油体积外,还使原油黏度大幅下降。针对我国东部多个油区研究结果表明,注CO_2后,原油黏度出现大幅下降,一般下降范围为40%~60%(图2-61、表2-5);水相黏度略有升高,增大幅度低于5%(图2-62)。两者一正一反的变化,使油水流度比大幅改善,有利于稳油控水。

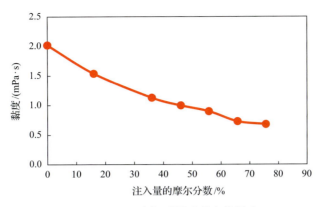

图 2-61 CO_2 溶解对原油黏度的影响

表 2-5 部分油田注 CO_2 前后黏度变化 （单位：cP）

油田	溶解 CO_2 前原油黏度	溶解 CO_2 后原油黏度
大情字井	1.84	0.62
腰英台	2.36	1.18
红河	2.01	0.68
濮城沙一	2.32	1.21
GK2	0.74	0.37

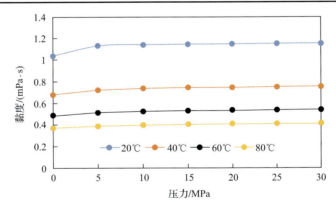

图 2-62 压力温度对饱和 CO_2 水相黏度的影响

(三)界面张力降低效应

注入 CO_2 以后，由于萃取作用，原油组成发生变化，进而油气、油水界面张力发生明显变化，即发生界面张力降低效应，且该过程是动态变化的。

图 2-63 为腰英台油田地层原油/CO_2 界面张力测试照片，所有均为地层原油与 CO_2 接触初始阶段照片。从图 2-63 可以发现，随着压力的升高，地层原油与 CO_2 相互扩散传质作用逐渐增强，当压力为 11.05MPa 时，仅仅可以观察到轻微扩散传质作用，即 CO_2 对油滴中轻质组分的萃取和 CO_2 向油滴扩散；而当压力为 26.93MPa 时，这种作用变得

非常剧烈，表明压力升高，CO_2 萃取原油中组分的能力不断增强，萃取烃类的分子量逐渐增大。这个过程也反映了在真实油藏中，随着 CO_2 注入，压力增加，地层原油与 CO_2 逐步混相的过程。

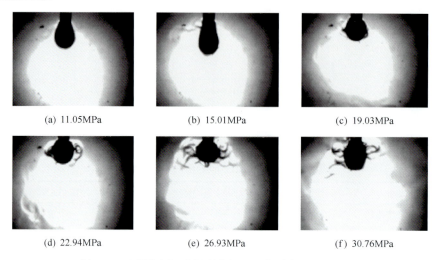

图 2-63　不同压力下地层原油-CO_2 体系中油滴的图像

地层原油/CO_2 体系平衡界面张力测试结果(图 2-64)显示，在整个压力范围内，压力增加，界面张力下降，界面张力与压力的关系基本呈现线性。当压力为 37.71MPa 时，界面张力值可以达到 0.77mN/m。

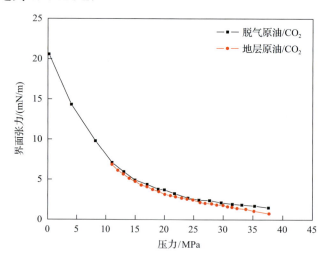

图 2-64　地层原油/CO_2 和脱气原油/CO_2 平衡界面张力与压力的关系

为了考查 CO_2 注入对原有地层流体的影响，模拟矿场采用气水交替注入方式时界面张力的变化情况，必须对地层原油/模拟地层水+CO_2 体系的界面张力进行研究，考查 CO_2 注入之后对原有地层原油/地层水体系界面张力的影响。图 2-65 为不同压力下腰英台油田原油与地层水界面张力变化曲线，从图 2-65 可以看出，CO_2 注入可降低油水界面张力，下降幅度 16%；压力增大对油水界面张力影响不大。

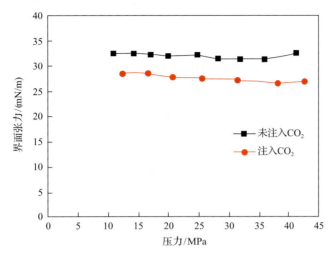

图 2-65　不同压力下油水界面张力变化曲线（地层原油/DB34 井模拟地层水）

因此，CO_2 注入油藏之后，不仅可以降低原油/CO_2 界面张力，还可以降低原油/地层水之间的界面张力，即水气交替注入时，由于 CO_2 的加入，其中的水驱过程也可以降低界面张力，提高驱油效率，最终提高采收率。

（四）润湿性变化效应

一般情况下，对于采用水滴测定接触角实验，按照接触角的大小可以将油藏岩石的润湿性分为以下 3 类：①油润湿（105°～180°），②中间润湿（75°～105°），③水润湿（0°～75°）。对于腰英台油田 DB34 井地层水/岩心/CO_2 体系，压力升高，接触角下降了近 20°，体系润湿性从中间润湿变为水润湿，并且压力越高，水润湿程度越强。对于 DB34-6-4 井地层水/岩心/CO_2 体系，压力升高，同样增强了水润湿程度（图 2-66、图 2-67）。以上分

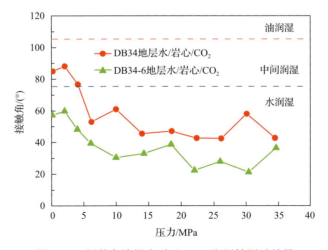

图 2-66　腰英台地层水/岩心/CO_2 润湿性测试结果

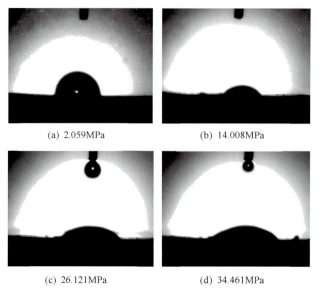

图 2-67　DB34 地层水润湿性照片（矿化度：14224.2mg/L）

析表明，不同于碳酸盐岩，砂岩油藏 CO_2 注入之后，由于 CO_2 与地层水的相互作用，岩心润湿性向强亲水方向转化，提高了油膜从岩心上的剥离程度，降低了残余油饱和度，提高了最终采收率。

(五) 水相渗透率降低效应

前面指出，CO_2 在油水中的溶解能够导致油水黏度、界面张力、储层润湿性发生变化，这种变化必然引起油水相对渗透率变化。图 2-68 是饱和 CO_2 后油水相渗与不饱和 CO_2 油水相渗对比，从图 2-68 可以看出，饱和 CO_2 后油水相渗右移，束缚水饱和度增大，残余油饱和度降低，油相相渗增大，而水相相渗出现降低趋势，即产生水相相渗降低效应。相渗曲线变化对含水率的影响见图 2-69，计算时油相黏度为 2.0cP，水相黏度为 0.6cP。

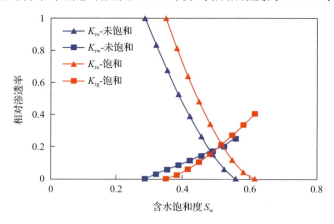

图 2-68　CO_2 对油水相对渗透率曲线的影响

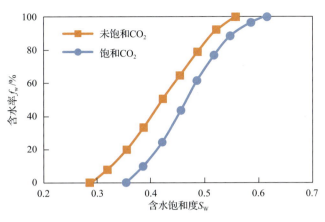

图 2-69 饱和与未饱和 CO_2 对含水率的影响

从中可以看出，由于相对渗透率曲线右移，含水率降低，水相渗透率降低效应使 CO_2 驱替的控水作用明显，特别是特高含水油藏注 CO_2 提高采收率过程，作用效果更加明显。

(六) 混相压力升高效应

目前注 CO_2 的最小混相压力测试以长细管实验为主，该方法无法考虑水相存在对最小混相压力的影响。同时，很多文献已经证实：长期水驱后原油组成与油藏开发初期的原油组成已大不相同（图 2-70）[91]，原油组成的不同也必然对最小混相压力产生明显的影响。

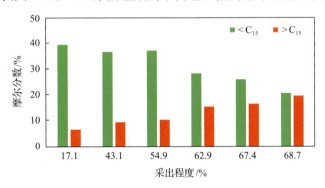

图 2-70 不同采出程度下烷烃含量变化

为了分析特高含水油藏注 CO_2 混相程度的变化，利用长细管实验方法对比了濮城沙一油藏不同时期油样的最小混相压力，结果如图 2-71 所示。随着水驱的深入，不同时期的最小混相压力逐渐变大，特别是特高含水期油样的最小混相压力明显高于原始油样，主要原因是水驱过程中，油样中重质成分含量逐步增加，而轻质成分含量降低。

除了油样组成变化对混相程度的影响外，较高的含水饱和度也可能阻碍 CO_2 与原油接触。笔者设计并研发了微米级盲端模型，分析水膜是否对 CO_2 与原油接触产生影响，模拟结果表明高含水条件对盲端剩余油产生一定的屏蔽作用，大大延缓了 CO_2 与原油的接触过程。在模拟条件下,驱替相同的盲端剩余油,由于含水的影响,耗时和 CO_2 消耗量增加了近 10 倍(图 2-72)。

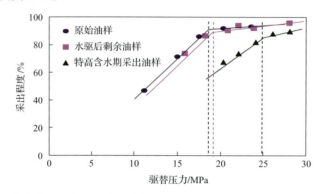

图 2-71　濮城沙一油藏不同时期油样注 CO_2 最小混相压力长细管实验结果对比

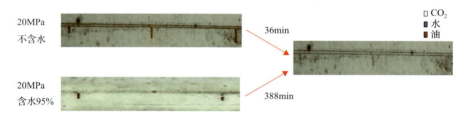

图 2-72　盲端模型不同含水条件下 CO_2 驱替效果对比

三、微观剩余油的动用机理

从前面 CO_2 驱油特征和宏观效应来看,高含水油藏注 CO_2 驱替机理可以概括为降低原油黏度,膨胀原油体积,降低水相渗透率,降低界面张力(混相)等的综合作用;但从微观角度看,CO_2 驱油机理又有所不同,特别是高/特高含水油藏微观剩余油类型多样,不同类型微观剩余油动用主控机理不同。

(一)微观剩余油赋存状态

剩余油微观分布研究是从微观、小尺度或小到微米甚至纳米级别研究剩余油分布,研究方法主要采用微观物理模拟、孔隙结构分析和计算机模拟技术等[92]。各类研究方法均表明高/特高含水油藏微观剩余油赋存状态主要以膜状、簇状和孤岛状剩余油为主[93]。

储层岩石矿物成分较为复杂,同一种流体对不同矿物表面具有不同的润湿性(斑状润湿现象),因此岩石的润湿性将是不均一的。斑状润湿现象的存在决定了润湿性只是对储层岩石总体润湿特征的统计学表征,也就是说大多数亲水岩石在整体水湿的情况下,部分岩石颗粒表面也会吸附原油。因此对于亲水油藏,在水驱后局部可见以油膜形式存在的剩余油。特别是在一些大孔道中,大部分原油被水驱走,但由于大孔道中驱替水的流速较低,冲刷能力小,当孔道中形成连续水相后,一些附着于孔道壁的原油不易被水驱走,形成油斑或油膜而成为剩余油,同时水道上油膜厚度薄,在角隅喉道油膜相对较厚(图 2-73)。

由于岩石孔隙结构的非均质性，水驱油时指进现象十分严重，注入水往往沿着一两条通道前进，直至突破出口，绕过整片含油区孔隙，形成簇状剩余油(图 2-74)。

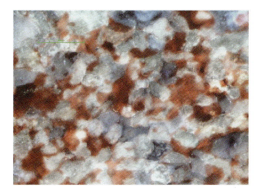

图 2-73　膜状剩余油　　　　　　　　图 2-74　簇状剩余油

孤岛状剩余油(图 2-75)是亲水孔隙结构中特有的一种形式的残余油。在水驱油过程中，注入水沿着亲水的岩石壁面或壁面上的水膜前进，在孔隙内的油被完全驱走之前，水已占据了油流通道前的喉道使油流被卡断，油以油滴的形式留在大孔隙内，成为孤岛状剩余油。孔喉相差越大，越容易形成孤岛状剩余油，且孔隙介质亲水性越强，形成的可能性越大。

(二)膜状及盲端剩余油动用机理

针对盲端剩余油，笔者抽象并建立如下微米级理想模型(图 2-76)，开展室内驱替实验，分析驱替机理。实验结果表明，在低压下，CO_2 以溶解驱替过程为主，盲端剩余油会部分动用，但未能被全部采出(图 2-77)。当压力升高后，CO_2 与原油的微观作用效果显著，传质作用明显，CO_2 分别依次与小盲端和大盲端的剩余油发生混相(图 2-78)。在这个过程中，CO_2 的溶解抽提发挥了主要的驱油作用，最终使不同盲端剩余油依次被完全驱替出来。

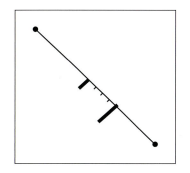

图 2-75　孤岛状剩余油图　　　　　　图 2-76　盲端模型示意图

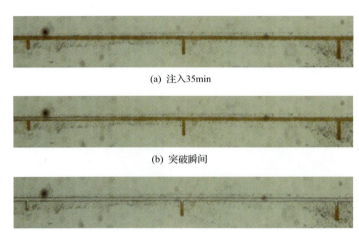

图 2-77 15MPa 压力下 CO_2 与原油在盲端模型中的作用过程

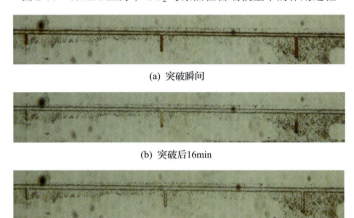

图 2-78 20MPa 压力下 CO_2 与原油在盲端模型中的作用过程

在高含水条件下，CO_2 与原油间发生抽提作用的前提是两者能够接触。依据室内实验微观模型（图 2-79、图 2-80），笔者建立相应的数学模型，分析了 CO_2 能否穿透水膜、穿透水膜所需时间及相关影响因素。

根据 Fick 第二定律，假设水膜一侧为单组分，另一侧该组分浓度为 0，得到该组分通过扩散作用穿透水膜的时间约为

$$t = L_w^2 / (D_w S_w) \tag{2-75}$$

式中，L_w 水膜厚度，在油藏中通常为 100~500μm；D_w 为组分在水中的扩散系数，油藏条件下 CO_2 在轻质原油中的扩散系数约为 $10^{-9} m^2/s$；S_w 为组分在水中的溶解度。

CO_2 在油藏条件下的溶解度约 $10^{-2} m^3/m^3$，代入式（2-75）计算得到其穿透水膜时间约 17min 到 7h；C_4 在油藏条件下溶解度约 $10^{-4} m^3/m^3$，穿透水膜时间约 28h 到 29d；C_8 在油藏条件下溶解度约 10^{-6}，穿透水膜的时间约 116d 到 8a（表 2-6）。

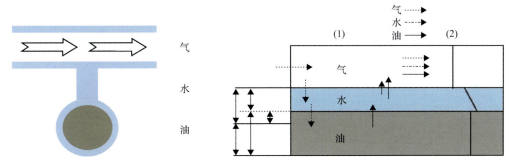

图 2-79 高含水"屏蔽"CO_2 与原油的示意图　　图 2-80 高含水"屏蔽"原油机理分析模型

表 2-6　不同气体穿透水膜时间计算

组分	在水中溶解度/(m^3/m^3)	穿透水膜时间
CO_2	10^{-2}	17min～7h
C_4	10^{-4}	28h～29d
C_8	10^{-6}	116d～8a

因此，对于高含水油藏，CO_2 和轻烃(C_4 以内)能够快速穿透水膜，表明高含水并不能屏蔽 CO_2 与原油接触；另外，由于重质组分(C_8 以上)很难穿透水膜，CO_2 仅能抽提携带出原油中轻组分。

前述计算仅考虑分子扩散一个机理，事实上，当 CO_2 与原油接触后，会改变原油物性，膨胀原油体积，进而使原油突破水膜的束缚，因此还需开展进一步分析。根据 Fick 第一定律，CO_2 在原油中的扩散通量为

$$J = -D_w \frac{c_g(t) - c_o(t)}{L_w(t)} \tag{2-76}$$

式中，$c_o(t)$ 为 CO_2 在油中的摩尔浓度，mol/m³；$c_g(t)$ 为驱替介质中的 CO_2 摩尔浓度，mol/m³；$L_w(t)$ 为水膜厚度，m。

原油中溶解气的体积为

$$V_{g/o}(t) = \frac{M_g c_o(t)}{\rho_g} V_o(t) \tag{2-77}$$

式中，M_g 为 CO_2 摩尔质量，kg/mol；ρ_g 为 CO_2 密度，kg/m³；$V_o(t)$ 为原油体积，m³。

根据质量守恒，溶解气体积的改变速率为

$$\frac{\partial V_{g/o}(t)}{\partial t} = \frac{M_g}{\rho_g} \frac{\partial [c_o(t) V_o(t)]}{\partial t} = -\frac{M_g}{\rho_g} F_w(t) \tag{2-78}$$

式中，$F_w(t)$ 为单位时间内穿过水膜的 CO_2 的量，mol/s，表达式为

$$F_w(t) = J A_w S_w \tag{2-79}$$

其中，A_w 为垂直于扩散方向的截面积，m^2。

根据通量方程式(2-76)和式(2-79)，溶解气体积的改变率方程变化为

$$\frac{\partial V_{g/o}(t)}{\partial t} = \frac{M_g}{\rho_g} A_w S_w D_w \frac{c_g(t) - c_o(t)}{L_w(t)} \tag{2-80}$$

假设在相同驱替压力下，气体通道尺寸不变，则单位面积上油水的总厚度不变，油体积的膨胀会导致水膜变薄，即

$$\frac{\partial L_w(t)}{\partial t} = -\frac{\partial L_o(t)}{\partial t} \tag{2-81}$$

整理得

$$\frac{\partial L_w(t)}{\partial t} = -\frac{M_g}{\rho_g} S_w D_w \frac{c_g(t) - c_o(t)}{L_w(t)} \tag{2-82}$$

式(2-82)描述了水膜厚度随时间的改变量。当水膜厚度等于 0 时，原油便可突破水膜与气体直接接触。

由溶解气体积的改变速率方程可得

$$-F_w(t) = \frac{\partial [c_o(t) V_o(t)]}{\partial t} = c_o(t) \frac{\partial V_o(t)}{\partial t} + V_o(t) \frac{\partial c_o(t)}{\partial t} \tag{2-83}$$

又因

$$V_o(t) = L_o(t) A_w \tag{2-84}$$

则

$$c_o(t) \frac{\partial L_o(t)}{\partial t} + L_o(t) \frac{\partial c_o(t)}{\partial t} = D_w S_w \frac{c_g(t) - c_o(t)}{L_w(t)} \tag{2-85}$$

令 $\partial C_o(t)/\partial t = C_o'$，$\partial L_w(t)/\partial t = L_w'$，$\partial L_o(t)/\partial t = L_o'$，得

$$L_w' = -\frac{M_g}{\rho_g} S_w D_w \frac{c_g(t) - c_o(t)}{L_w(t)} \tag{2-86}$$

$$L_w' + L_o' = 0 \tag{2-87}$$

$$L_o' C_o(t) + C_o' L_o(t) = D_w S_w \frac{c_g(t) - c_o(t)}{L_w(t)} \tag{2-88}$$

在油藏温度压力下，设有以下边界条件：

$$P = 22 \text{MPa}$$

根据式(2-76)~式(2-88)可求解得到单位面积上水膜与剩余油厚度随时间变化关系(图 2-81)。从图 2-81 可以看出，随着渗透到油相中 CO_2 的不断增加，油相体积膨胀，水膜厚度不断地减小。在水膜渐薄的情况下(从图 2-81 看是 200μm 以下)，CO_2 穿透水膜的速度明显加快。最终水膜厚度变为 0，油相直接与 CO_2 接触。整个过程耗时在几个小时的范围内，与油藏的开发时间相比非常短暂，说明水膜完全不会影响 CO_2 气驱过程中的气油接触。

水膜厚度与突破时间关系如图 2-82 所示，可以看出随着水膜加厚，突破时间越来越长，突破时间的增长速率也越来越大。但即使水膜厚度达到 0.9mm，突破时间也只有不到 30h，与油藏的开发时间相比非常短暂，进一步证明了水膜不会影响到 CO_2 与油的接触。以上结论表明，高含水油藏中的"高含水"不影响注 CO_2 提高采收率技术的实施。

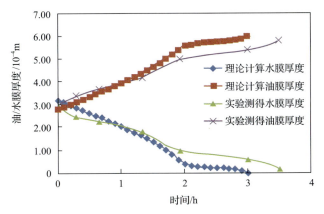

图 2-81 水膜厚度与油相厚度随时间变化关系

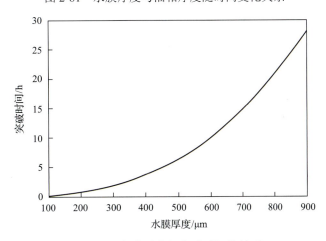

图 2-82 水膜厚度与突破时间的关系

(三)簇状剩余油动用机理

簇状剩余油是由孔隙结构的不均匀性引起的,注 CO_2 的重要机理是降低界面张力,降低毛细管阻力,因而可以采出水驱无法动用的小孔隙剩余油。同时,CO_2 抽提携带机理可以采出水驱大孔隙中剩余油。利用在线核磁共振测试技术分析了这一动用机理(图 2-83),从图 2-83 可以看出,在水驱结束后,进一步注入 CO_2,小孔隙剩余油动用明显。

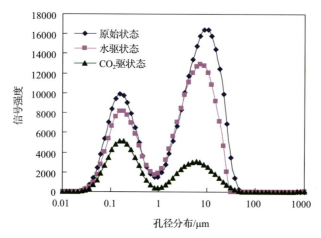

图 2-83 水驱后进一步 CO_2 驱动用程度对比

(四)孤岛状剩余油动用机理

针对孤岛状剩余油,笔者抽象并建立如下理想模型(图 2-84),开展室内驱替实验,分析驱替机理。直接注 CO_2 驱替初期,CO_2 在原油中溶解,原油的颜色变浅,CO_2 与原油发生明显的传质作用,该驱替过程以溶解抽提为主。随着 CO_2 注入量的进一步增加,CO_2 将大孔径内大部分原油驱出,同时溶解于小孔径内的原油中,以驱替作用为主。随着 CO_2 的进一步驱替,驱替作用减弱,CO_2 呈连续相,在 CO_2 与原油的溶解抽提作用下,小孔径内原油得到驱替,最终大小孔径内剩余原油的重质组分残留在模型壁面处。

与直接 CO_2 驱替机理不同,水驱后剩余油呈现孤岛状分布,注 CO_2 初期以溶解膨胀作用为主,随着原油的膨胀,体积逐渐增大,部分原油变形,能够聚并,形成连续相,向出口段运移,其机理以溶胀聚并为主,驱替为辅(图 2-85)。

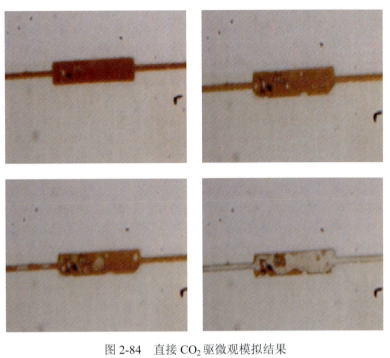

图 2-84 直接 CO_2 驱微观模拟结果

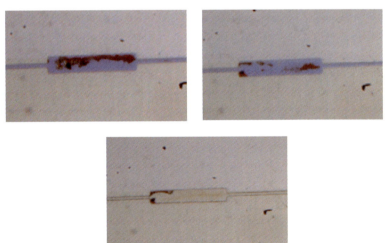

图 2-85 水驱后 CO_2 驱微观模拟结果

第三章　室内实验评价与物理模拟技术

在油藏条件下，CO_2 与原油之间会发生溶解、萃取作用，导致油气界面张力降低；同时，CO_2 溶解于原油后，还会使原油黏度降低，体积膨胀，地层弹性能量增强。上述变化可以通过室内实验进行测试和评价。一般而言，常规气驱室内实验至少应包括 3 个方面：PVT 相态实验、长细管实验、长岩心驱替实验。PVT 相态实验是为了研究气体注入前后油藏流体参数变化规律。长细管实验主要用于测定注入气与油藏原油的最小混相压力。长岩心驱替实验是模拟油藏条件下气体驱油效果的必要手段，其目的是优选气驱过程中的最佳注采参数和注入方式。随着技术的发展和认识的深入，出于对气驱过程中微观作用机理认识的需要，室内实验技术逐步拓展到多相流体界面、气体扩散作用、高温高压微观可视化等方面。

第一节　相态模拟实验技术

常规流体的相态测试是通过高温高压 PVT 仪进行的，主要包括恒质膨胀实验、单次脱气实验、差异分离实验、注气膨胀实验、多次接触实验和 CO_2 注入量对油藏原油黏度的影响实验等。现代测试方法包括连续相平衡装置测试、超临界流体色谱法、振动管法、全自动异常高压三相相平衡装置测试、超声波测试和 γ 射线测试。

一、原油高温高压相态测试技术

（一）单次脱气实验

单次脱气实验的目的是为了测定油、气组分组成，单次脱气气油比、体积系数、地层油密度等参数，实验流程如图 3-1 所示。其原理是保持油气分离过程中体系的总组成恒定不变，将处于地层条件下的单相地层流体瞬间闪蒸到大气条件，测量其体积和气液

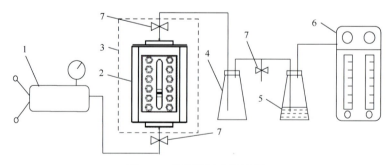

图 3-1　单次脱气实验流程

1.高压计量泵；2.PVT 容器；3.恒温浴；4.分离瓶；5.气体指示瓶；6.气量计；7.阀门

量变化,并利用气相色谱仪、密度计、黏度计等设备,对脱出气和残余油样的物性进行测试。

(二)恒质膨胀实验

恒质膨胀实验简称 PV 关系实验,是指在地层温度下测定恒定质量地层流体的压力与体积关系,其实验过程如图 3-2 所示。首先,将地层温度下 PVT 容器中的地层流体样品加压到地层压力或流体泡点压力以上,充分搅拌至稳定状态;然后,按照逐级降压的方法,降低压力至泡点压力附近,每级降压幅度为 1~2MPa,待每级压力下的体积恒定后,读取体积读数;当原油样品发生脱气后,按照逐级膨胀体积的方法,逐步增大体积,每级膨胀体积为 0.5~20cm³,搅拌至稳定后,读取压力读数;最后获得一系列不同压力下的体积读数。

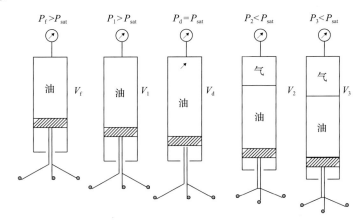

图 3-2 恒质膨胀实验流程

P_{sat} 为饱和压力,MPa;P_f 为初次加压后 PVT 容器的压力,MPa;P_1 为一级降压后 PVT 容器压力,MPa;
P_2 为二级降压后 PVT 容器的压力,MPa;P_3 为三级降压后 PVT 容器的压力,MPa;
V_f、V_d、V_1、V_2、V_3 分别是压力为 P_f、P_d、P_1、P_2、P_3 下的体积

根据恒质膨胀实验数据,以压力为纵坐标,体积为横坐标,绘制压力与体积的关系曲线,曲线的拐点即为原油的粗略泡点压力。另外,通过测量并计算得到流体的相对体积、压缩系数、Y 函数等物性参数曲线(图 3-3~图 3-6)。综合上述各种物性参数的变化曲线,即可获得准确的原油饱和压力值。

(三)差异分离实验

差异分离实验又称多次脱气实验,是模拟不同衰竭压力下地层油相特征的变化,即在地层温度下,将地层原油从饱和压力开始分级降压,在每一压力平衡后排气,并测量油、气性质和组成随压力的变化,其实验流程如图 3-7 所示。根据泡点压力的大小,确定分级压力的间隔,脱气级数一般均分为 3~12 级。

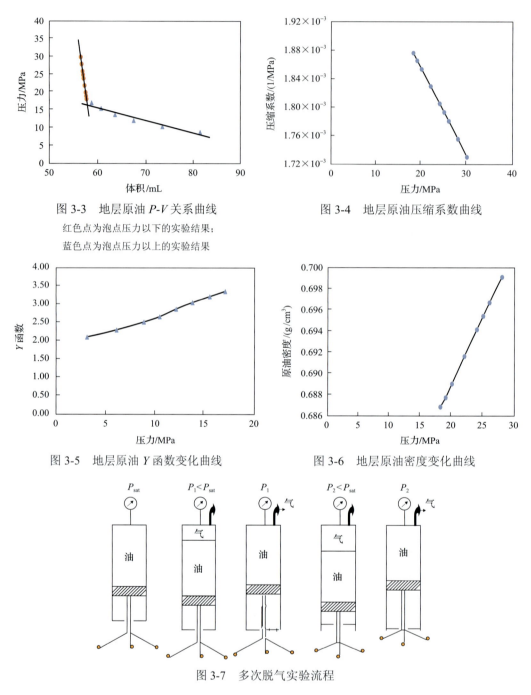

图 3-3 地层原油 P-V 关系曲线
红色点为泡点压力以下的实验结果;
蓝色点为泡点压力以上的实验结果

图 3-4 地层原油压缩系数曲线

图 3-5 地层原油 Y 函数变化曲线

图 3-6 地层原油密度变化曲线

图 3-7 多次脱气实验流程

该实验是为了测定各级压力下的溶解气油比,饱和油的体积系数和密度,脱出气的偏差系数、相对密度和体积系数,以及油气双相体积系数等参数(图 3-8、图 3-9)。地层原油体积系数随着压力的增大而逐步增大;当压力大于泡点压力后,原油地层系数缓慢降低。另外,两相体积系数随着压力的增大呈先急剧降低,后缓慢降低的变化趋势。随着体系压力的增大,溶解气油比逐步增大。

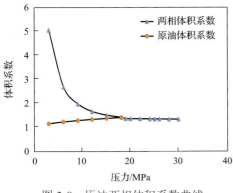
图 3-8 原油两相体积系数曲线

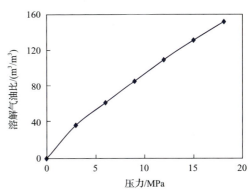
图 3-9 地层原油溶解油气比变化曲线

二、CO_2-原油相行为测试技术

注气膨胀实验是把已知组分的气体分若干次加入到地层原油中,每次加入气体后,将容器压力逐步增高,使加入气体完全溶解。初次加入气体是在地层原油泡点压力下进行,逐步加入 5～6 个比例的气体。在每次注入一定比例的气体后,分别进行恒质膨胀实验、单次脱气实验和黏度测试,获得注入气体对地层原油的物性参数的影响规律。如在原油中注入不同比例的 CO_2 后,随着注气比例的增大,原油泡点压力逐步增加,黏度逐步下降,体积系数和膨胀系数逐步增大(图 3-10～图 3-13)。

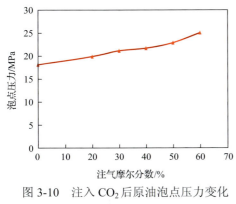
图 3-10 注入 CO_2 后原油泡点压力变化

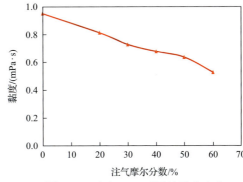
图 3-11 注入 CO_2 后原油黏度变化

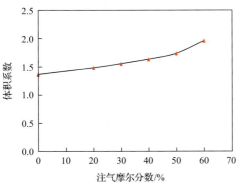
图 3-12 注 CO_2 后原油体积系数变化

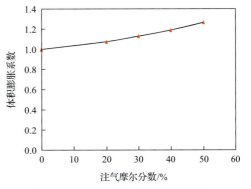
图 3-13 注 CO_2 原油体积膨胀系数变化

三、CO_2 在油水中溶解分配规律实验技术

(一) 实验装置及方法

笔者通过设计并测定不同压力和不同含水条件下 CO_2 在油水中的分配系数,来研究高含水条件下 CO_2 在原油和水中的分配规律。实验流程如图 3-14 所示,实验步骤如下。

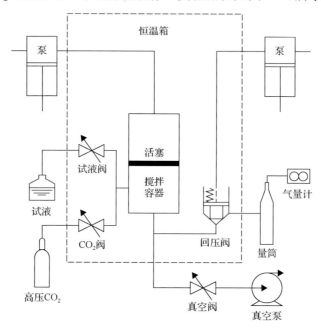

图 3-14　CO_2 在油水中溶解分配测定装置图

(1) 清空搅拌容器,将活塞退至顶端;打开恒温箱,将系统加热至实验温度;将回压阀加至实验压力。

(2) 关闭所有阀门,打开真空阀,将系统抽真空,关闭真空阀。

(3) 打开试液阀,向搅拌容器内吸入略小于 1/10 容积的试液,关闭试液阀。

(4) 打开 CO_2 阀,向搅拌容器内充入 CO_2 至实验压力,见量筒内有液体排出时关闭 CO_2 阀。

(5) 启动搅拌器,充分混合溶液和 CO_2,关闭搅拌器,静置等待试液沉淀。

(6) 推动活塞,排出容器内的试液,试液离开回压阀后发生气水分离。

(7) 从回压阀出口的连线中见到第一个气泡开始记录活塞推动的体积 V,排出气体体积和排出液体体积。计算实验压力和温度下溶解气液体积比、溶解体积膨胀系数。

(二) CO_2 在油水共存条件下的溶解分配系数测定

在实际油藏 CO_2 驱过程中,注入 CO_2 的量往往显得不足,且在油水共存条件下,CO_2 在油水中的溶解分配规律必然与 CO_2 在油或水中的溶解规律存在一定的差异。

针对上述问题，运用前面的实验装置及方法，进行油藏压力下一定油水比条件下的 CO_2 溶解分配实验，即在容器中充入一定比例的油水，然后逐步注入 CO_2，同时进行搅拌，使 CO_2 与油水充分接触，最后通过闪蒸实验，获得 CO_2 在油水中的溶解分配规律。

首先，定义溶解分配系数，其表示单位注气量条件下，CO_2 在单位体积原油和单位体积地层水中溶解量的比值，如下所示：

$$K = \frac{R_{go}/R_{gw}}{V_g/V_{gmax}} \tag{3-1}$$

式中，R_{go} 为单位体积原油中溶解 CO_2 的体积，mL/mL；R_{gw} 为单位地层水中溶解 CO_2 的体积，mL/mL；V_g 为注气量，mL；V_{gmax} 为油水中溶解的最大气量，mL。

从图 3-15 可以看到，CO_2 在油水中的溶解分配系数与注气量无关，它是一个与压力、温度和油水性质有关的常数。在温度 82.5℃ 和油藏压力 20.2MPa 条件下，CO_2 在濮城沙一下油水中的溶解分配系数为 9.973。

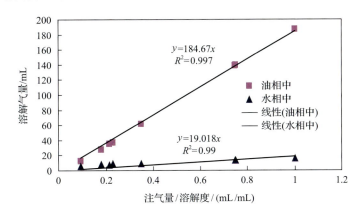

图 3-15　CO_2 在油水中的溶解分配系数测定

(三) 油水共存条件下 CO_2 在油水中的溶解量计算

上述实验结果明确了 CO_2 在油水中的溶解分配系数在一定温度和压力下为常数。由于溶解分配系数为单位体积油水中的溶解气量的比值，实际油藏中油水饱和度存在较大差异，这将导致 CO_2 在油水中的绝对溶解量会随着饱和度的变化而变化(图 3-16、图 3-17)。

从图 3-16、图 3-17 可知，随着注气量的增大，CO_2 在油相中的溶解气量的比例逐步增大，在水相中的溶解气量的比例逐步减小；随着含水饱和度的增大，CO_2 在油相中的溶解气量的比例逐步降低，在水相中的溶解气量的比例逐步升高。

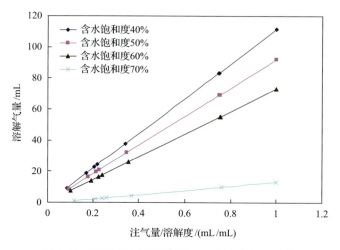

图 3-16　不同含水饱和度下 CO_2 在油中的溶解量

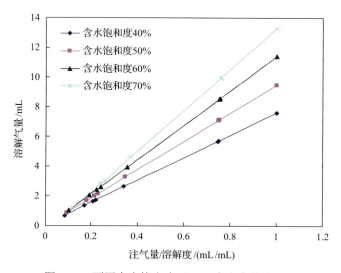

图 3-17　不同含水饱和度下 CO_2 在水中的溶解量

从图 3-18 可以看到，在气量不充足的条件下（未饱和状态），CO_2 在油水中溶解分配量的比例较小，随着注气量增大，这种分配比例逐渐增大，直至达到饱和状态。另外，含水饱和度越高，CO_2 在油水中的溶解分配量的比例越低。濮城沙一下含水饱和度为 50%～60%，根据上述结果可知，CO_2 在油水中的溶解分配量之比为 6~10。显然，高含水饱和度条件下，注气量不足时 CO_2 在水中的溶解分配损失较大；当注气量充足时，CO_2 能够充分与油相接触，并溶解进入原油，改善原油性质。从该角度来说，在高含水油藏中应当适当扩大 CO_2 注气量，以提高 CO_2 驱油效果。

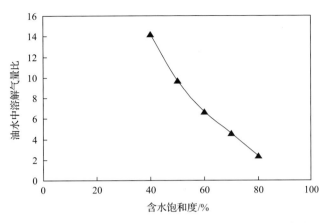

图 3-18　不同含水饱和度下 CO_2 在油水中的溶解量之比

第二节　CO_2 驱替最小混相压力实验评价技术

最小混相压力是指在油藏温度下注入气体与原油能达到混相的最低压力，显然，要达到混相状态，就必须达到最小混相压力。混相状态可分为一次接触混相和多次接触混相。一次接触混相是在一定条件下两种流体按任何比例都能混合在一起，且混合物能保持单相状态存在。多次接触混相是在最小混相压力条件下，两种流体间发生相互质量交换，最终达到混相状态的过程。多次接触混相过程的机理可分为蒸发气驱机理、凝析气驱机理、蒸发/凝析驱机理。蒸发气驱机理表示注入气不断抽提原油中的轻质组分，使注入气富化并逐步与原油混相的过程；凝析气驱机理表示注入气中的轻质组分不断凝析进原油中，使原油不断富化并与注入气混相的过程；蒸发/凝析气驱机理是注入气与原油间发生双向质量交换作用，并逐步达到混相的过程。CO_2 驱油属于多次接触混相，其驱油机理是蒸发气驱机理与凝析气驱机理的综合作用。

目前，测量最小混相压力的实验方法主要有长细管实验法、升泡仪法、蒸气密度测定法、界面张力消失法、PVT 法等。

一、长细管实验技术

长细管实验法是由 Yellig 和 Metcalfe[94] 提出并设计的，长细管模型一般为内径 8.0mm 和长度 20m 左右的不锈钢管线，管内填充石英砂或玻璃微珠。理想的细管能提供一维扩散效应忽略的气驱油实验，但其与油藏条件不一致，忽略了黏性指进、重力超覆、扩散、非均质性等。实验中的细管长度应尽可能长，以便为混相提供足够的空间，细管直径要小，以减小黏性指进的影响，充填材料为石英粒或玻璃珠，以形成孔隙介质及模拟油藏条件。长细管驱替实验流程见图 3-19。

实验过程首先将长细管加热恒温后抽空。用恒速泵将配制好的油样注入细管模型中，饱和平衡后记录长细管中饱和的原油量。通过手动泵将回压升至预定压力，但低于注气压力 2MPa。在恒压下打开泵注入 CO_2 驱替，并打开细管出口阀门。在驱替过程中连续测定产油量、产气量、注气量,气驱至累计注气量大于 1.2PV 时,停止驱替。驱替结束后,将甲苯、石油醚直接注入长细管,清洗细管,然后用高压空气把管线吹干,按前面的过程进行下一个压力点的细管驱替实验。当压力达到一定值后,气/油形成混相,界面消失,此时采收率最高(一般大于 90%)。继续增加压力,采收率不变或增加幅度非常小。最后,绘制 CO_2 驱采收率与注入压力之间的关系曲线,曲线的拐点所对应的压力即为最小混相压力。

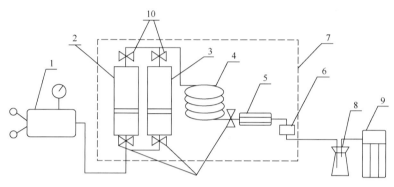

图 3-19 长细管驱替实验流程示意图

1.驱替泵;2.地层油活塞容器;3.气体活塞容器;4.细管模型;5.观察窗;6.回压阀;7.恒温箱;8.分离瓶;9.气量计;10.阀门

二、升泡仪测试技术

升泡仪法是由 Christiansen 和 Kim[95]首次提出的,与其他方法相比,该方法更加快捷。升泡仪测量最小混相压力的明显变化在于压力较小的改变能引起界面张力的迅速降低。这些变化经常发生在临界点附近或初次接触达到混相时。这种方法的特点是测定周期短(一个油气系统的最小混相压力测定可在一天内完成),而且实验结果可靠。Thomas 和 Bennion[96]的研究认为,升泡仪法比细管法测定最小混相压力更合理,更可靠,它可以直接观察混相过程,不用与采收率有关的压力来确定最小混相压力。但是,通过升泡仪测量的最小混相压力一般要高于长细管测量的值。

三、界面张力消失技术

界面张力消失法是通过观察并测定 CO_2 与原油间界面张力来确定最小混相压力。1960 年,Benham 等[97]提出当驱替流体和被驱替流体达到混相时,它们间的界面消失。1983 年,Stalkup[98]认为在流体以任意比例混合达到混相时,流体间没有界面存在,即界面张力为 0。1986 年,Holm[99]提出混相就是流体以任意比例混合,没有界面存在的情况。1989 年,Lake 认为流体以任意比例混合时,以单相存在就是混相[85]。根据上面的理论,当原油和注入气在油藏条件下达到混相时,气体和原油之间的界面张力降低为 0。因此,最小混相压力就是界面张力变为 0 时的压力,也是注入气和油相互混相时的最小压力,可以用测定界面张力的方法来计算混相压力。利用界面张力测试仪测定不同气体组分和不同压力条件下的界面张力,并且外推使界面张力为 0 时对应的压力即为最小混相压力最小混相压力(图 3-20)。

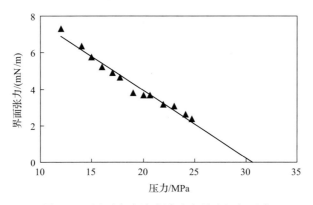

图 3-20　界面张力消失法确定最小混相压力

四、PVT 测试法

PVT 法是指在高温高压可视 PVT 釜内观察油气相互作用的相态行为，通过测定压力组分相图来测量最小混相压力的方法。在压力组分相图中，组分可以用注入气的摩尔分数来表示。将不同注入气加入到油藏原油中，泡点和露点的轨迹能够形成相边界。相边界线上的流体处于单相状态，而在相边界线以下为两相共存区。也就是说在两相包络线以外为混相区，在两相包络线以内为非混相区。通过该相图能够确定任意量的注入气与油藏原油的混相条件。然而，这种方法耗时很长，成本很高，且需要大量实验，实验误差也较大。

在一定的油藏压力和温度条件下，注入 CO_2 与原油的多次接触混相（蒸发气驱混相）基本原理如图 3-21 所示。若原油组成不在临界点切线混相区一侧，而是在另一侧，那么总有一条系线的延长线通过原油的组成点，这时气相与原油之间不可能继续发生溶解和

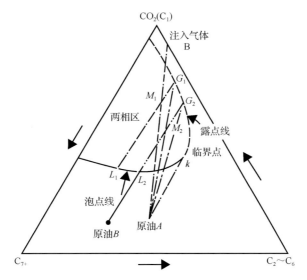

图 3-21　CO_2 与原油的多次接触混相机理

L_1 为富含烃类的液相；L_2 为富含 CO_2 的液相；M_1 为注入气与原油初次接触后的混合物；G_1、L_1 分别为 M_1 闪蒸后的蒸汽相和液相；M_2 为 G_1 与原油接触后的混合物；G_2、L_2 为 M_2 闪蒸后的蒸汽相和液相；k 为原油与两相包络线的切线点

抽提,即平衡相组成不再发生变化。这种排驱未达完全混相,称为部分混相驱。由此得出,原油组成落在临界点切线上或混相区一侧,是CO_2实现混相驱的充分必要的条件。

综合比较最小混相压力的测定方法(表3-1),现在国际上通用的是长细管模拟法,其优点是测定的结果较为准确,可重复性强,但其耗时较长,仪器要求也较高。界面张力消失法测试时间短,但对仪器要求较高,实验结果准确性较差,且受人为因素影响较重。升泡仪法的耗时短,对仪器要求较低,但其受人为因素影响严重,结果可靠性有待验证。蒸汽密度法耗时短,费用少,但其可重复性不强。

表3-1 最小混相压力测定方法比较

实验方法	优点	缺点
细管实验法	通用的测试方法,测试结果准确可靠,具有重复性	耗时长,仪器要求高
PVT法	耗时很长,成本很高,工作量大	实验误差大
升泡仪法	测试时间短,仪器要求相对低	只能测定蒸发气驱最小混相压力,人为因素大,低温(<49℃)不太准确
界面张力消失法	测试时间短,理论准确	仪器要求高且精密,测试结果准确性差

第三节 长岩心驱替实验评价技术

岩心驱替实验是一种较好地模拟地层流体流动的研究方式,是气驱物理模拟实验的主要内容之一。长岩心驱替物理模拟实验是在油藏温度和压力下使用天然岩心进行实验,地层流体为地层原油和地层水,与油藏保持一致。岩心尺寸最大限度与油藏条件保持几何相似,实验注采参数与油藏条件保持力学相似,这样使物理模拟过程与油藏符合相似准则的要求,实验结果对现场生产具有一定的指导意义。

一、实验装置及方法

长岩心驱替系统主要包括:长岩心夹持器、注入泵系统、回压调节器、压力表、高压观察窗、控温系统、气量计和气相色谱仪。其中三轴长岩心夹持器是长岩心驱替装置中的关键部分,主要由长岩心外筒、胶皮套和轴向连接器组成(图3-22)。

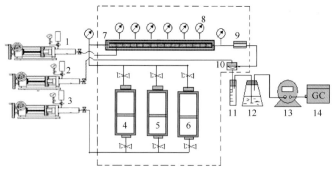

图3-22 长岩心驱替实验流程

1.围压泵;2.回压泵;3.注入泵;4.原油容器;5.地层水容器;6.CO_2容器;7.夹持器;8.压力表;9.观察视窗;10.回压阀;11.量筒;12.缓冲容器;13.气量计;14.气相色谱分析仪

与长细管驱替实验相比，长岩心驱替实验不能完全排除重力分层、黏性指进、湿润性及非均质性等造成的影响，但它更接近于地层的实际情况，可以有效评价注入气是否可用于三次采油。另外，长岩心驱替实验还能优选出最佳的注气方式，并获得气体驱替过程中的残余油饱和度，为数值模拟提供参考价值。

由于取心技术所限，要在驱替实验中采用1m左右或更长的天然岩心几乎无法办到，常把岩心按一定排列方式归位后拼接成长岩心。具体步骤：选择物性相近、无破损且较长的岩心，经打磨、烘干、清洗，对岩心的基本物性参数进行测试后，进行拼接。为了消除由于岩心拼接处存在空隙而引起的末端效应，将短岩心端口之间用滤纸连接。

长岩心拼接顺序按调和平均排列方式排列每块岩心，按式(3-2)计算平均值：

$$\frac{L}{\bar{K}} = \frac{L_1}{K_1} + \frac{L_2}{K_2} + \cdots + \frac{L_n}{K_n} \tag{3-2}$$

式中，L 为岩心的总长度，cm；$\bar{K}$ 为岩心的调和平均渗透率，μm^2；L_n 为第 n 块岩心的长度，cm；K_n 为第 n 块岩心的渗透率，μm^2。求得岩心平均渗透率 $\bar{K}$，然后将 $\bar{K}$ 与所有岩心的渗透率作比较，取渗透率与 $\bar{K}$ 最接近的那块岩心放在出口端第一位；然后再求出剩余岩心的平均渗透率，依照上述方法进行比较，进而得岩心排列方式。

二、长岩心 CO_2 驱替实验

(一)低渗透长岩心驱替特征

由于孔喉细小，部分低渗透油藏难以有效注水，CO_2 作为良好的驱油介质具有较强的注入能力。在相同注入速度下，分别进行水驱和 CO_2 驱实验，比较两种介质的注入能力，结果如表3-2所示。从表3-2可知，相同条件下 CO_2 的注入性比水要好，气驱注入指数为 $0.43\ m^3/(d \cdot MPa \cdot m^2)$，水驱注入指数为 $0.05\ m^3/(d \cdot MPa \cdot m^2)$，气驱为水驱的8.6倍。

表3-2 水驱与气驱注入能力比较

项目	注入速度/(mL/min)	回压/MPa	注入指数/[$m^3/(d \cdot MPa \cdot m^2)$]
水驱	0.40	22.61	0.0499
CO_2 驱	0.40	22.05	0.4307

地层岩石中有多种流体，岩石孔隙中存在毛细管力和黏滞力，气驱油为非润湿相驱替润湿相，此时毛细管力和黏滞力为阻力，其中毛细管力大小与孔隙半径有关，孔隙半径越大，毛细管力越小，只有当驱替压力大于最大孔隙的毛细管力和黏滞力时，非润湿相流体才能进入孔隙，而且随着驱替压力的增加，非润湿相流体逐渐进入小孔隙，驱替出的流体逐渐增加。最大孔隙的毛细管力和黏滞力之和即为岩石的启动压力。可见，多种流体存在时，岩石的启动压力与岩石孔隙结构、岩石中流体及驱替流体的性质有关。

利用渗透率相近的岩心,进行相同驱替速度下的水驱和CO_2驱实验。实验结果表明,水驱驱动压力梯度为 0.54MPa/cm,气驱驱动压力梯度为 0.03MPa/cm,水驱驱动压力梯度为气驱的 18.5 倍(表 3-3)。显然 CO_2 较水更容易注入地层中。

表 3-3 水驱与气驱启动压力梯度比较

项目	注入速度/(mL/min)	回压/MPa	驱动压力梯度/(MPa/cm)
水驱	0.40	22.61	0.5430
气驱	0.40	22.05	0.0293

(二)不同开发方式对比实验

选用渗透率相近的两组岩心,分别进行相同储层条件下的水驱和CO_2驱实验,结果如图 3-23 所示。模拟条件下水驱采收率为 50.67%,气驱采收率为 73.40%,水驱采收率较气驱低 22.73%。显然,相同条件下,CO_2 驱油效率要高于水驱。

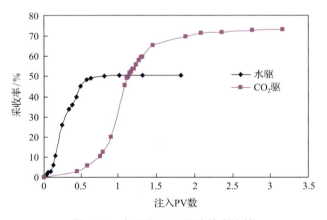

图 3-23 水驱和 CO_2 驱油效率比较

气驱注入过程中,CO_2 通过扩散溶解作用进入原油,达到降黏的效果,这一作用是一个渐进的变化过程。注入间歇比为 5∶1、3∶1、1∶1、1∶3、1∶5 的周期注气实验研究结果(图 3-24)表明,随着注入间歇比的减小,CO_2 驱油效率逐步增大;当注入间歇比比较小时,驱油效率提高不明显。最佳的注入间歇比为 1∶1～1∶3,当注入间歇比小于 1∶3 后,气驱采收率基本不增大。

为了研究水气交替注入对气驱黏性指进程度的抑制作用,进行了气水比为 1∶1 的水气交替注入实验,并将结果与最佳周期注入进行比较。从两种注入方式的采收率曲线和采油速度曲线可以看到,周期注气的采收率较低,但其采油速度较高。水气交替注入的采油速度较低,但能保持该采油速度开采较长时间,有效采油期较长(图 3-25、图 3-26)。

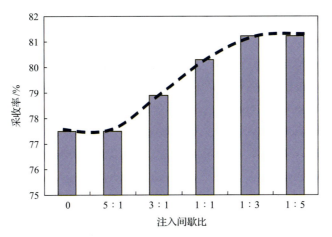

图 3-24　不同间歇注入比下的采收率对比

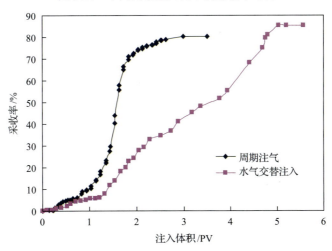

图 3-25　水气交替与周期注气采收率对比

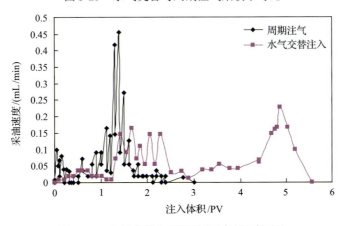

图 3-26　水气交替与周期注气采油速度对比

CO_2 的黏度远低于地层水和地层原油，不利的流度比将导致黏性指进，降低波及效率。因此，CO_2 驱过程中必然存在严重的黏性指进现象，如果控制不得当，即使在均质地层中也会引发气体突进，导致波及效率降低。间歇性周期注气使注入的 CO_2 能与原油有效地相互作用，进而降低原油黏度，有利于抑制气驱黏性指进。通过水气交替注入降低水油的流度比，有效防止或减缓气窜，从而达到增加水驱波及体积的目的，并能使原油与 CO_2 充分接触，发挥其降黏或降低界面张力的作用。综合对比分析可知，在低渗透油藏中，CO_2 注入性优于水驱，且 CO_2 驱油效果要好于水驱；水气交替注入效果最好，周期注气效果次之，连续注气效果稍差。

第四节 CO_2 扩散特征实验评价技术

第二章已指出，在 CO_2 提高采收率和埋存过程中，扩散作用至关重要。20 世纪 80 年代，国外学者就开始了 CO_2 在流体中分子扩散的研究，通过直接观察测量 CO_2 扩散入烃或水中时的界面移动得到扩散系数，并确定了常压条件下扩散系数的描述模型。后来，相继发展了压力降落法、动态悬滴法、动态悬滴体积分析法等扩散系数测定方法。但上述方法均是在大尺度空间下形成的，无法考虑多孔介质的影响，因此笔者给出一种考虑多孔介质迂曲度和原油体积膨胀的扩散系数测定方法。

一、CO_2 在原油中扩散系数测定实验

(一) 数学模型

假设条件：①测试过程中液相高度 z_0 保持不变；②气液界面无阻力，如界面处的浓度是平衡浓度；③测试过程中温度恒定；④在整个实验所有的浓度范围内，扩散系数 D_{AB} 变化不明显；⑤油相不挥发；⑥气相是纯气体(单一组分)。

根据 Fick 第二定律：

$$\frac{\partial x}{\partial t} = D_{AB} \frac{\partial^2 x}{\partial z^2} \tag{3-3}$$

边界条件：

$$z = z_0, t > 0, x = x_{eq}; z = 0, \frac{dx}{dz} = 0$$

初始条件：

$$0 \leqslant z \leqslant z_0, t = 0, x = 0$$

式中，x_{eq} 为油气界面的平衡界面浓度，其随着温度和压力变化而改变；D_{AB} 为扩散系数，m^2/s。

对上述模型求解，可得

$$x = x_{eq}\left(1 - \text{erf}\left(\frac{x}{2\sqrt{D_{AB}t}}\right)\right) = x_{eq}\left(1 - \frac{2}{\sqrt{\pi}}\int_0^{\frac{z_0-z}{2\sqrt{D_{AB}t}}} e^{-y^2} dy\right) \tag{3-4}$$

通过物质平衡计算将体系压力和扩散过程结合起来，如气相减少物质的量等于通过气液界面的气相物质的量，即

$$\frac{V}{Z_g RT}\frac{dP(t)}{dt} = -D_{AB}A\left(\frac{dx}{dz}\right)_{z=z_0} \tag{3-5}$$

式中，V 为液相体积，m^3；Z_g 为气相压缩因子；P 为体系压力，MPa；R 为普适气体常数，8.3145 MPa·m³/(mol·K^{-1})；T 为体系温度，K。

因为气相扩散进入液相之后会引起液相体积的膨胀，同时液相中的轻质组分也会被气相抽提，根据膨胀系数公式：

$$V_{\text{液相}} = V_0[1 + \beta P(t)],\quad V = V_{\text{容器}} - V_{\text{液相}} = V_{\text{容器}} - V_0 - \beta V_0 P(t) \tag{3-6}$$

设 $K = -D_{AB}AZ_g RT$，则有

$$V dP(t) = K\left(\frac{dx}{dz}\right)_{z=z_0} dt \tag{3-7}$$

$$[V_{\text{容器}} - V_0 - \beta V_0 P(t)]dP(t) = K\left(\frac{dx}{dz}\right)_{z=z_0} dt \tag{3-8}$$

将时间从 t_0 到 t 积分，将压力从 P_0 到 P 积分得

$$\left[-\frac{\beta V_0}{2}P(t)^2 + (V_{\text{容器}} - V_0)P(t)\right] - \left[-\frac{\beta V_0}{2}P_0(t)^2 + (V_{\text{容器}} - V_0)P_0(t)\right] = K\int_{t_0}^t\left(\frac{dx}{dz}\right)_{z=z_0} dt \tag{3-9}$$

又因为

$$\frac{dx}{dz} = \frac{d}{dz}x_{eq}\left(1 - \frac{2}{\sqrt{\pi}}\int_0^{\frac{z_0-z}{2\sqrt{D_{AB}t}}} e^{-y^2} dy\right) = -\frac{2}{\sqrt{\pi}}x_{eq}\frac{d}{dz}\int_0^{\frac{z_0-z}{2\sqrt{D_{AB}t}}} e^{-y^2} dy \tag{3-10}$$

设 $u = \frac{z_0 - z}{2\sqrt{D_{AB}t}}$，就有

$$\frac{du}{dz} = -\frac{1}{2\sqrt{D_{AB}t}} \tag{3-11}$$

所以

$$dz = -2\sqrt{D_{AB}t}\,du \tag{3-12}$$

$$\frac{\mathrm{d}x}{\mathrm{d}z} = -\frac{2}{\sqrt{\pi}} x_{\mathrm{eq}} \frac{\mathrm{d}}{\mathrm{d}u} \int_0^u \mathrm{e}^{-y^2} \mathrm{d}y \frac{1}{-2\sqrt{D_{\mathrm{AB}}t}} = -\frac{2}{\sqrt{\pi}} x_{\mathrm{eq}} \mathrm{e}^{-u^2} \frac{1}{-2\sqrt{D_{\mathrm{AB}}t}} = x_{\mathrm{eq}} \frac{1}{\sqrt{\pi D_{\mathrm{AB}}t}} \mathrm{e}^{-\frac{(z_0-z)^2}{4 D_{\mathrm{AB}} t}}$$

(3-13)

当 $z = z_0$ 时

$$\frac{\mathrm{d}x}{\mathrm{d}z}\bigg|_{z=z_0} = x_{\mathrm{eq}} \frac{1}{\sqrt{\pi D_{\mathrm{AB}} t}} \tag{3-14}$$

所以

$$\left[-\frac{\beta V_0}{2} P(t)^2 + (V_{\text{容器}} - V_0) P(t) \right] - \left[-\frac{\beta V_0}{2} P_0(t)^2 + (V_{\text{容器}} - V_0) P_0(t) \right] = -2 Z_{\mathrm{g}} R T x_{\mathrm{eq}} A \sqrt{\frac{D_{\mathrm{AB}}}{\pi}} \left(\sqrt{t} - \sqrt{t_0} \right)$$

(3-15)

将式(3-15)的左边部分称为压力修正项,右边 $\sqrt{t}$ 称为时间平方根,两者之间呈线性关系,通过计算直线的斜率可以求得扩散系数 D_{AB}。

(二)室内实验方法

1. 实验设备与流程

扩散容器内径为 2.6cm,容器体积为 170cm³。原油容器和 CO_2 容器体积都是 1000cm³,通过管线与扩散容器连接,分别可以为扩散容器下部和上部充入原油和 CO_2。CO_2 容器和扩散容器置于恒温箱中,以确保扩散实验可以在设计的温度下进行。原油容器和 CO_2 容器分别连有手动泵,可以调节两个容器压力。利用压力传感器监测扩散容器压力变化,通过数据处理系统记录数据实验数据(图 3-27)。

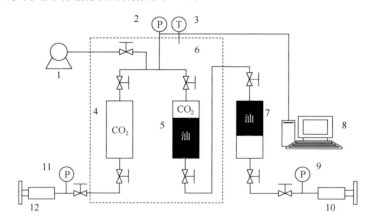

图 3-27 CO_2 在原油中扩散系数测定实验装置图

1.真空泵;2.压力传感器;3.温度传感器;4.二氧化碳容器;5.扩散容器;6.恒温箱;7.原油容器;8.数据处理器;9.压力传感器;10.手动泵;11.压力传感器;12.手动泵

2. 实验步骤

实验步骤：①对整个体系试漏，以检验其密封性；②将整个系统抽真空；③将恒温箱温度设定为指定温度，恒温 5h；④利用手动泵将原油容器中的原油转入扩散容器，记录转入原油的体积，恒定 3h，关闭扩散容器与原油容器之间的阀门；⑤利用手动泵将 CO_2 容器内的压力恒定到指定压力，恒定 3h；⑥打开 CO_2 容器和扩散容器之间的阀门，将 CO_2 恒压转入扩散容器，待压力稳定后，关闭 CO_2 容器出口阀门，通过压力传感器记录扩散容器压力的变化；⑦待扩散试验结束之后，缓慢排除扩散容器内的 CO_2 与原油，清洗整个系统。

(三) 实验结果

根据以上实验方法，测试了红河油田与腰英台油田相应条件下 CO_2 在原油中的扩散系数(图 3-28、图 3-29)，结果表明 CO_2 在原油中的扩散系数在 $10^{-8} m^2/s$ 级别，且随着压力的增大而增大，但数量级保持不变。

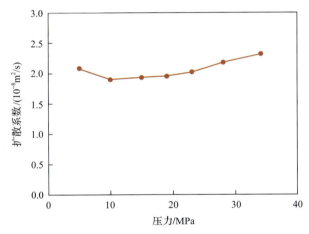

图 3-28 鄂南红河油田 CO_2 在原油中的扩散系数

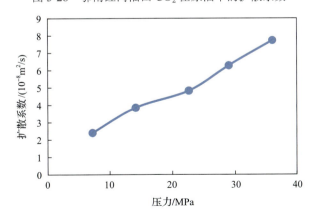

图 3-29 腰英台油田 CO_2 在原油中扩散系数

二、CO_2 在饱和原油多孔介质中扩散系数测定实验

(一)数学模型

根据前述扩散系数方程,可以得到

$$P - P_0 = \frac{-D_{AB}AZ_gRT}{V}\frac{2x_{eq}}{\sqrt{\pi D_{AB}}}\left(\sqrt{t}-\sqrt{t_0}\right) = -\frac{2Z_gRTx_{eq}A}{V}\sqrt{\frac{D_{AB}}{\pi}}\left(\sqrt{t}-\sqrt{t_0}\right) \tag{3-16}$$

因为多孔隙介质扩散系数测定过程中,气液接触面积由孔隙度 ϕ 和迂曲度 τ 得到。迂曲度的定义为多孔介质中流体通过的真实长度与宏观长度的比值,其表达式为 $\tau = L_e/L$,设 A 为 CO_2 与孔道接触的面积,$A_{截面}$ 为岩心的端面面积,其关系为 $A = A_{截面}\phi/\tau$,所以

$$P - P_0 = -\frac{2Z_gRTx_{eq}}{V}\frac{A_{截面}\phi}{\tau}\sqrt{\frac{D_{AB}}{\pi}}\left(\sqrt{t}-\sqrt{t_0}\right) \tag{3-17}$$

(二)实验测试方法

根据上述数学模型,将 CO_2 注入装有饱和原油岩心的容器,记录并观察容器内的压力降落曲线,进而运用压力降落法结合 Fick 定律计算 CO_2 在多孔介质中的扩散系数,建立的实验流程见图 3-30。

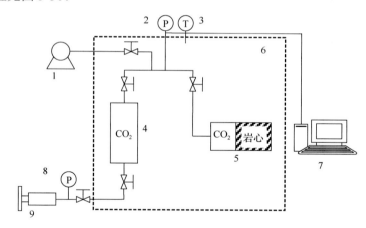

图 3-30 CO_2 在多孔介质中扩散系数测定实验流程图
1.真空泵;2.压力传感器;3.温度传感器;4.二氧化碳容器;5.扩散容器;
6.恒温箱;7.数据处理系统;8.压力传感器;9.手动泵

相应的实验步骤:①对整个体系试漏,以检验其密封性;②将饱和原油的长岩心装入扩散容器;③将恒温箱温度设定为指定温度,恒温 5h;④利用手动泵将 CO_2 容器内的压力恒定到指定压力,恒定 3h;⑤打开 CO_2 容器和扩散容器之间的阀门,将 CO_2 恒压转入扩散容器,待压力稳定后,关闭 CO_2 容器出口阀门,通过压力传感器记录扩散容器

压力的变化;⑥待扩散实验结束之后,缓慢排除扩散容器内的 CO_2,取出容器内的岩心,清洗整个系统。

(三)实验结果分析

根据以上实验方法,测定了 CO_2 在鄂南红河油田、腰英台油田、濮城沙一油田条件下的扩散系数,结果见表 3-4,可以看出多孔介质条件下的扩散系数比 PVT 仪尺度下的扩散系数小 3 个数量级。

表 3-4 油藏条件下 CO_2 在饱和原油岩心中的扩散系数

油田	扩散系数/(m²/s)
腰英台油田	3.4×10^{-11}
鄂南红河油田	2.7×10^{-11}
濮城沙一油田	4.6×10^{-11}

三、低渗透岩心 CO_2 扩散作用分析

CO_2 通过扩散作用进入油水之后,流体的黏度、密度、体积膨胀系数、体积系数等物性参数会发生改变。流体参数变化幅度及 CO_2 驱油效果的好坏与气体在原油中的扩散系数密切相关。分别将不同压力条件下 CO_2 扩散前后的岩心通过核磁共振成像分析可知,在垂直于轴向和平行于轴向两个方向上,照片中岩心的亮度明显减小了,表明经过 CO_2 扩散作用后,岩心中饱和的原油明显减小,即 CO_2 与原油作用之后,在混相、膨胀等综合作用下,可以降低岩心的含油饱和度(图 3-31)。

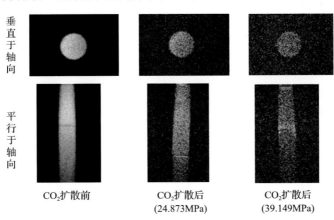

图 3-31 CO_2 扩散前后岩心核磁共振成像

通过分析 CO_2 扩散前后岩心 T_2 谱图可知,岩心的含油饱和度大幅度降低,且 CO_2 与原油相互作用对不同孔径 r 的原油影响不同。$r > 5\mu m$,孔道中的含油饱和度大幅度降低;$5\mu m \geqslant r \geqslant 0.6\mu m$,孔道中的含油饱和度降低幅度较小;$r < 0.6\mu m$,孔道中的含油饱和度轻微增加(图 3-32)。其主要原因是 CO_2 通过扩散作用能波及水驱无法波及的小孔隙

中，动用了储存于小孔隙中的原油。显然，充分发挥扩散作用，能够提高微观波及效率。因此，在 CO_2 驱过程中必须让 CO_2 与原油充分接触，让 CO_2 有充足的时间扩散进原油中，从而提高微观波及效率，改善驱油效果。

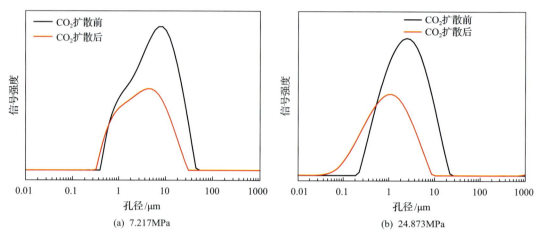

图 3-32 不同压力下 CO_2 扩散前后岩心的核磁 T_2 谱图

第五节 CO_2 驱替多相渗流实验评价技术

一、三相相对渗透率数学模型

三相相对渗透率数学模型对 CO_2 驱油藏数值模拟准确预测及注采问题的研究十分重要。目前的三相相对渗透率数学模型对于气、油、水三相流动的典型假设是其中一液相流体对岩石表面有强的润湿性，气相为非润湿相，而另一液相流体润湿性介于两者之间。除此之外，还假设润湿相和强非润湿相的相对渗透率仅与各自的饱和度有关。因此，对于这两相可以用相应的两相相对渗透率关系作为三相渗透率关系来对待，只要推导出中间润湿相的相对渗透率的表达式即可。

基于 Leverett 和 Lewis[100] 的定性描述，水气两相的相对渗透率仅与各自的饱和度有关。因此，研究者的研究重点是建立模型来预测油相相对渗透率。早期的研究主要是应用两相渗流数据，研究排驱过程中的油相渗透率。目前的三相相对渗透率模型主要有 STONE I、STONE II、Paker-Lenhard、Baker、Delshad-Pope、Hustad-Hansen、Brooks-Corey-Burdine、Dicarlo-Sahni-Blunt、IKU 9 个模型[101-105]。其中常用的模型有 Brooks-Corey-Burdine、STONE I、STONE II Baker 模型。

但是在注 CO_2 驱替过程中，由于 CO_2 扩散萃取溶解作用，原油组成和物性持续发生变化，而上述所有模型均没有考虑这一点。需要强调的是即使对于非混相驱，也存在萃取溶解现象，基于此，笔者建立了考虑扩散溶解作用的 CO_2 驱三相相渗表征计算方法。

二、扩散作用对油气相对渗透率的影响规律

(一)扩散作用对油气相对渗透率影响的表征方法

Fick 定律认为，分子的运移速率与浓度梯度成正比：

$$v_{\mathrm{m}} = -D\frac{\partial c_{\mathrm{m}}}{\partial x} \tag{3-18}$$

式中，v_{m} 为分子运移速度，m/s；D 为扩散系数；c_{m} 为分子浓度，mol/m³；假设气体在密度场内的扩散满足 Fick 定律，可得出气体的分子扩散速度为

$$v_{\mathrm{f}} = \frac{v_{\mathrm{m}}}{\rho_{\mathrm{mol}}} - \frac{m_{\mathrm{g}}D}{\rho_{\mathrm{g}}}\frac{\partial c_{\mathrm{m}}}{\partial x} \tag{3-19}$$

式中，m_{g} 为气体质量，kg；ρ_{g} 为气体密度，kg/m³；ρ_{mol} 为气体的摩尔密度，结合非理想气体状态方程和气体压缩系数表达式，气体分子扩散速度方程变化为

$$v_{\mathrm{f}} = -C_{\mathrm{g}}D\frac{\partial P}{\partial x} \tag{3-20}$$

式中，C_{g} 为气体压缩系数，1/MPa。

将达西定律与 Fick 定律结合起来，气体运动方程是压力场与密度场共同作用的结果，压力场内的流动符合达西定律，密度场内的流体符合 Fick 定律，则气体的流速应该是两者速度的叠加：

$$v_{\mathrm{t}} = v_{\mathrm{f}} + v_{\mathrm{d}} \tag{3-21}$$

式中，v_{t} 为气体流速，m/s；v_{d} 为达西速度，m/s，则

$$v_{\mathrm{t}} = -C_{\mathrm{g}}D\frac{\partial P}{\partial x} - \frac{K}{\mu_{\mathrm{g}}}\frac{\partial P}{\partial x} = -\frac{K}{\mu_{\mathrm{g}}}\left(1 + \frac{C_{\mathrm{g}}\mu_{\mathrm{g}}D}{K}\right)\frac{\partial P}{\partial x} \tag{3-22}$$

式中，K 为渗透率，m²；μ_{g} 为气相黏度，Pa·s。同理，对于多相流，则有

$$v_{\mathrm{t}} = -\frac{KK_{\mathrm{rg}}}{\mu_{\mathrm{g}}}\left(1 + \frac{C_{\mathrm{g}}\mu_{\mathrm{g}}DS_{\mathrm{g}}}{KK_{\mathrm{rg}}}\right)\frac{\partial P}{\partial x} \tag{3-23}$$

式中，K_{rg} 为气相相对渗透率；S_{g} 为气相饱和度。

令 $B = \dfrac{C_{\mathrm{g}}\mu_{\mathrm{g}}DS_{\mathrm{g}}}{KK_{\mathrm{rg}}}$，则

$$v_{\mathrm{t}} = -\frac{KK_{\mathrm{rg}}}{\mu_{\mathrm{g}}}(1+B)\frac{\partial P}{\partial x} \tag{3-24}$$

式中，系数 B 表示气体扩散作用的影响，其与气体性质、扩散系数及岩石物性有关。

当存在油气两相流动时，气相的流量为

$$Q_g = (v_d + v_f)A = -\frac{KK_{rg}}{\mu_g}A(1+B)\frac{\partial P}{\partial x}$$

$$Q_g = -\frac{K(K_{rg} + BK_{rg})}{\mu_g}A\frac{\partial P}{\partial x} \tag{3-25}$$

显然，由于扩散导致的等效气相相对渗透率为

$$K_{rgi} = K_{rg}B = \frac{C_g\mu_g DS_g}{K} \tag{3-26}$$

式中，K_{rg} 为未考虑扩散气相相对渗透率；K_{rgi} 为扩散作用导致的等效气相相对渗透率。

油相流量为

$$Q_o = (v_{oi} + v_e)A = -\frac{KK_{ro}}{\mu_o}A\frac{\partial P}{\partial x} \tag{3-27}$$

$$Q_o = (v_{oi}\beta)A = -\frac{KK_{ro}}{\mu_o}A\frac{\partial P}{\partial x} \tag{3-28}$$

$$v_{oi}A = -\frac{KK_{ro}}{\mu_o\beta}A\frac{\partial P}{\partial x} = \frac{KK_{roi}}{\mu_o}A\frac{\partial P}{\partial x} = Q_{oi} \tag{3-29}$$

式中，v_e 为膨胀速度；v_{oi} 为原始油样的速度；β 为体积膨胀系数；Q_{oi} 为原始油样流量；K_{roi} 为原始油样的油相相对渗透率。

在处理实验数据时，扩散带的长度由式(3-30)计算：

$$X = 3.625\sqrt{D_e t} \tag{3-30}$$

式中，X 为扩散带长度，即 CO_2 浓度为 10%～90% 的区域定义为扩散带，m；D_e 为有效扩散系数，m^2/s；t 为 CO_2 前缘移动通过油藏的时间，s。

由式(3-30)可以计算得到 CO_2 组分前缘突破时，扩散带的长度，则可获得扩散带的体积：

$$V_d = 0.5AX\phi S_o \tag{3-31}$$

式中，V_d 为扩散带体积，m^3；A 为岩心截面积，m^2；X 为扩散带长度，m；ϕ 为孔隙度；S_o 为含油饱和度。

由于扩散作用，需要对油相相对渗透率、气相相对渗透率进行修正才可得到未考虑扩散溶解作用的基础相对渗透率曲线，比较基准相对渗透率与考虑扩散作用的相对渗透率，即可明确扩散作用对相对渗透率曲线的影响。

(二)扩散对油气相对渗透率的影响规律

利用常规非稳态测试方法,并采用上述模型对测试结果进行修整,可以获得扩散对气驱相对渗透率的影响。图 3-33 和图 3-34 是不同压力下腰英台油样 CO_2 驱相对渗透率测试结果。

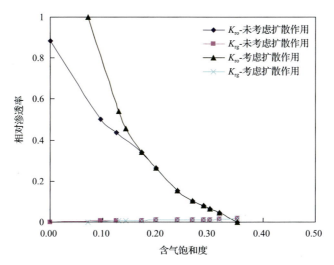

图 3-33　16MPa 下扩散作用对油气相对渗透率的综合影响

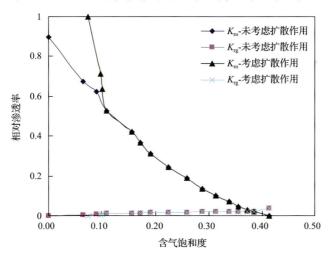

图 3-34　22MPa 下扩散作用对油气相对渗透率的综合影响

从图 3-33 和图 3-34 可以看出,扩散作用对油相相对渗透率影响较大,即在气相相界面突破以前,CO_2 扩散带使油相相对渗透率大幅度抬升;当气相相界面突破后,扩散作用对油相相对渗透率的影响可以忽略。对气相相对渗透率来说,扩散作用的影响甚微,相对渗透率值有微小提升。另外,当考虑扩散作用时,存在一个临界气饱和度,即由于扩散作用,气体在驱替作用之前进入油相中,而此时的油相、气相均未参与流动;当气相相界面开始移动时,油相中的气体组分前缘使原油发生体积膨胀,油相相对渗透率迅速提升;当气相相界面突破后,组分前缘饱和度逐步消失,使得扩散作用对油气相对渗透率的影响逐步降低。

随着注入压力的增大,油气相对渗透率曲线的两相共渗区逐步拓宽,残余油饱和度逐步降低,油相相对渗透率降低幅度进一步变缓,气相相对渗透率曲线逐步抬升。究其原因主要是随着油藏压力的提高,CO_2 与原油间的相互作用逐步增强,CO_2 在原油中的扩散能力提高,CO_2 与原油间的界面张力逐步降低,进而导致油气相对渗透率曲线的两相渗流区逐步拓宽,残余油饱和度逐步降低。

三、溶解作用对气驱相对渗透率的影响规律

(一) 溶解作用对油水相对渗透率的影响

为了确定 CO_2 溶解作用对油水相对渗透率实验的影响,选用渗透率接近的 6 组岩心,采用非稳态相对渗透率实验方法分别进行不同压力下溶解 CO_2 前后的油水相对渗透率实验。其中,溶解 CO_2 后的油水相对渗透率是通过将原油预饱和 CO_2,然后再进行油水相对渗透率实验获得的。相对于原油来说,CO_2 在水中的溶解量较小,且溶解 CO_2 后水的性质变化很小,因此该实验忽略 CO_2 在水中溶解度及其对地层水性质的影响。实验岩心参数见表 3-5。

表 3-5　CO_2 溶解前后油水相对渗透率实验岩心参数表

岩心编号	直径/cm	长度/cm	孔隙度/%	渗透率/$10^{-3}\mu m^2$	束缚水饱和度/%	实验压力/MPa	状态
5-1	2.496	11.216	16.902	31.71	31.573	16.0	未饱和
5-2	2.497	12.436	18.913	31.865	36.246	16.0	饱和
6-1	2.494	12.831	19.652	31.66	28.595	22.0	未饱和
6-2	2.495	12.848	17.588	31.188	38.908	22.0	饱和
7-1	2.503	12.666	18.245	30.72	28.385	30.0	未饱和
7-2	2.507	12.778	19.091	29.656	37.589	30.0	饱和

各岩心测试结果见图 3-35～图 3-37,可以看出 CO_2 在原油中的溶解作用对油水相对渗透率影响较大。CO_2 溶解后,束缚水饱和度增大,残余油饱和度降低,等渗点向右偏移,油相相对渗透率提高,初始水相相对渗透率下降。究其原因主要是 CO_2 溶解后,原油黏度急剧降低,相对溶解前来说,低黏原油驱替造束缚水,使束缚水饱和度升高。另外,CO_2 溶解进入原油中后,原油发生体积膨胀,进而导致油相相对渗透率增大。而 CO_2 溶解进入地层水,导致水相黏度略微增大,故初始水相相对渗透率降低。溶解 CO_2 后水驱残余油饱和度降低,水相相对渗透率逐步提高。

(二) 溶解作用对油气相对渗透率的影响

为了确定 CO_2 溶解作用对 CO_2 驱油气相对渗透率的影响,选取渗透率相近的岩心分别进行不同压力下饱和 CO_2 后油气相对渗透率实验。饱和 CO_2 下的油气相对渗透率实验是将原油预饱和 CO_2,然后采用非稳态油气相对渗透率实验方法测定。实验用岩心的参

数见表 3-5，测试结果如图 3-38～图 3-40 所示。

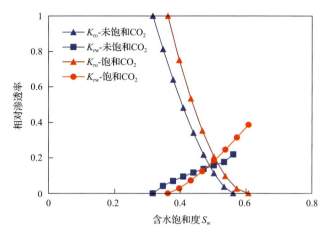

图 3-35　16MPa 下溶解 CO_2 前后油水相对渗透率曲线

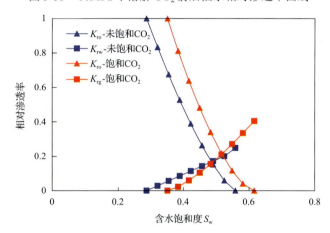

图 3-36　22MPa 下溶解 CO_2 前后油水相对渗透率曲线

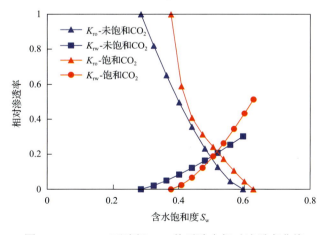

图 3-37　30MPa 下溶解 CO_2 前后油水相对渗透率曲线

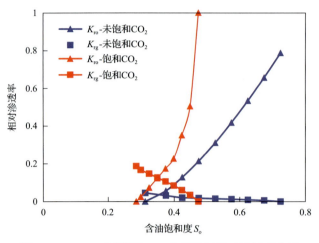

图 3-38　16MPa 下溶解 CO_2 前后油气相对渗透率曲线

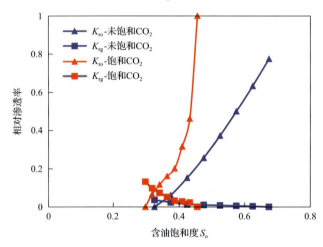

图 3-39　22MPa 下溶解 CO_2 前后油气相对渗透率曲线

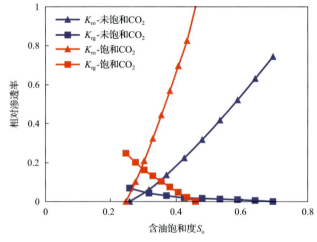

图 3-40　30MPa 下 CO_2 溶解前后油气相对渗透率曲线

从测试结果可知,与未饱和 CO_2 的基准油气相对渗透率曲线相比,饱和 CO_2 后油气两相共渗区明显变窄,油相相对渗透率与气相相对渗透率均有不同程度的提升,残余油饱和度略有降低。究其原因主要是溶解 CO_2 的原油相黏度急剧降低,导致油相相对渗透率大幅度提高;另外,原油饱和 CO_2 后,注入的 CO_2 与原油间的相互作用减弱,进而使气相相对渗透率提高。

四、综合考虑扩散溶解作用的油气相对渗透率曲线及表征方法

在实际油藏 CO_2 驱替过程中,CO_2 在原油中的扩散、溶解作用是同时存在、相互伴生的。因此,CO_2 驱替过程中的油气相对渗透率必须综合考虑扩散、溶解作用。

(一)考虑扩散溶解作用的油气相对渗透率表征方法

1. 饱和度校正

定义基准含气饱和度为 S_{gb},气体扩散带饱和度为 S_{gdif},溶解气饱和度为 S_{gdis},实际 CO_2 驱过程中的含气饱和度为 S_g。根据分析可知:

$$S_g = S_{gb} + (S_{gdif} + S_{gdis})/2 \tag{3-32}$$

2. 油气相对渗透率校正

定义基准油气相对渗透率分别为 K_{rob} 和 K_{rgb};考虑扩散作用的油气相对渗透率分别为 K_{rof} 和 K_{rgf};考虑溶解作用的油气相对渗透率分别为 K_{ros} 和 K_{rgs};实际 CO_2 驱过程中的油气相对渗透率为 K_{ro} 和 K_{rg}。扩散作用对油气相对渗透率的影响为 ΔK_{rof}、ΔK_{rgf},则

$$\Delta K_{rof} = K_{rof} - K_{rob}, \quad \Delta K_{rgf} = K_{rgf} - K_{rgb} \tag{3-33}$$

溶解作用对油气相对渗透率的影响为 ΔK_{ros}、ΔK_{rgs},则

$$\Delta K_{ros} = K_{ros} - K_{rob}, \quad \Delta K_{rgs} = K_{rgs} - K_{rgb} \tag{3-34}$$

综合考虑扩散、溶解作用的油气相对渗透率 K_{ro}、K_{rg},可根据饱和度权重法得到

$$K_{ro} = K_{rob} + \Delta K_{rof} \frac{S_{gdif}}{S_{gdif} + S_{gdis}} + \Delta K_{ros} \frac{S_{gdis}}{S_{gdif} + S_{gdis}} \tag{3-35}$$

$$K_{rg} = K_{rgb} + \Delta K_{rgf} \frac{S_{gdif}}{S_{gdif} + S_{gdis}} + \Delta K_{rgs} \frac{S_{gdis}}{S_{gdif} + S_{gdis}} \tag{3-36}$$

(二)考虑扩散溶解作用的油气相对渗透率曲线

根据上述方法,对扩散、溶解作用下的油气相对渗透率进行综合处理,即可得到综合考虑扩散、溶解作用的油气相对渗透率曲线(图 3-41～图 3-43)。综合考虑扩散溶解作用的油气相对渗透率曲线整体向右偏移,即残余液体饱和度降低,残余油饱和度降低,油相相对渗透率与气相相对渗透率均升至较高水平,且随着含气饱和度的增大,油相相对渗透率降低幅度较大。另外,随着注入压力升高,两相共渗区逐步拓宽,残余油饱和度逐步降低,残余油下的气相相对渗透率逐步抬升。显然,随着压力的提高,CO_2 与原油的扩散、溶解作用逐步增大,导致原油和 CO_2 的相对渗透率逐步提高。

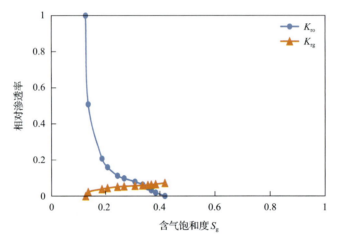

图 3-41　16MPa 下考虑扩散溶解的油气相对渗透率曲线

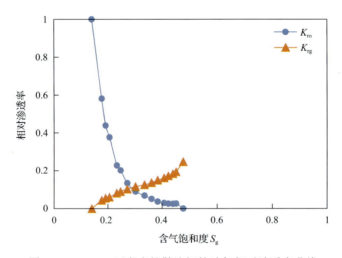

图 3-42　22MPa 下考虑扩散溶解的油气相对渗透率曲线

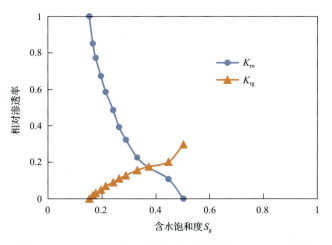

图 3-43　30MPa 下考虑扩散溶解的油气相对渗透率曲线

五、三相相对渗透率曲线及其表征方法

(一) 低渗油藏 CO_2 驱过程中三相相对渗透率表征方法

由于 CO_2 与原油间的相互作用复杂，加之多孔介质为低渗透油藏，实际 CO_2 驱多相渗流很难达到真正的稳定状态。因此，选用与实际驱替过程接近的非稳态法测量相对渗透率。目前，非稳态方法测定三相相对渗透率主要通过分别测定油水、油气两相渗透率，然后运用相关数学模型计算获得三相相对渗透率。通过上述实验获得了实际油藏 CO_2 驱过程中的油水、油气相对渗透率曲线，然后，运用修正的 STONE Ⅱ 公式[式(3-37)]计算油相相对渗透率，水相和气相相对渗透率与两相渗流时的相对渗透率一致：

$$K_{ro} = \frac{1}{K_{row}^0}\left[\left(\frac{K_{row}}{K_{row}^0} + K_{rw}\right)\left(\frac{K_{rog}}{K_{row}^0} + K_{rg}\right) - (K_{rw} + K_{rg})\right] \quad (3-37)$$

式中，K_{row} 为不同含水饱和度下油相相对渗透率；K_{rog} 为束缚水条件下不同含气饱和度下的气相相对渗透率。

另外，综合考虑扩散、溶解作用的三相相对渗透率是运用考虑溶解作用的油水相对渗透率与考虑扩散、溶解作用的油气相对渗透率综合计算得到，将其与未考虑扩散、溶解作用的油水相对渗透率、油气基准相对渗透率计算得到的三相相对渗透率进行对比，即可确定扩散、溶解作用对三相相对渗透率的影响规律。

(二) 低渗油藏 CO_2 驱过程中三相相对渗透率曲线特征

根据考虑溶解作用的油水相对渗透率和考虑扩散溶解作用的油气相对渗透率，运用 STONE Ⅱ 公式计算油相相对渗透率(图 3-44～图 3-47)。从图 3-44～图 3-47 可以看到，综合考虑扩散、溶解作用后的油相等渗透率曲线形态为凸向 100% 含油饱和度点，水相和气相等渗透率曲线呈直线变化趋势。与未考虑扩散、溶解作用的三相相对渗透率曲线相比，考虑扩散、溶解作用的油相等渗透率曲线范围变窄，且区域向含水饱和度和含气饱和度增大的方向偏移，且随着体系压力的增大，偏移的幅度越大，残余油饱和度越低。从图 3-47 可知，低渗透油藏 CO_2 驱油过程中的三相共渗区较小，且随着压力的增大，三相共渗区逐步向右上方偏移，但区域面积变化不大。显然，压力的增大使扩散、溶解作用增强，从而使驱油效果得到改善。将平面等渗透率曲线绘制在三维空间中，结果如图 3-48 所示，可知三相共渗区范围较窄，且呈凹弧曲面变化趋势。

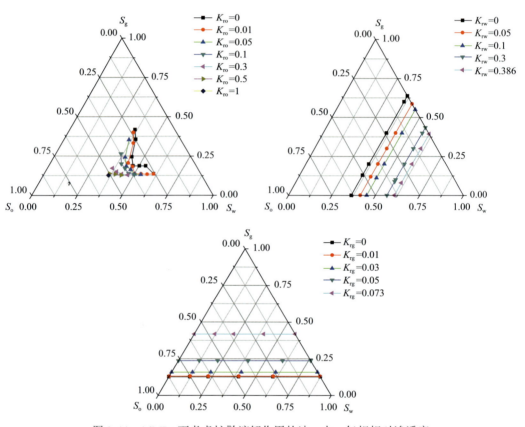

图 3-44　16MPa 下考虑扩散溶解作用的油、水、气相相对渗透率

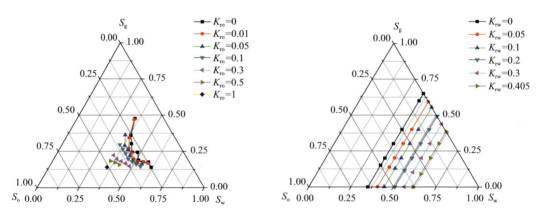

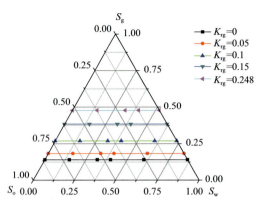

图 3-45　22MPa 下考虑扩散溶解作用的油、水、气相相对渗透率

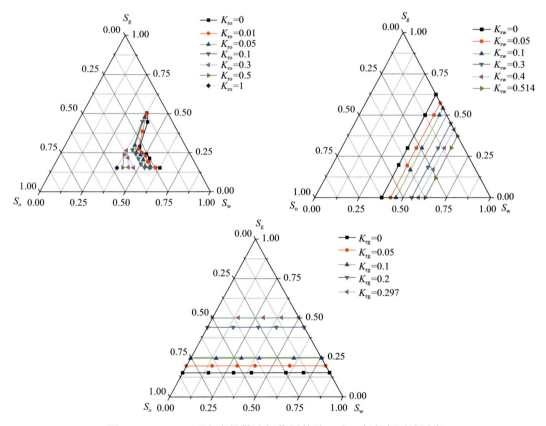

图 3-46　30MPa 下考虑扩散溶解作用的油、水、气相相对渗透率

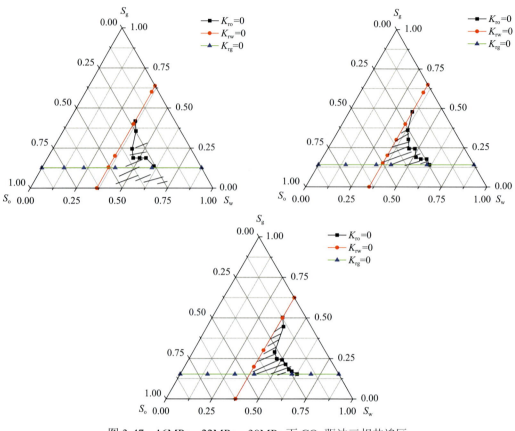

图 3-47 16MPa、22MPa、30MPa 下 CO_2 驱油三相共渗区

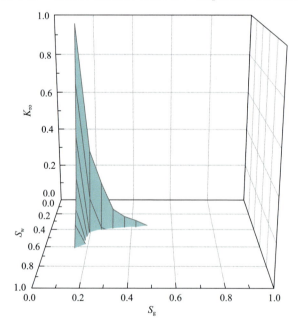

图 3-48 22MPa 条件下油相等渗曲线空间曲面图

第六节　流体流动孔隙下限在线测试实验评价技术

近年来，国内外核磁共振及其成像技术在岩心分析[106]、油层渗流机理研究[107-109]及测井[110]等诸多领域已取得较大的进展，但相关核磁共振岩心流动实验主要在常压和低压条件下开展的，受核磁岩心夹持器耐压的限制，高压下核磁共振实验较少开展。笔者通过自主研发建立高压核磁共振驱替流程，并利用该流程开展 CO_2 驱油水动用孔隙界限研究。

一、CO_2 驱油动用孔隙界限

如图 3-49 所示，蓝色线为原始饱和流体状态，红色线为驱替后流体分布状态，两者信号幅度的差值与原始饱和流体状态信号幅度的比值即为动用流体的百分数，选定一个 T_2 弛豫时间，使这个 T_2 弛豫时间点右边原始饱和流体状态信号幅度占总原始饱和流体状态信号幅度的百分数等于动用流体的百分数，定义这个 T_2 弛豫时间对应的孔隙半径为此驱替条件下的动用孔隙界限。

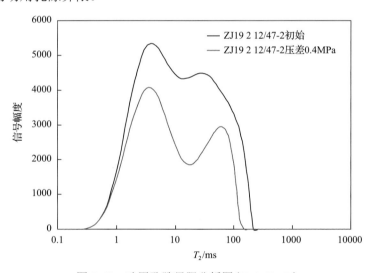

图 3-49　动用孔隙界限分析图（K=1.48mD）

实验共选用 4 个渗透率层级岩心，岩心渗透率分别为 5.93mD、1.48mD、0.420mD 和 0.124mD，在地层压力 18MPa 条件下饱和原油，然后开展不同压差下 CO_2 驱油实验，岩心夹持器出口端施加 10MPa 回压，施加净环压 4MPa。岩心核磁 T_2 谱图见图 3-50～图 3-53。岩心平行样压汞实验中孔隙分布与核磁 T_2 谱分布曲线进行拟合，将 T_2 弛豫时间转换为孔隙半径，则岩心不同驱替压差下 CO_2 驱油相动用孔隙界限见图 3-54～图 3-57 和表 3-6。

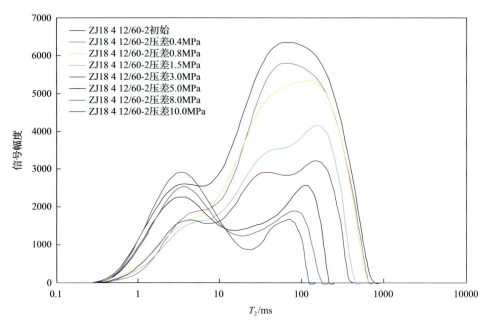

图 3-50　不同驱替压差下 CO_2 驱油相 T_2 谱图（K=5.93mD）

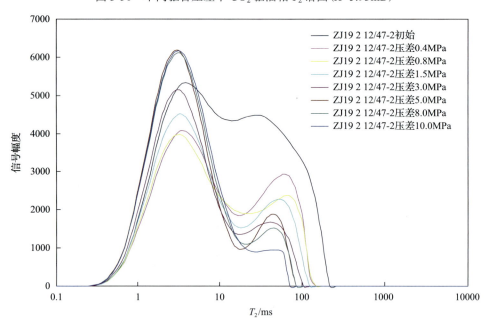

图 3-51　不同驱替压差下 CO_2 驱油相 T_2 谱图（K=1.48mD）

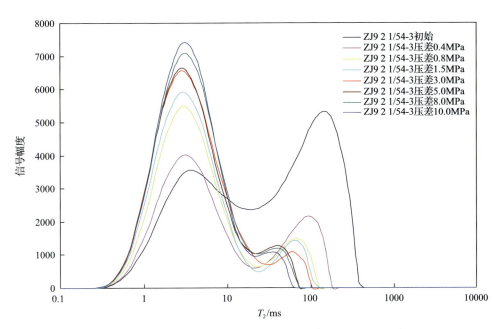

图 3-52　不同驱替压差下 CO_2 驱油相 T_2 谱图（K=0.420mD）

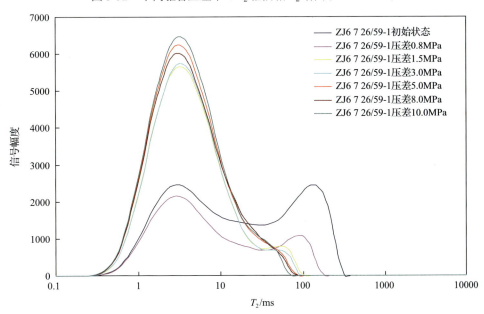

图 3-53　不同驱替压差下 CO_2 驱油相 T_2 谱图（K=0.124mD）

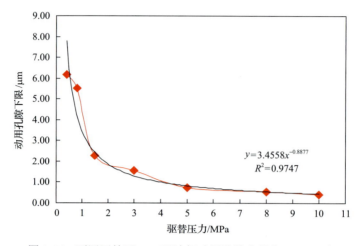

图 3-54　不同压差下 CO_2 驱油相动用孔隙半径(K=5.93mD)

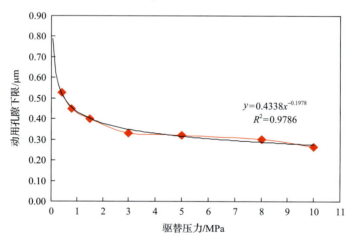

图 3-55　不同压差下 CO_2 驱油相动用孔隙半径(K=1.48mD)

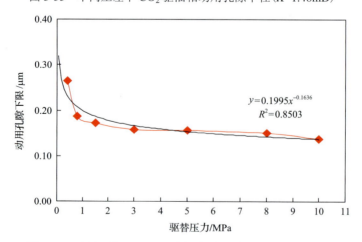

图 3-56　不同压差下 CO_2 驱油相动用孔隙半径(K=0.420mD)

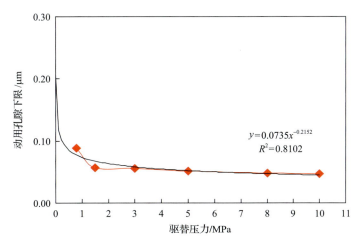

图 3-57 不同压差下 CO_2 驱油相动用孔隙半径(K=0.124mD)

表 3-6 不同渗透率岩心不同驱替压差下 CO_2 驱油相动用孔隙半径

渗透率/mD	孔隙半径/μm							3.0MPa 下驱油效率/%
	压差 0.4MPa	压差 0.8MPa	压差 1.5MPa	压差 3.0MPa	压差 5.0MPa	压差 8.0MPa	压差 10.0MPa	
5.93	6.189	5.527	2.284	1.563	0.759	0.549	0.411	52.8
1.48	0.529	0.451	0.400	0.331	0.321	0.304	0.267	47.1
0.420	0.265	0.188	0.172	0.158	0.157	0.151	0.138	45.1
0.124		0.089	0.057	0.056	0.051	0.048	0.047	44.1

结果表明：随着 CO_2 驱替压差的逐渐增大，油相动用孔隙界限初期下降较快，逐渐趋于稳定，驱替压差和动用孔隙界限符合乘幂关系；相同驱替压差下，岩心渗透率越小，油相动用孔隙界限越小；存在最佳驱替压力，继续增加注入压力，动用效果不明显。

对不同渗透率岩心进行 CT 测试（图 3-58），可以看出，渗透率由低到高，大孔隙逐渐增多，流动优势通道渐渐形成，非均质性越来越强，造成了不同渗透率岩心动用界限存在差异。

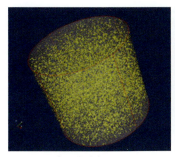
(a) 岩心渗透率0.420mD

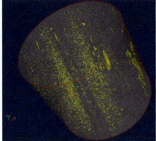
(b) 岩心渗透率1.48mD

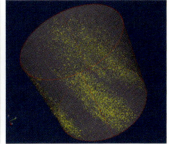
(c) 岩心渗透率3.22mD

图 3-58 不同渗透率岩心 CT 图像

二、CO_2驱水动用孔隙界限

与驱油动用孔隙界限研究方法相似,开展CO_2驱水动用孔隙界限研究。实验共选用4个渗透率层级岩心,岩心渗透率分别为4.37mD、1.22mD、0.454mD和0.103mD。在地层压力为18MPa条件下饱和模拟地层水,然后开展不同驱替压差下CO_2驱水实验。岩心夹持器出口端施加10MPa回压,施加净环压4MPa。岩心核磁T_2谱图见图3-59~图3-62。岩心平行样压汞实验中孔隙分布与核磁T_2谱分布曲线进行拟合,将T_2弛豫时间转换为孔隙半径,则岩心不同驱替压差下CO_2驱水相动用孔隙界限见图3-63~图3-66和表3-7。

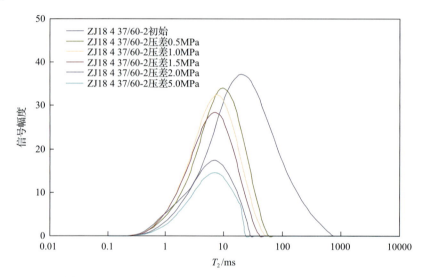

图3-59 不同驱替压差下CO_2驱水相T_2谱图(K=4.37mD)

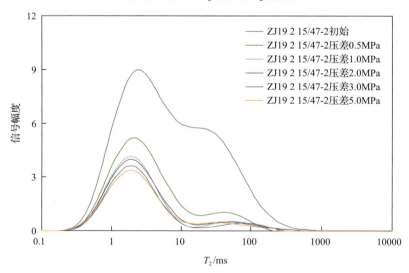

图3-60 不同驱替压差下CO_2驱水相T_2谱图(K=1.22mD)

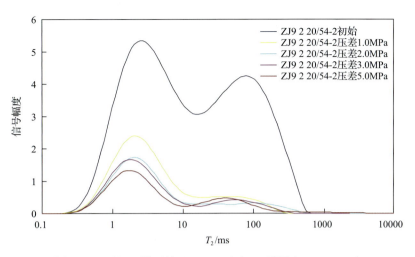

图 3-61　不同驱替压差下 CO_2 驱水相 T_2 谱图（K=0.454mD）

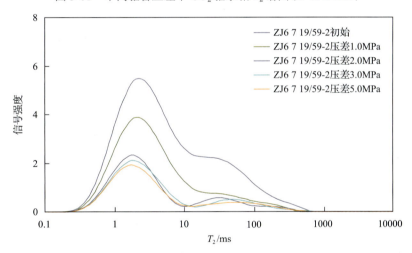

图 3-62　不同驱替压差下 CO_2 驱水相 T_2 谱图（K=0.103mD）

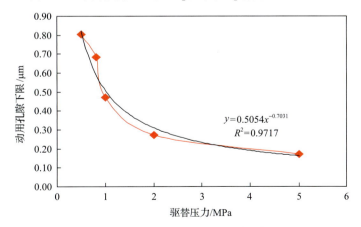

图 3-63　不同压差下 CO_2 驱水相动用孔隙半径（K=4.37mD）

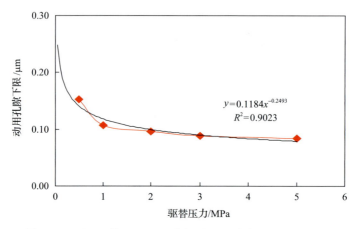

图 3-64 不同压差下 CO_2 驱水相动用孔隙半径(K=1.22mD)

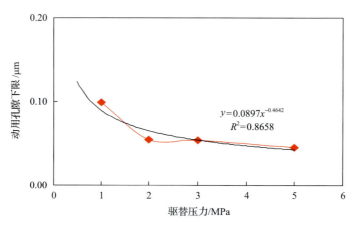

图 3-65 不同压差下 CO_2 驱水相动用孔隙半径(K=0.454mD)

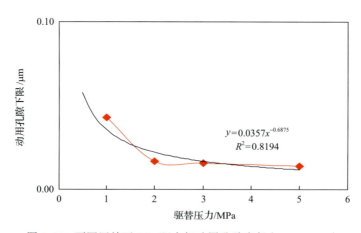

图 3-66 不同压差下 CO_2 驱水相动用孔隙半径(K=0.103mD)

表 3-7 不同渗透率岩心不同驱替压差下 CO_2 驱水相动用孔隙半径

渗透率/mD	孔隙半径/μm					
	压差 0.5MPa	压差 0.8MPa	压差 1.0MPa	压差 2.0MPa	压差 3.0MPa	压差 5.0MPa
4.37	0.806	0.685	0.473	0.274	0.233	0.174
1.22	0.153	0.125	0.107	0.097	0.089	0.084
0.454	0.124	0.099	0.099	0.054	0.054	0.046
0.103			0.043	0.017	0.016	0.014

结果表明：随着 CO_2 驱替压差的逐渐增大，水相动用孔隙界限初期下降较快，逐渐趋于稳定，驱替压差和动用孔隙界限同样符合乘幂关系；相同压差下，岩心渗透率越小，水相动用孔隙界限越小，但与 CO_2 驱油相比，动用孔隙界限明显变小。

三、裂缝岩心动用孔隙界限

实验选用天然岩心人工压制裂缝，裂缝中填入陶粒，形成含裂缝岩心。首先采用平行岩样基质状态和含裂缝状态在地层压力为 18MPa 条件下饱和原油，进行核磁共振测试，实验结果见图 3-67。通过对比，基质岩心的 T_2 谱图在弛豫时间大于 220ms 时原油信号消失，但含裂缝岩心在大于 220ms 时仍然可以检测到原油信号，因此对于实验岩心弛豫时间小于 220ms 为基质中原油信号，弛豫时间大于 220ms 为裂缝中原油信号。

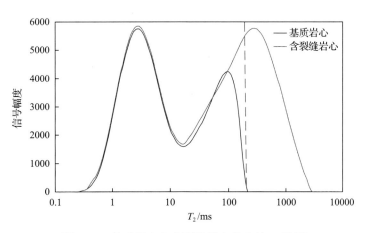

图 3-67 基质岩心和含裂缝岩心饱和油 T_2 谱图

对含裂缝岩心开展不同驱替压差下 CO_2 驱油实验，岩心夹持器出口端施加 10MPa 回压，施加净环压 4MPa。岩心核磁 T_2 谱图见图 3-68，岩心不同驱替压差下 CO_2 驱油相动用孔隙界限见图 3-69，核磁图像见图 3-70。

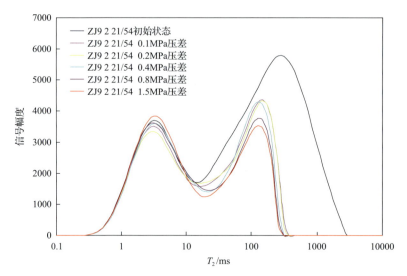

图 3-68 不同驱替压差下 CO_2 驱油相 T_2 谱图（裂缝+陶粒）

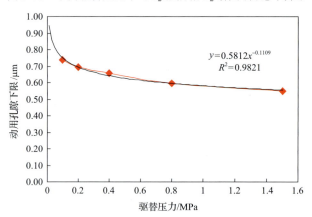

图 3-69 不同驱替压差下 CO_2 驱油相动用孔隙半径

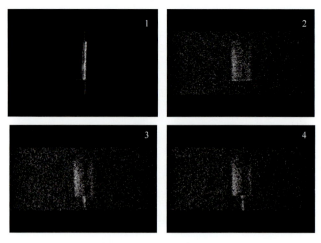

图 3-70 不同驱替压差下 CO_2 驱核磁图像（含裂缝岩心）

将含裂缝岩心的基质渗透率与基质岩心渗透率相近的岩心进行油相孔隙动用界限对比(表 3-8)。结果表明，裂缝中的原油基本被完全动用，但裂缝的存在导致基质的动用程度降低，CO_2 驱油相动用孔隙界限升高。

表 3-8　基质岩心(0.420mD)与含裂缝岩心不同驱替压差下 CO_2 驱油相动用孔隙半径

岩心	孔隙半径/μm					基质驱油效率/%	裂缝驱油效率/%
	压差 0.1MPa	压差 0.2MPa	压差 0.4MPa	压差 0.8MPa	压差 1.5MPa		
基质岩心			0.265	0.188	0.172	38.7	
裂缝岩心	0.407	0.383	0.363	0.328	0.301	14.6	92.1

对含裂缝岩心开展不同驱替压差下水驱油实验，相应实验结果见表 3-9。结果表明，裂缝中的原油基本被完全动用，基质的动用程度降低，水驱油相动用孔隙界限升高，裂缝的存在导致水驱和 CO_2 规律基本相似，但相同压差下 CO_2 驱油相动用孔隙半径较低。

表 3-9　基质岩心(0.427mD)与含裂缝岩心不同驱替压差下水驱油相动用孔隙半径

岩心	孔隙半径/μm						基质驱油效率/%	裂缝驱油效率/%
	压差 0.8MPa	压差 1.5MPa	压差 3.0MPa	压差 5.0MPa	压差 8.0MPa	压差 10.0MPa		
基质岩心		1.101	0.637	0.334	0.306	0.278	35.4	
裂缝岩心	1.156	0.802	0.668	0.556	0.463	0.462	16.2	98.5

四、水驱油后 CO_2 驱油动用孔隙界限

实验选用基质岩心和含裂缝岩心，在地层压力 18MPa 条件下饱和原油，开展不同驱替压差下水驱油实验，最高驱替压差 10MPa，然后开展 CO_2 驱油实验，驱替压差 10MPa，岩心夹持器出口端施加 10MPa 回压，施加净环压 4MPa。实验结果处理后得到的岩心油相动用孔隙界限见图 3-71、图 3-72。结果表明，水驱后进行 CO_2 驱，基质岩心油相动用孔隙界限下降了近一半，裂缝岩心油相动用孔隙界限下降了 16%，大孔隙和小孔隙中原油均可以被有效动用。水驱后 CO_2 驱可以有效地提高采收率。

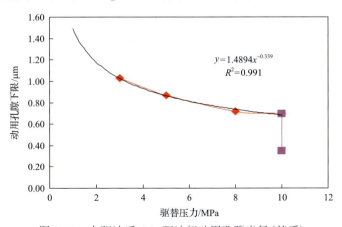

图 3-71　水驱油后 CO_2 驱油相动用孔隙半径(基质)

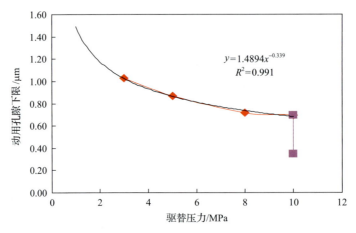

图 3-72 水驱油后 CO_2 驱油相动用孔隙半径(裂缝)

第七节 致密多级压裂水平井 CO_2 吞吐物理模拟评价技术

一、注 CO_2 物理模拟相似准则

相似准则是室内物理模型设计的理论基础,也是将室内实验结果用于指导现场实施的理论基石。尽管我国自 21 世纪以来开展了一系列 CO_2 驱的研究,也取得了大量成果,但对相似准则研究较少。国外学者[111-116]自 20 世纪末开始提出了一系列相似准则,但大多是针对注气扩散问题,对驱替问题本身考虑不多。对此,笔者在前人研究的基础上,利用方程分析法,建立了考虑扩散问题的注 CO_2 驱替相似准则,为注 CO_2 物理模拟提供理论支持。

(一)数学模型的建立

考虑水驱后三维非均质油藏,油藏温度不变,无化学反应;不考虑吸附,并能瞬时达到热力学平衡;孔隙度和渗透率不随时间变化,相行为分析计算采用高温高压状态方程,并假设原油由 3 个拟组分组成,即轻质组分、中等组分(CO_2)和重质组分;各相流动符合达西定律。注 CO_2 驱的数学模型由质量守恒方程、运动方程、毛细管方程、相平衡方程、有关辅助方程和初始及边界条件组成。

1. 质量守恒方程

质量守恒方程为

$$\frac{\partial}{\partial t}\phi\sum_{j=1}^{n_p}x_{ij}\rho_j S_j + \nabla\sum_{j=1}^{n_p}x_{ij}\rho_j \boldsymbol{v}_j - \nabla\phi\sum_{j=1}^{n_p}S_j \bar{\bar{D}}_{ij}\nabla\rho_j x_{ij} = 0, \quad i=1,2,\cdots,n_c; \ j=1,2,\cdots,n_p \tag{3-38}$$

式中,n_c 为组分个数,在本节中主要考虑四个组分,即 CO_2、二个原油组分和水;n_p 为相个数，本节主要有三相，油、气和水；S_j 为 j 相饱和度；ρ_j 为 j 相密度；$\mathbf{v}_j$ 为 j 相中 i 组分的渗流速度(矢量)；$\bar{D}_{ij}$ 为 i 组分在 j 相中的扩散系数；x_{ij} 为 i 组分在 j 相中的浓度分数；ϕ 为孔隙度。

2. 运动方程

运动方式为

$$v_{ij} = -\frac{KK_{rj}}{\mu_j}\left(\nabla P_j + \rho_j g\right), \qquad j=1,2,\cdots,n_\mathrm{p} \tag{3-39}$$

式中，μ_j 是 j 相的黏度；P_j 为 j 相的压力；K 为地层渗透率；K_{rj} 为 j 相相对渗透率；g 为重力加速度。

3. 毛细管方程

毛细管方程为

$$P_j - P_m = P_{cmj} = j(s)\sigma_{mj}\sqrt{\frac{\phi}{K}}, \qquad j=1,2,\cdots,n_\mathrm{p}; m=1,2,\cdots,n_\mathrm{p}; m\neq j \tag{3-40}$$

式中，P_j 为 j 相的压力；P_{cmj} 为 m 相和 j 相间的毛细管力；σ_{mj} 为 m 相与 j 相之间的界面张力。

4. 相行为方程

相行为方程为

$$K_i^{jk} = \frac{c_{ij}}{c_{ik}}, \qquad i=1,2,\cdots,n_\mathrm{c}; j=1,2,\cdots,n_\mathrm{p}; K=1,2,\cdots,n_\mathrm{p}; k\neq j \tag{3-41}$$

$$P = \frac{RT}{V-b} - \frac{a\alpha(T)}{V(V+b)+b(V-b)} \tag{3-42}$$

式中，c_{ij} 为 i 组分在 j 相中的摩尔浓度；a、b、$\alpha(T)$ 为与组成有关的常数。

5. 辅助方程

辅助方程为

$$\sum_{i=1}^{n_\mathrm{c}} x_{ij} = 1, \qquad i=1,2,\cdots,n_\mathrm{c} \tag{3-43}$$

$$\sum_{i=1}^{n_\mathrm{c}} S_j = 1, \qquad j=1,2,\cdots,n_\mathrm{p} \tag{3-44}$$

6. 初始及边界条件

饱和度初始条件：

$$S_2 = S_{2\mathrm{r}}, \quad S_3 = 0, \quad t = 0 \tag{3-45}$$

组分初始条件：

$$c_{21} = c_{23} = 0, \quad t = 0$$

$$c_{22} = c_2^I, \quad t = 0$$

$$c_{31} = c_{33} = 0, \quad t = 0 \tag{3-46}$$

$$c_{32} = c_3^I, \quad t = 0$$

$$c_{41} = c_{43} = 0, \quad t = 0$$

$$c_{42} = c_4^I, \quad t = 0$$

式中，c_i^I 为第 i 个组成在油相中的摩尔浓度。

外边界条件：

$$v_{1z} = v_{2z} = v_{3z} = 0, \quad \frac{\partial c_{ij}}{\partial z} = 0, \quad z = 0, H$$

$$v_{1y} = v_{2y} = v_{3y} = 0, \quad \frac{\partial c_{ij}}{\partial y} = 0, \quad y = 0, W \tag{3-47}$$

$$v_{1x} = v_{2x} = v_{3x} = 0, \quad \frac{\partial c_{ij}}{\partial x} = 0, \quad x = 0, L$$

式中，H 为油藏厚度；W 为油藏宽度；L 为油藏长度。

生产端条件：

$$P_1 = P_2 = P_3 = P_{wf} + (\rho_j g \cos\alpha)(H - z), \quad x = L \tag{3-48}$$

式中，α 为油藏倾角。

注入端条件：

$$c_{33} = c_3^J, \quad x = 0 \tag{3-49}$$

$$\frac{1}{W}\int_0^W \left(\frac{1}{H}\int_0^H v_{3x} dz\right) dy = v_{inj}, \quad x = 0 \tag{3-50}$$

式中，c_3^J 为第 3 个组成在注入气中的摩尔浓度。

为了方便以后的处理，令

$$c_{ij} = \rho_j x_{ij} \tag{3-51}$$

式 (3-38) 就变为

$$\frac{\partial}{\partial t} \phi \sum_{j=1}^{n_p} c_{ij} S_j + \nabla \sum_{j=1}^{n_p} c_{ij} \vec{v}_j - \nabla \phi \sum_{j=1}^{n_p} S_j \vec{\bar{D}}_{ij} \nabla c_{ij} = 0, \quad i=1,2,\cdots,n_c; j=1,2,\cdots,n_p \tag{3-52}$$

上述方程就组成了考虑扩散的注CO_2驱替数学模型，其中共有38个变量，分别为ρ_1、ρ_2、ρ_3、μ_1、μ_2、μ_3、K_x、K_y、K_z、K_{r1}、K_{r2}、K_{r3}、σ_{21}、σ_{23}、s_{2r}、α、g、ϕ、$j(S)$、P_{wf}、L、h、W、P_{inj}、v_{inj}、c_2^I、c_3^I、c_4^I、c_3^J、D_{21}、D_{22}、D_{23}、D_{31}、D_{32}、D_{33}、D_{41}、D_{42}、D_{43}。因变量24个，分别为c_{21}、c_{22}、c_{23}、c_{31}、c_{32}、c_{33}、c_{41}、c_{42}、c_{43}、S_1、S_2、S_3、P_1、P_2、P_3、v_{x1}、v_{x2}、v_{x3}、v_{y1}、v_{y2}、v_{y3}、v_{z1}、v_{z2}、v_{z3}。其中，ρ_i为第i相的密度；K_x、K_y、K_z分别为x、y、z方向渗透率；K_{ri}为第i相的相对渗透率；σ_{ij}为i相与j相的界面张力；D_{ij}为i组成在j相中的扩散系数；S_i为i相饱和度；P_i为i相压力；v_{xi}为i相在x方向的渗流速度；c_{ij}为第i组成在j相中的摩尔浓度；P_{wf}为井底流压。

(二) 相似准则数群的推导

针对每一个因变量定义如下方程，其中"*"表示无因次化因子，下标"D"表示无因次量。其中，c_{ijD}为c_{ij}的无因次量；c_{ijk}^*为c_{ij}的第k个无因次化因子；s_{iD}为s_i的无因次量；s_{ik}^*为s_i的第k无因次化因子；P_{iD}为第i相压力的无因次量；P_{ik}^*为P_i的第k无因次化因子；v_{xiD}为第i相x方向的无因次量；v_{xik}^*为v_{xi}的第k无因次化因子；y方向和z方向变量与x方向无因次定义相同。

$$c_{21} = c_{212}^* c_{21D} + c_{211}^*, \quad c_{22} = c_{222}^* c_{22D} + c_{221}^*, \quad c_{23} = c_{232}^* c_{23D} + c_{231}^*$$

$$c_{31} = c_{312}^* c_{31D} + c_{311}^*, \quad c_{32} = c_{322}^* c_{32D} + c_{321}^*, \quad c_{33} = c_{332}^* c_{33D} + c_{331}^*$$

$$c_{41} = c_{412}^* c_{41D} + c_{411}^*, \quad c_{42} = c_{422}^* c_{42D} + c_{421}^*, \quad c_{43} = c_{432}^* c_{43D} + c_{431}^*$$

$$S_1 = S_{12}^* S_{1D} + S_{11}^*, \quad S_2 = S_{22}^* S_{2D} + S_{21}^*, \quad S_3 = S_{32}^* S_{3D} + S_{31}^*$$

$$P_1 = P_{12}^* P_{1D} + P_{11}^*, \quad P_2 = P_{22}^* P_{2D} + P_{21}^*, \quad P_3 = P_{32}^* P_{3D} + P_{31}^*$$

$$x = x_2^* x_D + x_1^*, \quad y = y_2^* y_D + y_1^*, \quad z = z_2^* z_D + z_1^*, \quad t = t_2^* t_D + t_1^*$$

$$v_{x1} = v_{x12}^* v_{x1D} + v_{x11}^*, \quad v_{x2} = v_{x22}^* v_{x2D} + v_{x21}^*, \quad v_{x3} = v_{x32}^* v_{x3D} + v_{x31}^*$$

$$v_{y1} = v_{y12}^* v_{y1D} + v_{y11}^*, \quad v_{y2} = v_{y22}^* v_{y2D} + v_{y21}^*, \quad v_{y3} = v_{y32}^* v_{y3D} + v_{y31}^*$$

$$v_{z1} = v_{z12}^* v_{y1D} + v_{z11}^*, \quad v_{z2} = v_{z22}^* v_{z2D} + v_{z21}^*, \quad v_{z3} = v_{z32}^* v_{z3D} + v_{z31}^*$$

将数学模型中的导数项展开，并把上述无因次方程代入，在合理假设的基础上，经过简化形成如下无因次数学模型。

1. 连续性方程

连续性方程简化后变为

$$\frac{\partial}{\partial t_\mathrm{D}}(c_{21\mathrm{D}}S_{1\mathrm{D}} + c_{22\mathrm{D}}S_{2\mathrm{D}} + c_{23\mathrm{D}}S_{3\mathrm{D}}) + \frac{\partial}{\partial x_\mathrm{D}}(c_{21\mathrm{D}}v_{1x\mathrm{D}} + c_{22\mathrm{D}}v_{2x\mathrm{D}} + c_{23\mathrm{D}}v_{3x\mathrm{D}})$$

$$+ \frac{\partial}{\partial y_\mathrm{D}}(c_{21\mathrm{D}}v_{1y\mathrm{D}} + c_{22\mathrm{D}}v_{2y\mathrm{D}} + c_{23\mathrm{D}}v_{3y\mathrm{D}}) + \frac{\partial}{\partial z_\mathrm{D}}(c_{21\mathrm{D}}v_{1z\mathrm{D}} + c_{22\mathrm{D}}v_{2z\mathrm{D}} + c_{23\mathrm{D}}v_{3z\mathrm{D}})$$

$$- \frac{D_2 \phi S_{2r}}{v_{\mathrm{inj}} L} \frac{\partial}{\partial x_\mathrm{D}}\left(S_{1\mathrm{D}} \frac{\partial c_{21\mathrm{D}}}{\partial x_\mathrm{D}} + S_{2\mathrm{D}} \frac{\partial c_{22\mathrm{D}}}{\partial x_\mathrm{D}} + S_{3\mathrm{D}} \frac{\partial c_{23\mathrm{D}}}{\partial x_\mathrm{D}} \right) \quad (3\text{-}53)$$

$$- \frac{D_2 \phi S_{2r}}{v_{\mathrm{inj}} L} \left(\frac{L}{W}\right)^2 \frac{\partial}{\partial y_\mathrm{D}}\left(S_{1\mathrm{D}} \frac{\partial c_{21\mathrm{D}}}{\partial y_\mathrm{D}} + S_{2\mathrm{D}} \frac{\partial c_{22\mathrm{D}}}{\partial y_\mathrm{D}} + S_{3\mathrm{D}} \frac{\partial c_{23\mathrm{D}}}{\partial y_\mathrm{D}} \right)$$

$$- \frac{D_2 \phi S_{2r}}{v_{\mathrm{inj}} L} \left(\frac{L}{H}\right)^2 \frac{\partial}{\partial z_\mathrm{D}}\left(S_{1\mathrm{D}} \frac{\partial c_{21\mathrm{D}}}{\partial z_\mathrm{D}} + S_{2\mathrm{D}} \frac{\partial c_{22\mathrm{D}}}{\partial z_\mathrm{D}} + S_{3\mathrm{D}} \frac{\partial c_{23\mathrm{D}}}{\partial z_\mathrm{D}} \right) = 0$$

$$\frac{\partial}{\partial t_\mathrm{D}}(c_{31\mathrm{D}}S_{1\mathrm{D}} + c_{32\mathrm{D}}S_{2\mathrm{D}} + c_{33\mathrm{D}}S_{3\mathrm{D}}) + \frac{\partial}{\partial x_\mathrm{D}}(c_{31\mathrm{D}}v_{1x\mathrm{D}} + c_{32\mathrm{D}}v_{2x\mathrm{D}} + c_{33\mathrm{D}}v_{3x\mathrm{D}})$$

$$+ \frac{\partial}{\partial y_\mathrm{D}}(c_{31\mathrm{D}}v_{1y\mathrm{D}} + c_{32\mathrm{D}}v_{2y\mathrm{D}} + c_{33\mathrm{D}}v_{3y\mathrm{D}}) + \frac{\partial}{\partial z_\mathrm{D}}(c_{31\mathrm{D}}v_{1z\mathrm{D}} + c_{32\mathrm{D}}v_{2z\mathrm{D}} + c_{33\mathrm{D}}v_{3z\mathrm{D}})$$

$$- \frac{D_3 \phi S_{2r}}{v_{\mathrm{inj}} L} \frac{\partial}{\partial x_\mathrm{D}}\left(S_{1\mathrm{D}} \frac{\partial c_{31\mathrm{D}}}{\partial x_\mathrm{D}} + S_{2\mathrm{D}} \frac{\partial c_{32\mathrm{D}}}{\partial x_\mathrm{D}} + S_{3\mathrm{D}} \frac{\partial c_{33\mathrm{D}}}{\partial x_\mathrm{D}} \right) \quad (3\text{-}54)$$

$$- \frac{D_3 \phi S_{2r}}{v_{\mathrm{inj}} L} \left(\frac{L}{W}\right)^2 \frac{\partial}{\partial y_\mathrm{D}}\left(S_{1\mathrm{D}} \frac{\partial c_{31\mathrm{D}}}{\partial y_\mathrm{D}} + S_{2\mathrm{D}} \frac{\partial c_{32\mathrm{D}}}{\partial y_\mathrm{D}} + S_{3\mathrm{D}} \frac{\partial c_{33\mathrm{D}}}{\partial y_\mathrm{D}} \right)$$

$$- \frac{D_3 \phi S_{2r}}{v_{\mathrm{inj}} L} \left(\frac{L}{H}\right)^2 \frac{\partial}{\partial z_\mathrm{D}}\left(S_{1\mathrm{D}} \frac{\partial c_{31\mathrm{D}}}{\partial z_\mathrm{D}} + S_{2\mathrm{D}} \frac{\partial c_{32\mathrm{D}}}{\partial z_\mathrm{D}} + S_{3\mathrm{D}} \frac{\partial c_{33\mathrm{D}}}{\partial z_\mathrm{D}} \right) = 0$$

$$\frac{\partial}{\partial t_\mathrm{D}}(c_{41\mathrm{D}}S_{1\mathrm{D}} + c_{42\mathrm{D}}S_{2\mathrm{D}} + c_{43\mathrm{D}}S_{3\mathrm{D}}) + \frac{\partial}{\partial x_\mathrm{D}}(c_{41\mathrm{D}}v_{1x\mathrm{D}} + c_{42\mathrm{D}}v_{2x\mathrm{D}} + c_{43\mathrm{D}}v_{3x\mathrm{D}})$$

$$+ \frac{\partial}{\partial y_\mathrm{D}}(c_{41\mathrm{D}}v_{1y\mathrm{D}} + c_{42\mathrm{D}}v_{2y\mathrm{D}} + c_{43\mathrm{D}}v_{3y\mathrm{D}}) + \frac{\partial}{\partial z_\mathrm{D}}(c_{41\mathrm{D}}v_{1z\mathrm{D}} + c_{42\mathrm{D}}v_{2z\mathrm{D}} + c_{43\mathrm{D}}v_{3z\mathrm{D}})$$

$$- \frac{D_4 \phi S_{2r}}{v_{\mathrm{inj}} L} \frac{\partial}{\partial x_\mathrm{D}}\left(S_{1\mathrm{D}} \frac{\partial c_{41\mathrm{D}}}{\partial x_\mathrm{D}} + S_{2\mathrm{D}} \frac{\partial c_{42\mathrm{D}}}{\partial x_\mathrm{D}} + S_{3\mathrm{D}} \frac{\partial c_{43\mathrm{D}}}{\partial x_\mathrm{D}} \right) \quad (3\text{-}55)$$

$$- \frac{D_4 \phi S_{2r}}{v_{\mathrm{inj}} L} \left(\frac{L}{W}\right)^2 \frac{\partial}{\partial y_\mathrm{D}}\left(S_{1\mathrm{D}} \frac{\partial c_{41\mathrm{D}}}{\partial y_\mathrm{D}} + S_{2\mathrm{D}} \frac{\partial c_{42\mathrm{D}}}{\partial y_\mathrm{D}} + S_{3\mathrm{D}} \frac{\partial c_{43\mathrm{D}}}{\partial y_\mathrm{D}} \right)$$

$$- \frac{D_4 \phi S_{2r}}{v_{\mathrm{inj}} L} \left(\frac{L}{H}\right)^2 \frac{\partial}{\partial z_\mathrm{D}}\left(S_{1\mathrm{D}} \frac{\partial c_{41\mathrm{D}}}{\partial z_\mathrm{D}} + S_{2\mathrm{D}} \frac{\partial c_{42\mathrm{D}}}{\partial z_\mathrm{D}} + S_{3\mathrm{D}} \frac{\partial c_{43\mathrm{D}}}{\partial z_\mathrm{D}} \right) = 0$$

2. 运动方程

运动方程简化后变为

$$v_{1xD} = -\frac{\partial P_{1D}}{\partial x_D} - \frac{K_x K_{r1} \rho_1 g \sin\alpha}{\mu_1 v_{inj}} \tag{3-56}$$

$$v_{1yD} = -\frac{K_y L^2}{K_x W^2}\left(\frac{\partial P_{1D}}{\partial y_D} + \frac{K_x K_{r1} \rho_1 g}{\mu_1 v_{inj}}\frac{W}{L}\right) \tag{3-57}$$

$$v_{1zD} = -\frac{K_z L^2}{K_x h^2}\left(\frac{\partial P_{1D}}{\partial z_D} + \frac{K_x K_{r1} \rho_1 g \cos\alpha}{\mu_1 v_{inj}}\frac{H}{L}\right) \tag{3-58}$$

$$v_{2xD} = -\frac{\partial P_{2D}}{\partial x_D} - \frac{K_x K_{r2} \rho_2 g \sin\alpha}{\mu_2 v_{inj}} \tag{3-59}$$

$$v_{2yD} = -\frac{K_y L^2}{K_x W^2}\left(\frac{\partial P_{2D}}{\partial y_D} + \frac{K_x K_{r2} \rho_2 g}{\mu_2 v_{inj}}\frac{W}{L}\right) \tag{3-60}$$

$$v_{2zD} = -\frac{K_z L^2}{K_x h^2}\left(\frac{\partial P_{2D}}{\partial z_D} + \frac{K_x K_{r2} \rho_2 g \cos\alpha}{\mu_2 v_{inj}}\frac{H}{L}\right) \tag{3-61}$$

$$v_{3xD} = -\frac{\partial P_{3D}}{\partial x_D} - \frac{K_x K_{r3} \rho_3 g \sin\alpha}{\mu_3 v_{inj}} \tag{3-62}$$

$$v_{3yD} = -\frac{K_y L^2}{K_x W^2}\left(\frac{\partial P_{3D}}{\partial y_D} + \frac{K_x K_{r3} \rho_3 g}{\mu_3 v_{inj}}\frac{W}{L}\right) \tag{3-63}$$

$$v_{3zD} = -\frac{K_z L^2}{K_x h^2}\left(\frac{\partial P_{3D}}{\partial z_D} + \frac{K_x K_{r3} \rho_3 g \cos\alpha}{\mu_3 v_{inj}}\frac{H}{L}\right) \tag{3-64}$$

3. 毛细管方程

毛细管方程简化后变为

$$P_{2D} - \frac{\lambda_{r2}}{\lambda_{r1}} P_{1D} = j(S)\frac{\sigma_{21} K_x K_{r2}\sqrt{\dfrac{\phi}{K_x}}}{\mu_2 v_{inj} L} \tag{3-65}$$

$$P_{3D} - \frac{\lambda_{r3}}{\lambda_{r2}} P_{2D} = j(S)\frac{\sigma_{32} K_x K_{r3}\sqrt{\dfrac{\phi}{K_x}}}{\mu_3 v_{inj} L} \tag{3-66}$$

4. 初始及边界条件

初始及边界条件简化后变为

$$S_{2D} = 1, \quad t_D = 0 \tag{3-67}$$

$$c_{23D} = c_{21D} = 0, \quad c_{22D} = \frac{c_2^I}{c_2^J}, \quad t_D = 0 \tag{3-68}$$

$$c_{31D} = c_{33D} = 0, \quad c_{32D} = \frac{c_3^I}{c_3^J}, \quad t_D = 0 \tag{3-69}$$

$$c_{41D} = c_{42D} = 0, \quad c_{42D} = \frac{c_4^I}{c_4^J}, \quad t_D = 0 \tag{3-70}$$

$$P_{1D} = \frac{K_x K_{r1} \rho_1 g \cos\alpha}{\mu_1 v_{inj}} \frac{H}{L}(1 - z_D), \quad x_D = 1 \tag{3-71}$$

$$P_{2D} = \frac{K_x K_{r2} \rho_2 g \cos\alpha}{\mu_2 v_{inj}} \frac{H}{L}(1 - z_D), \quad x_D = 1 \tag{3-72}$$

$$P_{3D} = \frac{K_x K_{r3} \rho_3 g \cos\alpha}{\mu_3 v_{inj}} \frac{H}{L}(1 - z_D), \quad x_D = 1 \tag{3-73}$$

$$v_{1zD} = v_{2zD} = v_{3zD} = 0, \quad z_D = 0,1 \tag{3-74}$$

$$v_{1yD} = v_{2yD} = v_{3yD} = 0, \quad y_D = 0,1 \tag{3-75}$$

$$v_{1xD} = v_{2xD} = v_{3xD} = 0, \quad x_D = 0,1 \tag{3-76}$$

$$\int_0^1 \left(\int_0^1 v_{3xD} \mathrm{d}z_D \right) \mathrm{d}y_D = 1, \quad x_D = 0 \tag{3-77}$$

$$c_{33D} = 1, \quad x_D = 0 \tag{3-78}$$

5. 辅助方程

辅助方程简化后变为

$$\begin{gathered} S_{1D} + S_{2D} + S_{3D} = 1 \\ c_{21D} + c_{31D} + c_{41D} = 1 \\ c_{22D} + c_{32D} + c_{42D} = 1 \\ c_{23D} + c_{33D} + c_{43D} = 1 \end{gathered} \tag{3-79}$$

6. 相行为方程

相行为方程简化后变为

$$\left[P_r + \frac{\Omega_a\sqrt{1+K\left(1-\sqrt{T_r}\right)}}{Z\left(\frac{T_r}{P_r}\right)^2\left(1+\frac{\Omega_a}{Z}\frac{P_r}{T_r}\right)+\Omega_b\frac{2T_r}{p_r}\left(1-\frac{\Omega_b}{Z}\frac{P_r}{T_r}\right)}\right]\left(Z\frac{T_r}{P_r}-\Omega_b\right)=T_r \tag{3-80}$$

式中，Ω_a、Ω_b 均为状态方程参数，不同的状态方程取不同的值，如 SRK 方程中，$\Omega_a=0.42748$、$\Omega_b=0.08664$；T_r 和 P_r 分别为相对温度和相对压力；ω 为组分偏心因子；$f(\omega)$ 的表达式由状态方程决定，如 SRK 方程中 $f(\omega)=0.48+1.574\omega-0.176\omega^2$。

在上述方程中，除了各无量纲参数外，还存在部分由有量纲参数组成的参数团，这些参数团完全能够描述三维三相三组分问题。但是以上各参数团并不是相互独立，经过进一步简化，获得最终的注 CO_2 驱问题的相似准则数如下。

几何相似条件：$G_1=\dfrac{L}{H}$，$G_2=\dfrac{L}{W}$。

油藏倾角：$G_3=\tan\alpha$。

Peclet 数：$G_4=Pe=\dfrac{v_{inj}L}{D_2\phi S_{2r}}$。

扩散比：$G_5=\dfrac{D_3}{D_2}$，$G_6=\dfrac{D_4}{D_2}$。

流度比：$G_7=\dfrac{K_{r2}}{\mu_2}\dfrac{\mu_1}{K_{r1}}$，$G_8=\dfrac{K_{r2}}{\mu_2}\dfrac{\mu_3}{K_{r3}}$。

重力数：$G_9^f=\dfrac{K_xK_{r2}\rho_2 g}{\mu_2 v_{inj}}$。

密度数：$G_{10}=\dfrac{\Delta\rho_{21}}{\rho_2}$，$G_{11}=\dfrac{\Delta\rho_{32}}{\rho_2}$。

非均质性：$G_{12}=\dfrac{K_y}{K_x}$，$G_{13}=\dfrac{K_z}{K_x}$。

原油组成：$G_{14}=\dfrac{c_2^I}{c_3^J}$，$G_{15}=\dfrac{c_3^I}{c_3^J}$，$G_{16}=\dfrac{c_4^I}{c_3^J}$，$G_{17}=\omega_i$。

状态方程（压力及温度）：$G_{18}=\dfrac{P}{P_{ci}}$，$G_{19}=\dfrac{T}{T_{ci}}$，其中，P_{ci} 为 i 组成的临界压力，T_{ci} 为 i 组成的临界温度。

毛细管数（描述界面张力影响）：$G_{20}=\dfrac{\sigma_{21}K_xK_{r2}\sqrt{\phi/K_x}}{\mu_2 v_{inj}L}$，$G_{21}=\dfrac{\sigma_{32}K_xK_{r3}\sqrt{\phi/K_x}}{\mu_3 v_{inj}L}$。

(三) 相似准则的检验

给定一套原型系统参数,将这套参数代入数值模拟器进行计算,然后利用已经求得的相似准数将原型参数转换成模型参数,再代入数值模拟器进行计算。如果所使用的数值模型和数值方法都是正确的,求得的相似准数也是正确的,则可期望物理模型与油藏数值模型的采收率相同。在实际应用过程中,地层水、原油和注入气的初始物性包括组成、黏度、密度、扩散系数等基本一致,温度和压力也易实现一致,此时 G_5、G_6、G_{10}、G_{11}、G_{14}、G_{15}、G_{16}、G_{17}、G_{18}、G_{19} 保持相似;在几何相似实现的基础上(G_1、G_2、G_3),通过调整注入速度、渗透率及相对渗透率则能够实现 G_4、G_7、G_8、G_9、G_{12}、G_{13}、G_{20}、G_{21} 的一致。物理模型和油藏数值模型的参数见表 3-10,两者模拟结果对比见图 3-73。从模拟结果来看,两者的采收率相近,说明本节建立的 CO_2 驱相似准则比较合理,可以作为物理模拟实验的一个可靠依据。

表 3-10 原型和模型有关参数对照表

方案	厚度/m	井距/m	渗透率/mD	孔隙度/%	注入速度/(rm³/d)	采出程度/%
物理模型	1	28.3	50	15	1.5	46.71
数值模型	10	283	5	15	15	47.72

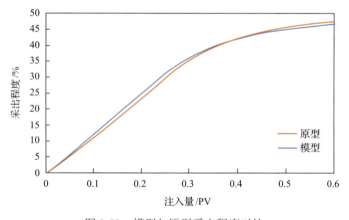

图 3-73 模型与原型采出程度对比

二、CO_2 吞吐二维物理模型设计与制备

(一) 模型制备方法

模型制备是实验的关键,模型制备主要按以下步骤进行。

(1) 露头选取。对砂岩露头进行评价筛选,再根据不同的模拟条件及研究内容挑选及切割露头模型。

(2)模型外形。模型尺寸或外形根据研究内容不同进行设计,但为了测点布设及研究方便,通常尺寸为 20~50cm,外形尽量设计为规则形状。

(3)测点布设。模型测点包括压力测量点和流场测量点,测点主要布置在模型表面。由于封装后不能再进行测点布设因此在模型封装前根据需要布设压力及流场测量探头。所需探头布设数目应遵循两个原则:一是测量数据必须覆盖模型主要区域,能够根据测量数据做出压力场图和流场图;二是探头数量不应过多,探头对模型的压力分布及流场分布不可避免产生影响,而且探头过多不易于实验操作。

模型测点的布设方式根据井网类型、注采井数目的不同而又有差异。如进行五点井网 1/4 单元模拟时,模型为一注一采,沿对角线在模型两角钻取深孔模拟注水井和采出井,结合渗流力学原理,预测注采井间压力及流线分布规律,在注采井主流线及其两侧对称钻取表层浅孔布置测压点。五点井网注采井及测点布设如图 3-74 所示。而针对矩形井网,一个井网单元注采井总计达到 5 口,测点应均匀布设,如图 3-75 所示。

图 3-74 五点井网 1/4 单元测点布设图

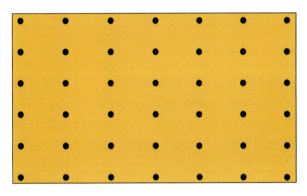
图 3-75 平板模型矩形井网测点布设图

(4)露头预处理。将完成钻孔的平板模型清理干净,放入恒温箱中烘干处理。待平板模型烘干后,将平板露头从恒温箱中取出,静置至自然冷却。在平板模型表面预留的钻孔上安置传感器接头,用云石胶固定连接,并做好密封处理,以防在模型封装时引起钻孔堵塞。

(5)模型封装。根据模型尺寸准备好封装模具,将平板露头模型居中放置在模具中。采用特制的具有较强的耐温、耐压性能的封装材料对平板露头进行整体浇铸。模型初步成型后,将其放入 80℃恒温箱中静置至完全固化。此时取出平板模型,自然冷却至室温,至此平板模型制作完成。

与人工填砂模型相比,通过该法封装的物理模型能够更真实地模拟特低渗透油藏特征,平板模型最高工作压力约 15MPa,最高工作温度约 60℃,图 3-76 为平板模型的实物图。

图 3-76 砂岩露头平板模型实物图

(二)模型设计

模型的设计要根据现场井网形态,中国石化鄂南红河油田压裂裂缝间距 100m,裂缝半缝长 100m,据此设计了相应模型,图 3-77 为井网示意图。由于实验模型几何尺寸与实验需要,在一个模型上不能直接模拟整个井网,因此在整个井网上选择了部分区域作为模拟对象进行实验。绿色区域就是模型的模拟区域(图 3-78)。

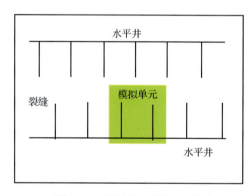
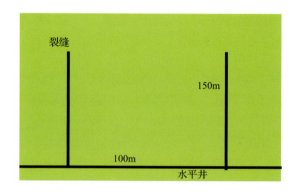

图 3-77 现场井网设计示意图   图 3-78 模型水平井及裂缝设计

运用上述方法,制作大型物理模拟实验的模型,其形状为方形,大小 40cm×40cm×2.7cm,渗透率 4.37mD,孔隙度 10.15%,样品取自陕北长 6 沙层。根据需要,对实验样品进行处理,并进行井网的设计和加工。实验中设计了 6 种实验模型,模型示意图及压力布点如图 3-79~图 3-84 所示。

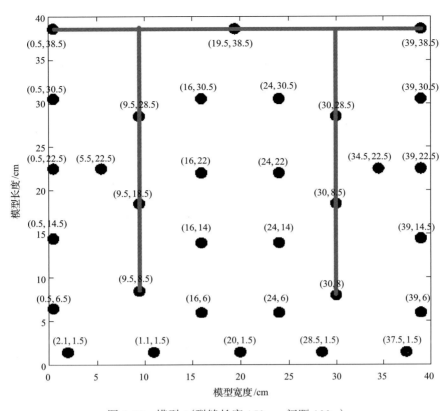

图 3-79　模型 1(裂缝长度 150m，间距 100m)

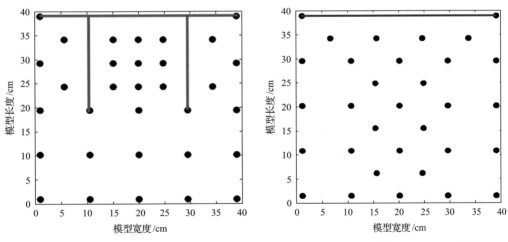

图 3-80　模型 2(裂缝长度 100m，间距 100m)　　　　图 3-81　模型 3(无人工裂缝)

三、实验设计

(一)实验参数

实验参数需要根据现场参数和实验设备能力设计，依据鄂南红河油田实际情况，实验采用的参数如下。

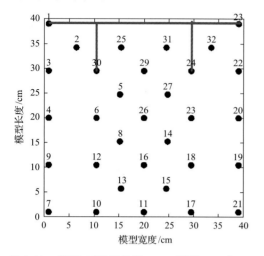

图 3-82　模型 4（裂缝长度 50m，间距 100m）

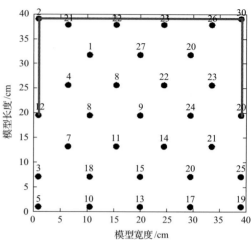

图 3-83　模型 5（裂缝长度 100m，间距 200m）

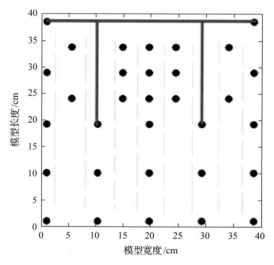

图 3-84　模型 6（考虑微裂缝-裂缝长度 100m，间距 100m）

模型参数：40cm×40cm×2.7cm，孔隙度为 10.15%，渗透率为 0.47～1.00mD。

原油参数：鄂南红河油田原油与自配天然气按照 1∶40.8 配置。

地层水参数：$6×10^4$ppm 标准盐水。

实验温度：50～55℃。

模型初始含油饱和度：40%。

初始压力：18～19MPa。

(二) 弹性开采实验

为了反映现场情况，在 CO_2 吞吐开采以前，首先进行弹性开采实验。弹性开采过程中，采用了两种开采过程：①一次性长期降压，即模拟井口压力直接降到指定压力；②两次性短期降压，即在实验过程中进行分段降压处理。如部分实验采用先将出口压力降低到 8MPa，再降到 4MPa 的过程，每段时间保持在 2h 附近。

(三) CO_2 吞吐开采实验

在弹性开采的基础上，设计了 CO_2 吞吐实验过程，每套实验进行了 2~4 次吞吐实验。吞吐实验包括 3 个过程：①CO_2 注入过程，②闷井过程，③弹性开采(吐液)过程。

1. CO_2 注入过程

在该实验中，由于 CO_2 对温度和压力的体积敏感性较强，实际操作过程中无法进行定流速注入，因此实际实验中采用了定压注入过程。具体实验步骤如下。

(1) 将中间容器压力增压到设定压力，并保持恒压模式。
(2) 打开 CO_2 容器与模型注入口阀门，并开始计时。
(3) 到设定时间后，关闭注入口阀门。
(4) 在注入过程中，记录不同压力测点压力数据。

2. 闷井过程

在注入 CO_2 以后，关闭模型的进出口，模拟闷井过程。在闷井过程中，记录每个压力测点压力变化过程。

3. 采液过程

闷井过程结束后，进行采液过程。采液过程与弹性开采过程相似。

(四) 实验方案设计结果

根据以上思路，对照研究目标，可以设计具体的实验方案。针对鄂南红河油田实际情况，具体设计了 12 组实验方案，见表 3-11 所示。

表 3-11 实验参数设计表

实验序号	模型	模型渗透率/mD	注入压力/MPa	采液压力	闷井时间/min	备注
1	模型 1	0.47	22	6MPa	15	裂缝填充，有限导流
2	模型 2	0.57	22	6MPa	15	裂缝无限导流
3	模型 2	0.53	19	6MPa	15	裂缝无限导流
4	模型 2	0.87	19	先 8MPa，再 4MPa	15	裂缝无限导流
5	模型 2	0.95	19	先 8MPa，再 4MPa	15	裂缝无限导流(弹性开采控制在 10%以内)
6	模型 2	1.00	19	先 8MPa，再 4MPa	30	裂缝无限导流
7	模型 5	0.89	19	先 8MPa，再 4MPa	15	裂缝无限导流
8	模型 2	0.92	19	先 8MPa，再 4MPa	15	裂缝无限导流
9	模型 2	0.99	19	先 8MPa，再 4MPa	60	裂缝无限导流
10	模型 4	0.79	19	先 8MPa，再 4MPa	15	裂缝无限导流
11	模型 3	0.88	19	先 8MPa，再 4MPa	15	无裂缝
12	模型 6	0.91	19	先 8MPa，再 4MPa	15	裂缝无限导流

四、致密油藏水平井分段压裂 CO_2 吞吐机理及影响因素

(一)CO_2 开发可行性分析

1. 提高采收率情况分析

汇总不同周期、不同接阶段的采出程度和累计采出程度见图 3-85~图 3-87。从图 3-85 可以看出，在弹性开采后，无论采用哪种吞吐方式，后面 3 个周期都有较高的采出程度。由图 3-86 可以看出，经过弹性开采和 3 轮 CO_2 吞吐，实验最终采出程度达到 11%~55%。图 3-87 给出了 CO_2 吞吐提高的采收率程度，在 8%~41%。单一的采收率分析可以发现，CO_2 吞吐可以大幅度提高实验模型的采出程度，是一种有效提高采收率的方式。

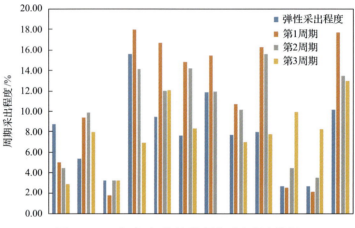

图 3-85　12 组实验不同周期周期采出程度数据

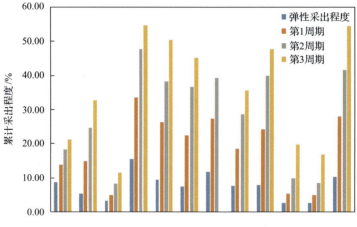

图 3-86　12 组实验不同周期累计采出程度数据

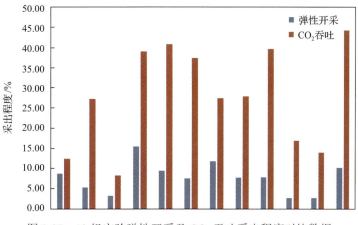

图 3-87 12 组实验弹性开采及 CO_2 吞吐采出程度对比数据

2. CO_2 吞吐补充地层能量分析

对部分实验注入 CO_2 过程进行分析。图 3-88～图 3-91 给出了部分实验注入 CO_2 前的压力分布和注入 CO_2 后的压力分布。

图 3-88 给出了第 2 组实验第 1 吞吐周期 CO_2 注入过程的压力分布变化。从图 3-88 可以看出，CO_2 首先进入裂缝，然后沿裂缝进入裂缝周围区域，裂缝周围区域压力升高以后，逐步向外围区域扩展，因此水平井压裂裂缝内压力初期迅速上升，并波及到压裂裂缝区域，然后逐渐波及到裂缝未控制区域，在注入结束时，模型压力达到比较均匀的程度。

裂缝控制区域压力均匀升高到注入压力附近只需 4min 左右，而裂缝未控制区域压力均匀升高到注入压力附近需 10min 左右。因此，裂缝在 CO_2 注入过程中发挥了重要的作用。

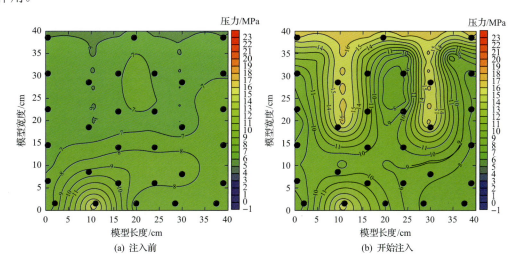

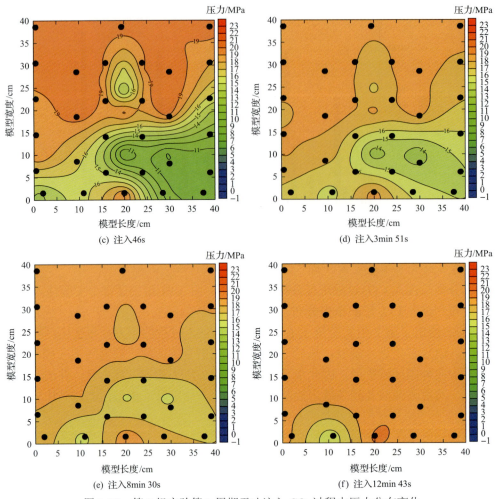

(c) 注入46s (d) 注入3min 51s

(e) 注入8min 30s (f) 注入12min 43s

图 3-88　第 2 组实验第 1 周期吞吐注入 CO_2 过程中压力分布变化

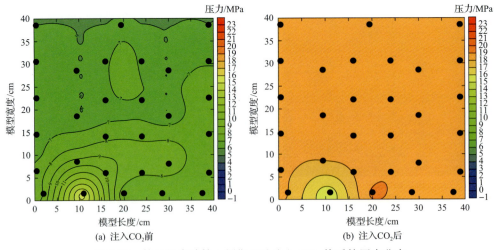

(a) 注入CO_2前 (b) 注入CO_2后

图 3-89　第 2 组实验第 1 周期吞吐注入 CO_2 前后的压力分布

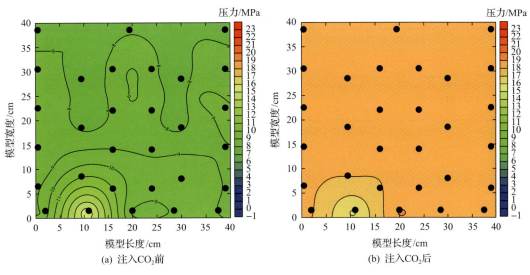

图 3-90　第 2 组实验第 2 周期吞吐注入 CO_2 前后的压力分布

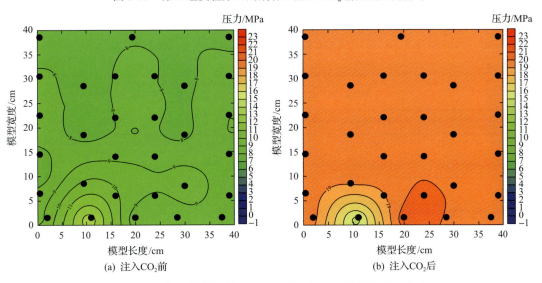

图 3-91　第 2 组实验第 3 周期吞吐注入 CO_2 前后的压力分布

图 3-89～图 3-91 给出了第 1 组实验和第 2 组实验注入前后的压力分布图,可以发现,3 个周期下,注入 CO_2 都可以有效地进入地层,补充地层能量,在注入结束时,模型的各点压力都基本在注入压力附近,说明 CO_2 吞吐补充地层能量效果较好。由相态实验可知,CO_2 在对地层补充能量的同时,与原油互溶,增加原油的膨胀能。

对部分储层注入过程中平均压力达到注入压力 90%的时间进行了统计,统计结果见表 3-12,可以看出在第 1 周期,压力补充迅速,随着周期的增加,压力补充时间增加。实验 4 和实验 5 第 1 周期补充过程只需要 250s 和 90s,对应油藏注入时间只有 5d 和 2d 左右,说明 CO_2 补充地层能量的速度很快,但随着周期增加,补充速度变慢。

表 3-12 部分实验注入过程中平均压力达到注入压力 90%所需时间

实验序号	第 1 次吞吐时间		第 2 次吞吐时间		第 3 次吞吐时间	
	吞/s	吐/min	吞/s	吐/min	吞/s	吐/min
4	250	240	240	240	600	240
5	90	240	300	240	270	240

(二)CO_2 吞吐影响因素分析

1. 裂缝导流能力对 CO_2 吞吐的影响

实验 1 和实验 2 分别设计了不同裂缝类型的 CO_2 吞吐实验，表 3-13 是两个实验的基本参数表，模型设计见图 3-79。实验 1 采用 150m 裂缝，在裂缝割制后，用 40～80 目石英砂充填；实验 2 采用 100m 裂缝，裂缝割制后，用 0.5mm 不锈钢板进行裂缝支撑，防止裂缝在实验条件下闭合。实验 1 和实验 2 都采用一次性降压，注入压力都为 22MPa，采液口采液控制压力 6MPa，注入时间 15min，闷井 15min。弹性开采和 CO_2 吞吐开采都达到 16h 以上，可以认为是最高采出程度。因此，实验 1、实验 2 除了裂缝长度不同、裂缝填充不同外，其余各参数基本一致，具有可对比性。模拟结果见图 3-92 和图 3-93。

表 3-13 实验 1 和实验 2 基本参数表

实验序号	裂缝长度/m	裂缝距离/m	模型渗透率/mD	注入压力/MPa	采液压力/MPa	闷井时间/min
1	150	100	0.47	22	6	15
2	100	100	0.57	22	6	15

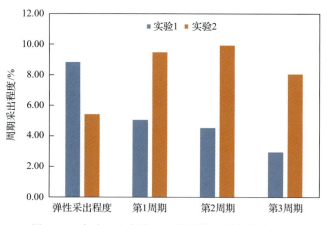

图 3-92 实验 1 和实验 2 不同周期下采出程度对比

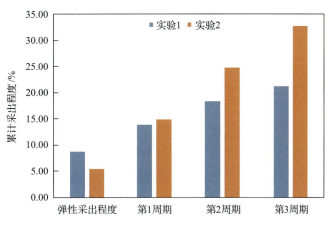

图 3-93 实验 1 和实验 2 不同周期下累计采出程度对比

从上述数据可以发现，无限导流能力模型实验弹性开采采出程度低于有限导流能力模型实验，但是在 CO_2 吞吐过程中，实验 2 采出程度远远高于实验 1 采出程度。原因分析：在弹性开采过程中，由于压力降落最低点在原油饱和压力附近，原油弹性开采过程中没有出现两相流动现象，采油过程中两相流动因素可以排除。弹性开采采收率与裂缝长度相关，实验 1 裂缝长度长于实验 2，因此其弹性采出程度高于实验 2。在吞吐开采过程中，压力降低后，CO_2 从原油中析出，在流经裂缝时，填充裂缝会因为其孔喉特征产生附加阻力，而无限导流能力则不会出现该现象，从而使填充裂缝实验的采出程度降低，无限导流能力实验采出程度不变。因此，裂缝导流能力是 CO_2 开发的关键影响因素。

图 3-94 给出了实验 1 和实验 2 在第 1 轮吞吐后的压力分布情况。从图 3-94(b) 可以

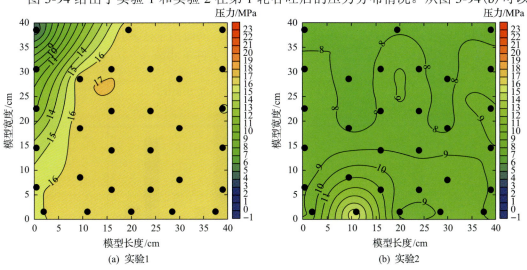

图 3-94 实验 1 和实验 2 在第 1 轮吞吐后的压力分布

看到,裂缝采用了充填模式,在弹性开采过程中,由于两相流动引起的阻力或堵塞现象,低压区范围很小,只集中在采液口附近,当采用没有填充的无限导流能力裂缝时,模型压力平均下降,说明裂缝具有很好的压力传导作用,其导流能力越高,对两相流动的阻力越小,开发效果越好。经过长时间开采后,无论采用哪种裂缝填充方式,在平面上都存在较高的压力梯度,说明溶解气驱过程中,致密油藏内具有静态生产阻力,该特征是单相弹性采油中所不具有的重要机理。

2. 注入压力对 CO_2 吞吐效果的影响

实验 2 和实验 3 分别设计了不同注入压力下的 CO_2 吞吐实验,表 3-14 是两个实验的基本参数,图 3-80 为两个实验的模型设计图。实验均模拟 100m 裂缝,裂缝模拟无限导流能力裂缝。实验 2 和实验 3 都采用一次性降压,实验 2 注入压力为 22MPa,实验 3 注入压力为 19MPa,采液口采液控制压力 6MPa,注入时间 15min,闷井 15min。弹性开采和 CO_2 吞吐开采都达到 16h 以上,可以认为是最高采出程度。因此,除了实验注入压力不同外,其余各参数基本一致,具有可对比性。

表 3-14 实验 2 和实验 3 实验参数表

实验序号	裂缝长度/m	裂缝距离/m	模型渗透率/mD	注入压力/MPa	采液压力/MPa	闷井时间/min
2	100	100	0.57	22	6	15
3	100	100	0.53	19	6	15

两个对比实验模拟结果见图 3-95 和图 3-96,可以发现,在 CO_2 吞吐过程中,注入压力较高实验(实验 2)采出程度大大高于注入压力较低实验(实验 3)采出程度。分析认为,由于注入压力较高,实验 2 注入速度高于实验 3,由于 CO_2 流动性较强,容易形成指进,CO_2 能够进入模型深部,达到较好的 CO_2 吞吐效果;同时由于注入压力较高,实验 2 比实验 3 有更高的 CO_2 注入量,从而使实验 2 吞吐效果好于实验 3。

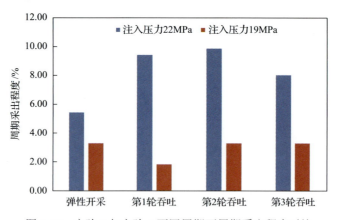

图 3-95 实验 2 与实验 3 不同周期下周期采出程度对比

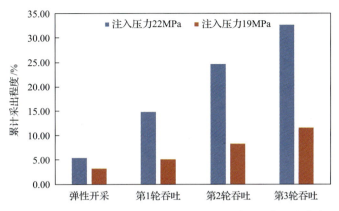

图 3-96　实验 2 与实验 3 不同周期下累计采出程度对比曲线

图 3-97 给出了实验 2 和实验 3 在第 1 轮吞吐后的压力分布情况。从图 3-97 中可以看出，实验 3 在第 1 轮吞吐结束后，低压区面积要比实验 2 大一些，说明吞吐过程中，低压注入流动阻力低于高压注入的流动阻力。实验 2 吞吐效果优于实验 3，并非流动阻力的原因。高压条件下，注入更多的 CO_2，原油具有更高的膨胀能，这是高压注入条件下 CO_2 吞吐效果优于较低压力注入实验的主要原因。由于注入压力较高，在排液过程中，CO_2 从原油中析出，两相流动过程剧烈，容易形成附加阻力，因此实验 2 在实验结束时，模型压力略高于实验 3。

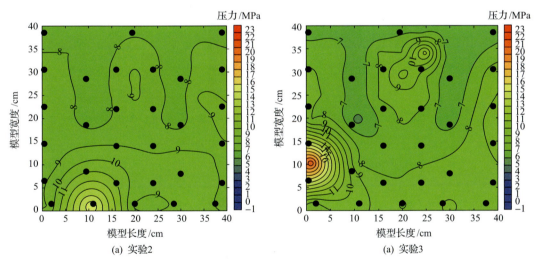

图 3-97　实验 2 和实验 3 在第 1 轮吞吐后的压力分布

3. 阶梯降压对 CO_2 吞吐效果的影响

研究过程中，利用一次性采油和分段采油两种方式模拟快速降压开采和慢速降压开采对 CO_2 吞吐效果的影响。实验 2 采用了一次性降压生产，生产时间在 16h 以上，实验 4 采用分阶段开采，采液时间为 4h，表 3-15 是两个实验的基本参数表。实验均模拟 100m 裂缝，裂缝模拟无限导流能力裂缝。实验 2 采用一次性降压，注入压力 22MPa，采液压力 6MPa，弹性开采和 CO_2 吞吐开采都达到 16h 以上，可以认为是最高采出程度。实验 4 采用阶梯降压，注入压力 19MPa，实验 4 注入压力 19MPa，采液口采液控制压力分阶段控制为 8MPa 和 4MPa，注入时间 15min，闷井 15min，每周期开采时间控制在 4h 以内。

表 3-15 实验 2 和实验 4 实验参数表

实验序号	裂缝长度/m	裂缝距离/m	模型渗透率/mD	注入压力/MPa	采液压力	闷井时间/min
2	100	100	0.57	22	6MPa	15
4	100	100	0.87	19	先 8MPa，后 4MPa	15

图 3-98、图 3-99 为物理模拟结果，实验条件虽然有所差异，但通过对不同过程的对比，仍可以发现阶梯降压开采效果优于快速降压开发效果。CO_2 吞吐过程其实是溶解气驱开发过程，符合弹性开采机理。随着压力的下降，大量的 CO_2 从原油中析出，形成 CO_2 油沫，从而形成贾敏效应，在开发过程中形成阻力。通过压力控制，可以达到控制脱气速度，从而控制流动阻力的目的，同时改善了油藏中的压力分布，达到提高弹性开采采出程度的效果。

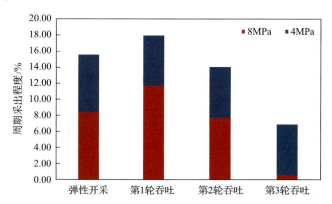

图 3-98 实验 4 不同周期下周期采出程度对比

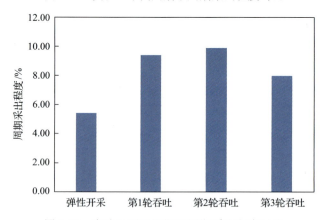

图 3-99 实验 2 不同周期下周期采出程度对比

4. 闷井时间对 CO_2 吞吐效果的影响

设计 3 个实验对闷井时间影响规律进行研究。实验 8、实验 6、实验 9 采用了同样的模型、同样的降压模式,即采用分阶段开采,采液时间 4h。3 个实验只是闷井时间有所不同,因此具有可对比性。表 3-16 是两个实验的基本参数,图 3-80 为 3 个实验的模型设计图。实验均模拟 100m 裂缝,裂缝模拟无限导流能力裂缝,采用分段降压,注入压力为 19MPa,采液口采液控制压力分阶段控制为 8MPa 和 4MPa,注入时间 15min,每周期开采时间控制在 4h 以内。实验 8、实验 6、实验 9 分别采用闷井时间 15min、30min、60min,按照流动相似性,油藏闷井时间分别为 22d、44d 和 88d。模拟结果见图 3-100 和图 3-101。

表 3-16 实验 8、实验 6 和实验 9 实验参数表

实验序号	裂缝长度/m	裂缝距离/m	模型渗透率/mD	注入压力/MPa	采液压力	闷井时间/min
8	100	100	0.92	19	先 8MPa,后 4MPa	15
6	100	100	0.95	19	先 8MPa,后 4MPa	30
9	100	100	0.99	19	先 8MPa,后 4MPa	60

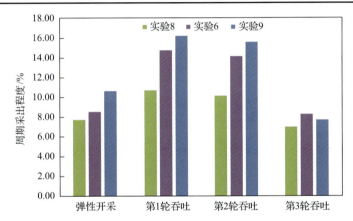

图 3-100 实验 8、实验 6 和实验 9 不同周期下周期采出程度对比

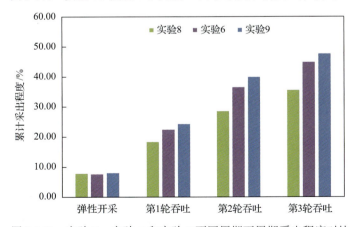

图 3-101 实验 8、实验 6 和实验 9 不同周期下周期采出程度对比

三组实验弹性开采采出程度一致，注入量对采出程度的影响可以忽略，因此实验结果完全反映了闷井时间对采出程度的影响。对比周期采出程度可以发现，在前两个周期，随着闷井时间的增加，周期采油量是增加的，第 3 个周期规律出现异常。从累计采出程度来看，随着闷井时间的增加，累计采出程度增加。说明闷井时间对 CO_2 吞吐具有重要的影响。

5. 裂缝密度对 CO_2 吞吐效果的影响

实验 4、实验 5 采用相同的模型，模型模拟裂缝距离 100m；实验 7 采用了模型模拟裂缝间距加宽为 200m，实验 4、实验 5、实验 7 在弹性开采过程中，采出程度略有差别。三个实验中，两组裂缝距离一致，一组距离加宽，其他参数接近，因此具有可对比性。

表 3-17 是两个实验的基本参数，模型设计见图 3-80 和图 3-83。实验均模拟 100m 裂缝，裂缝模拟无限导流能力裂缝，采用分段降压，注入压力 19MPa，采液口采液控制压力分阶段控制为 8MPa 和 4MPa，注入时间 15min，闷井时间 15min，每周期开采时间控制在 4h 以内。实验 4、实验 5 采用模型为模拟 100m 裂缝距离，实验 7 模拟 200m 裂缝距离。图 3-102、图 3-103 为模拟结果对比图，图 3-104 为实验 5 和实验 7 吞吐过程的压力分布图。

表 3-17　实验 4、实验 5 和实验 7 实验参数表

实验序号	裂缝长度/m	裂缝距离/m	模型渗透率/mD	注入压力/MPa	采液压力	闷井时间/min
4	100	100	0.87	19	先 8MPa，后 4MPa	15
5	100	100	0.95	19	先 8MPa，后 4MPa	15
7	100	200	0.89	19	先 8MPa，后 4MPa	15

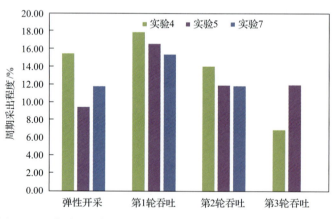

图 3-102　实验 4、实验 5 和实验 7 不同周期下周期采出程度对比

实验 4、实验 5 裂缝设计一致，实验 7 裂缝距离增大一倍，实验 4 弹性开采采出程度高于实验 7，实验 5 弹性开采采出程度低于实验 7，但在后面第 2 轮吞吐实验中(实验 7 没有进行第 2 轮吞吐)，实验 7 采出程度都低于实验 4 和实验 5，说明裂缝距离增加，CO_2 吞吐效果变差。

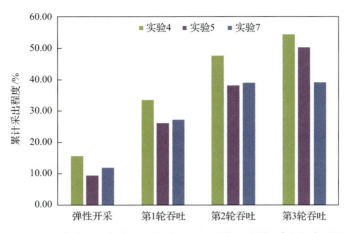

图 3-103 实验 4、实验 5 和实验 7 不同周期下周期采出程度对比

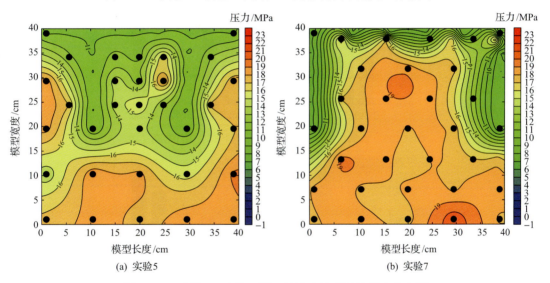

图 3-104 实验 5、实验 7 第 1 轮吞吐结束时的压力分布图

从图 3-104 可以看出，在第 1 轮吞吐结束时，模型远端和裂缝之间存在着较大的压力差，随着裂缝距离增大，高压力区范围明显增加。由于弹性开采采出程度与压力分布具有直接的关系，因此实验 7 采出程度明显低于另外两组试验。

6. 微裂缝对 CO_2 吞吐效果的影响

实验 5、实验 12 采用相同的模型，模型模拟裂缝距离 100m；实验 5、实验 12 在弹性开采过程中，采出程度略有差别。两个实验中，两组裂缝距离一致，实验 12 在模型上分布有微裂缝，其他参数接近，因此具有可对比性。

表 3-18 是两个实验的基本参数表。图 3-80 和图 3-84 为两个实验的模型设计图。实验 5 模拟 100m 裂缝，裂缝模拟无限导流能力裂缝，实验 12 在以上模拟条件的基础上考虑了微裂缝。采用分段降压，注入压力 19MPa，实验 5 注入压力 19MPa，采液口采液控

制压力分阶段控制为 8MPa 和 4MPa，注入时间 15min，闷井时间 15min，每周期开采时间控制在 4h 以内。图 3-105、图 3-106 为对应的曲线图。

表 3-18 实验 5 和实验 12 实验参数表

实验序号	裂缝长度/m	裂缝距离/m	模型渗透率/mD	注入压力/MPa	采液压力	闷井时间/min	备注
5	100	100	0.87	19	先 8MPa，后 4MPa	15	无微裂缝
12	100	100	0.95	19	先 8MPa，后 4MPa	15	有微裂缝

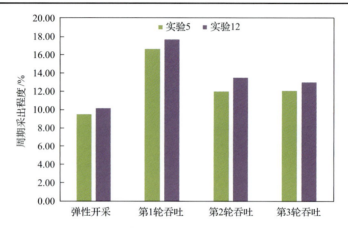

图 3-105 实验 5 和实验 12 不同周期下周期采出程度对比

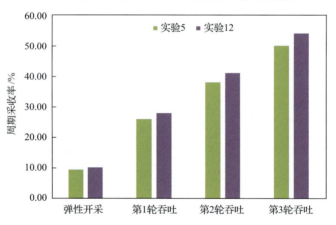

图 3-106 实验 5 和实验 12 累计采出程度对比

实验 12 使用的模型加工了微裂缝，实验 5 模型没有加工微裂缝，两组实验其他实验参数一致。从图 3-105 和图 3-106 可以发现，含有微裂缝条件下，周期采出程度和累计采出程度都高于不含微裂缝条件，说明微裂缝可以提高 CO_2 吞吐采出程度。

裂缝是压力传导的主要途径，CO_2 吞吐属于弹性驱替，其采出程度与压力下降幅度具有相关性，地层压力下降幅度越大，其弹性能量发挥的作用越大，弹性采出程度越大。微裂缝起压力传导作用，有利于弹性能量的发挥，从而达到提高采出程度的作用。

第四章 多相多组分数值模拟技术

常规水驱开发(包括化学驱提高采收率)数值模拟研究主要采用黑油模型,其把组分的状态处理为单相,各相属性仅与压力有关。如黑油模型中的气体一定是远离临界点的,气体的组成是固定的,性质也不复杂。但注CO_2驱替过程中油气组分之间通过气液平衡实现相间的传质,各相属性不仅取决于压力,还与气液两相的组成有关,因此必须采用全组成数值模拟开展相关研究。

针对我国CO_2驱替面临的油藏对象更多是低渗透油藏的实际情况,中国石化石油勘探开发研究院编制了考虑启动压力梯度和应力敏感性,基于非结构化网格(棱柱型、四面体等)的多相多组分数值模拟软件EORSim。本章以该软件为基础,论述注CO_2驱替的组分数值模拟技术,包括状态方程、相平衡计算、多相多组分数学模拟及其有限体积解法、非结构网格划分方法等。

第一节 气驱相态模拟技术

一、状态方程

运用多相多组分相态模拟技术,研究注CO_2驱替过程中油气烃类体系相态问题的关键是要正确选择出可同时描述平衡气、液两相PVT特征的状态方程,以便使相态模拟计算结果满足数值模拟计算要求。

近40年来,随着描述流体PVT相态行为的半理论、半经验状态方程的研究与发展,特别是1976年,结构简单、精度较高的PR立方型状态方程发表之后,利用流体热力学相平衡理论结合精度较高的状态方程求解相平衡问题的方法被广泛用于油气体系相态计算。由于它能较准确地描述和预测油气体系凝析相态特征和临界点附近的相态特征,是注气开发机理研究必不可少的技术手段[39]。

本节主要介绍在注气机理相态研究中常用的两个状态方程,即SRK、PR状态方程。这是在Van der Waals方程基础上发展起来的半理论、半经验立方型状态方程。同时介绍一种基于统计力学的、能描述复杂分子相态行为的高级状态方程,PC-SAFT状态方程。

(一)SRK状态方程

1949年,Redlish和Kwong[117]提出了一个Van der Waals状态方程的修整式,简称RK方程

$$P = \frac{RT}{V-b} - \frac{aT^{-0.5}}{V(V+b)} \tag{4-1}$$

式中，R 为普适气体常数，应用时取 82.06atm[①]·cm³/(mol·K)；T 为系统温度，K；P 为系统压力，atm；V 为系统摩尔体积，L/mol。该方程考虑了分子密度和温度对分子间引力的影响，式(4-1)的引力和斥力常数 a、b 可由临界点条件表示：

$$a = 0.42748R^2T_c^{2.5}/P_c, \qquad b = 0.08664RT_c/P_c \tag{4-2}$$

式中，T_c 为临界温度，K；P_c 为临界压力，atm。

RK 方程的压缩因子 Z 的三次方程，可由式(4-3)表示：

$$Z^3 - Z^2 + \left(A - B^2 - B\right)Z - AB = 0 \tag{4-3}$$

式中，

$$A = \frac{aP}{R^2T^{2.5}}; \qquad B = \frac{bP}{RT} \tag{4-4}$$

与 VDW 方程相比，RK 方程在表达纯物质物性的精度上有明显的提高，但从原理上讲，RK 方程仅适用于极简单的硬球形非极性对称分子，同时由于 RK 方程的理论压缩因子 Z_c=0.333 仍比大多数实际油气烃类物质分子的实测 Z_c 值(0.292~0.264)大得多，RK 方程用于油气藏烃类体系的气、液两相平衡计算，精度也不够理想。

1961 年，Pitzer 发现具有不对称偏心力场的硬球形分子体系的对比蒸汽压要比简单球形对称分子的蒸汽压低，并且偏心度越大，对比蒸汽压的偏差程度越大。他从分子物理学角度，引用了非球形不对称分子间相互作用位形能与简单球形对称非极性分子间位形能的偏差程度来解释上述现象，并引入偏心因子这个物理量，即

$$\omega = -\lg\left(P_{rs}\right)_{T_r=0.7} - 1 \tag{4-5}$$

式中，T_r 为组分的相对温度；P_{rs} 是不同分子体系在 T_r=0.7 时的相对蒸汽压。

Soave[118]将偏心因子作为第三个参数引入到状态方程，使立方型状态方程得到改进，其实用性得以拓广。由此可得 SRK 方程的形式为

$$P = \frac{RT}{V-b} - \frac{a\alpha(T)}{V(V+b)} \tag{4-6}$$

为了改善烃类等实际复杂分子体系对 PVT 相态特征的影响，Soave 状态方程引入了一个更有普遍意义的温度函数 $\alpha(T)$，用式(4-6)拟合不同物质的实测蒸汽压数据，得到不同的纯组分物质的 α 与温度的函数形式：

$$\alpha_i(T) = \left[1 + m_i\left(1 - T_{ri}^{0.5}\right)\right]^2 \tag{4-7}$$

式中，T_{ri} 为组分 i 的相对温度；m_i 为组分 i 的系数。

[①] 1atm=1.01325×10⁵Pa。

Soave[118]又进一步把 m 关联为物质偏心因子 ω_i 的函数：

$$m_i = 0.480 + 1.574\omega_i - 0.176\omega_i^2 \tag{4-8}$$

引入温度函数，特别是引入偏心因子后，可使 SRK 方程的引力项随不同分子偏心力场的变化而调整，可提高非极性分子及其混合气、液两相平衡计算及含弱极性组分的非烃-烃混合体系相平衡计算的精度，因此在非极性、弱极性球形分子体系中得到很好的应用。同时也正是这个原因，SRK 方程广泛应用于天然气和凝析气的 PVT 相态计算。当然也有特殊情况，当 SRK 方程应用于高含 H_2S 的油气体系相平衡计算及液相容积特性计算时，可能会产生较大误差。

SRK 方程仍满足临界点条件，对油气烃类体系中各纯组分物质有

$$a_i = 0.42748\frac{R^2 T_{ci}^2}{P_{ci}} \qquad b_i = 0.08664\frac{RT_{ci}}{P_{ci}} \tag{4-9}$$

式中，T_{ci} 和 P_{ci} 分别为组分 i 的临界温度和临界压力。

SRK 方程用于多组分混合体系，有以下几种形式。

(1) 压力方程。

压力方程计算公式：

$$P_m = \frac{RT}{V-b_m} - \frac{a_m(T)}{V(V-b_m)} \tag{4-10}$$

式中，a_m、b_m 分别为混合体系平均引力和斥力常数，由下列混合规则求得

$$a_m(T) = \sum_{i=1}^{n}\sum_{j=1}^{n} x_i x_j \left(a_i a_j \alpha_i \alpha_j\right)^{0.5}(1-k_{ij}), \qquad b_m = \sum_{i=1}^{n} x_i b_i \tag{4-11}$$

式中，x_i 为平衡混合气相或混合液相中各组分 i 的组成；k_{ij} 为 Soave 引入的用以提高混合物预测精度的二元相互作用系数，可从有关专著中查得，也可以利用相关公式通过对实验数据的拟合求得；n 为油气烃类体系的组分数目。

(2) 压缩因子三次方程。

若将由实验得到的压缩因子方程 $pV=ZRT$ 带入 SRK 方程，可得到 SRK 方程用于混合体系的 Z 三次方程：

$$Z_m^3 - Z_m^2 + \left(A_m - B_m - B_m^2\right)Z_m - A_m B_m = 0 \tag{4-12}$$

式中，Z_m 为混合物的压缩因子；A_m 和 B_m 为压缩系数，对于混合物，

$$A_m = \frac{a_m(T)P}{RT}, \qquad B_m = \frac{b_m P}{RT} \tag{4-13}$$

(3)混合物中各组分的逸度方程。

将 SRK 方程代入基本热力学方程,可推出对应的逸度计算公式:

$$\ln\left(\frac{f_i}{x_i p}\right) = \frac{b_i}{b_m}(Z_m - 1) - \ln(Z_m - B_m) - \frac{A_m}{B_m}\left(\frac{2\varphi_j}{a_m} - \frac{b_i}{b_m}\right)\ln\left(1 + \frac{B_m}{Z_m}\right) \quad (4-14)$$

式中,f_i 为组分 i 的逸度;

$$\varphi_j = \sum_{j=1}^{n} x_j \left(a_i a_j \alpha_i \alpha_j\right)^{0.5} (1 - k_{ij}) \quad (4-15)$$

(二) PR 状态方程

1976 年,Peng 和 Robinson[119]对 SRK 方程作了进一步改进,简称 PR 方程:

$$P = \frac{RT}{V-b} - \frac{a\alpha(T)}{V(V-b) + V(V+b)} \quad (4-16)$$

对于纯组分物质体系,PR 方程仍能满足 VDW 方程所具有的临界点条件,式中 a、b 分别为

$$a_i = 0.45724 \frac{R^2 T_{ci}^2}{p_{ci}}, \qquad b_i = 0.07780 \frac{RT_{ci}}{p_{ci}} \quad (4-17)$$

沿用 Soave 的关联方法,PR 方程中可调温度函数关联式为

$$\alpha_i(T) = \left[1 + m_i\left(1 - T_{ri}^{0.5}\right)\right]^2 \quad (4-18)$$

$$m_i = 0.37464 + 1.54226\omega_i - 0.26992\omega_i^2 \quad (4-19)$$

对于油气藏烃类多组分混合体系,PR 方程的形式包括以下几种。

(1)压力方程。

$$P = \frac{RT}{V - b_m} - \frac{a_m(T)}{V(V - b_m) + V(V + b_m)} \quad (4-20)$$

式中,a_m、b_m 仍沿用 SRK 方程的混合规则来求:

$$a_m(T) = \sum_{i=1}^{n}\sum_{j=1}^{n} x_i x_j \left(a_i a_j \alpha_i \alpha_j\right)^{0.5}(1 - k_{ij}), \qquad b_m = \sum_{i=1}^{n} x_i b_i \quad (4-21)$$

式中,k_{ij} 为 PR 状态方程的二元交互作用系数,可在有关的文献资料中查得,也可利用相关公式对实验数据拟合而得到,其他参数定义与 SRK 方程相同。

(2) 压缩因子三次方程。

PR 方程对应的 Z 的三次方程为

$$Z_m^3 - (1-B_m)Z_m^2 + (A_m - 2B_m - 3B_m^2)Z_m - (A_m B_m - B_m^2 - B_m^3) = 0 \quad (4-22)$$

式中，

$$A_m = \frac{a_m(T)P}{(RT)^2}, \qquad B_m = \frac{b_m P}{RT} \quad (4-23)$$

(3) 混合物各组分的逸度方程。

对应于 PR 方程逸度计算公式为

$$\ln\left(\frac{f_i}{x_i p}\right) = \frac{b_i}{b_m}(Z_m - 1) - \ln(Z_m - B_m) - \frac{A_m}{2\sqrt{2}B_m}\left(\frac{2\varphi_j}{a_m} - \frac{b_i}{b_m}\right)\ln\left(\frac{Z_m + 2.414 B_m}{Z_m - 0.414 B_m}\right) \quad (4-24)$$

式中，

$$\varphi_j = \sum_{j=1}^{n} x_j \left(a_i a_j \alpha_i \alpha_j\right)^{0.5}(1-k_{ij}) \quad (4-25)$$

由于 PR 方程的引力项考虑了分子密度对分子引力的影响，其结构上更为合理。特别是经过后人用大量的实验数据验证，该方程在用于纯组分蒸汽压预测及含弱极性物质体系的气、液两相平衡计算时比 SRK 方程有较显著的优势。将其用于临界点计算，所得的理论压缩因子 Z_c 值为 0.3074，比 RK 方程的 Z_c 值更接近实际分子体系的压缩系数 (0.292~0.264)，故 PR 方程用于临界区物性的预测能得到较满意的结果。

(三) PC-SAFT 状态方程

1. 与立方型状态方程的差异

立方型状态方程是指可展开为摩尔体积或密度的三次方程式的状态方程，前述 PR、SRK 等均属于立方型状态方程，属于半经验型状态方程。该类方程具有形式简单、灵活性大、计算精度较高等优点。但该类方程也有比较突出的缺陷：①对液体体积预测能力不足，使密度和压缩性计算方面误差较大；②对复杂体系不适用，如高分子体系等。

基于此，统计热力学状态方程得到较快的发展。PC-SAFT 状态方程就是基于统计力学的一套能描述复杂分子相态行为的高级状态方程，其已被成功应用于很多复杂系统，包括缔合体系、极性体系和聚合物体系等。特别是对于烷烃体系，PC-SAFT 仅需要分子直径、分子体积和分子能量 3 个参数便能实现对其热力学性质的准确描述[87]。

2. 状态方程

根据热力学微扰理论，系统约化的总残余亥姆霍兹自由能 $a[a = N/(k_b T)]$ 可以被分解为硬球链项 (hc) 和考虑吸引力的微扰项 (disp)：

$$a^{\text{res}} = a^{\text{hc}} + a^{\text{disp}} \tag{4-26}$$

硬球链项可以进一步写成硬球自由能(hs)，链长(m)和硬球系统径向分布函数(g^{hs})的表达式：

$$a^{\text{hc}} = a^{\text{hs}} + (1-m)\ln g^{\text{hs}} \tag{4-27}$$

硬球自由能项(hs)可以通过 Carnahan 和 Starling 方程计算

$$a^{\text{hs}} = m\frac{4\eta - 3\eta^2}{(1-\eta)^2} \tag{4-28}$$

式中，η 为硬球的填充率。

Gross 和 Sadowski[120]提出，吸引力项(disp)可以分解为一阶项和二阶项之和：

$$a^{\text{disp}} = -2\pi\rho I_1 m^2 \varepsilon \sigma^3 - \pi\rho m C_1 I_2 m^2 \varepsilon \sigma^3 \tag{4-29}$$

$$C_1 = \left(1 + Z^{\text{hc}} + \rho\frac{\partial Z^{\text{hc}}}{\partial \rho}\right)^{-1} \tag{4-30}$$

$$I_1 = \int_1^\infty \tilde{u}(x) g^{\text{hc}}\left(m; x\frac{\sigma}{d}\right) x^2 \mathrm{d}x \tag{4-31}$$

$$I_2 = \frac{\partial \int_1^\infty \tilde{u}(x) g^{\text{hc}}\left(m; x\frac{\sigma}{d}\right) x^2 \mathrm{d}x}{\partial \rho} \tag{4-32}$$

式中，ε 和 σ 分别为分子间势能和分子直径(该直径大小与温度无关)；x 为被分子直径 σ 约化的径向距离；$\tilde{u}$ 为约化的势能函数。有了 a^{res} 的表达式，可以进一步计算系统的压缩因子，然后便可以计算系统的其他所有热力学性质。详细的关于 PC-SAFT 状态方程细节请参考 Gross 和 Sadowski[120]的论文。PC-SAFT 通过 3 个物理参数来描述某一物质，分别是分子长度 m，分子直径 σ，分子作用能 ε。3 个参数的具体数值通过拟合纯物质的饱和蒸汽压和饱和液体密度来获取。同时，不同分子之间使用经典的混合法则：

$$\sigma_{ij} = \frac{1}{2}(\sigma_i + \sigma_j), \quad \varepsilon_{ij} = \sqrt{\varepsilon_i \varepsilon_j}(1 - k_{ij}) \tag{4-33}$$

式中，σ_i 和 σ_j 分别为组分 i 和组分 j 的分子直径；ε_i 和 ε_j 分别为组分 i 和组分 j 的分子作用能；k_{ij} 为不同分子间的相互作用参数。在获取上面的所有物理参数后，统计缔合理论便可以对任意组分的相态进行模拟计算。

图 4-1 是正丁烷/正癸烷二元体系相态 PC-SAFT 计算结果，由于正丁烷和正癸烷分子之间具有类似的化学单元(—CH$_2$—CH$_2$—)，而且又是典型的长链分子，因而期望统计

缔合理论能给出比较好的计算结果。从图 4-1 可以看出，计算结果几乎与实验结果完全重合，而且这里用于调节的相互作用参数很小（$k_{ij}<0.01$）。这个特点也是统计缔合理论在计算复杂长链状分子相态特征优于 PR/SRK 方程的地方。

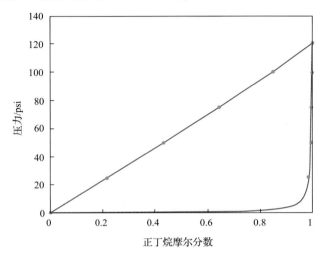

图 4-1　正丁烷/正癸烷二元体系 P-$X(Y)$ 相图理论计算结果和实验结果比较

1psi=6.89×10³Pa；点为实验结果；线为理论值

3. 最小混相压力预测技术

由于涉及原油组分和注入气体的多次接触过程，绝大部分气驱并不是简单的蒸发或凝析机理，而是由蒸发/凝析混合机理决定的。现有文献大部分简单地采取蒸发或凝析机理来计算最小混相压力，会造成最小混相压力计算值过高。而蒸发/凝析混合机理本身处理起来要复杂很多。中国石化石油勘探开发研究院龚凯给出了基于 PC-SAFT 方程和混合单元法（R-J）的最小混相压力计算方法。R-J 混合单元法简洁方便，计算原理如图 4-2 所示。

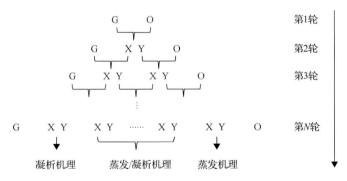

图 4-2　R-J 混合单元法计算原理示意图

G 为注入气体；O 为原油；Y 为平衡气相组成；X 为平衡液体组成

某初始压力下，对原油和注入气体进行 N 轮混合和闪蒸过程。如图 4-2 所示，第 1 轮只包含一次混合和闪蒸过程，即注入气体（G）和原油（O）先混合（混合比例系数一般为 0.5），然后闪蒸得到平衡液相（X）和平衡气相（Y）。第 2 轮包含两次，一次是注入气体与第一轮闪蒸后的液相混合和闪蒸,另外一次则是第 1 轮闪蒸后的气相与原油混合后闪蒸。同样的,可以进行第 3 轮,第 4 轮,…,第 N 轮混合和闪蒸过程。

系线长度 TL 被定义为气液两相的组分差异:

$$\mathrm{TL} = \sum_{i=1}^{n_c} (x_i - y_i)^2 \quad (4\text{-}34)$$

式中,x_i、y_i 分别为平衡液气两相的摩尔分数,n_c 为组分数。当同一轮的相邻系线长度差别小于 $\varepsilon = 0.001$ 时,意味着一条主系线已经形成。增加轮数至 N,直到系统所有的主系线(n_c–1)都出现为止,此时定义最短的主系线长度为 TLmin。增加压力,重复上述过程,当最短主系线长度为 0 时,根据系线解析法,此时的压力即为最小混相压力。上述过程中每一次闪蒸计算均是基于统计缔合理论。这种 R-J 混合单元法计算思路实际上是通过数值计算的方法寻找主系线,这样可以将混合单元法与系线解析法联系起来,从而使最小混相压力有了明确的物理定义。

4. 基于 PC-SAFT 的最小混相压力预测实例

以中原油田濮城沙一下为例,首先对原油常压下闪蒸后气液两相组分进行色谱分析,然后通过气油比换算出原油组分的摩尔分数,结果见表 4-1。

表 4-1 中原油田原油组分摩尔含量

组分	摩尔分数/%	组分	摩尔分数/%	组分	摩尔分数/%	组分	摩尔分数/%
N_2	0.213	C_6	1.805	C_{15}	2.178	C_{24}	0.681
CO_2	0.772	C_7	1.718	C_{16}	1.632	C_{25}	0.721
C_1	21.952	C_8	4.826	C_{17}	1.590	C_{26}	0.693
C_2	1.925	C_9	3.741	C_{18}	1.870	C_{27}	0.650
C_3	2.455	C_{10}	3.563	C_{19}	2.450	C_{28}	0.714
iC_4	3.839	C_{11}	2.657	C_{20}	1.538	C_{29}	0.639
nC_4	1.615	C_{12}	2.143	C_{21}	1.283	C_{30+}	21.752
iC_5	1.897	C_{13}	2.494	C_{22}	0.866		
nC_5	0.365	C_{14}	2.064	C_{23}	0.700		

表 4-1 主要包含了原油组分 C_1 到 C_{30+},还有少量无机性气体如 CO_2、N_2。从表 4-1 可以看出中原油田原油组分重质组分较多,C_{30+} 摩尔分数高达 21.7%,而 $C_1 \sim C_3$ 轻烃气体仅占 26%左右。同时对死油样品进行四组分分析,如表 4-2 所示。

表 4-2 中原油田死油四组分(摩尔分数)分析

饱和烃/%	芳香烃/%	胶质/%	沥青质/%
63.6	20.9	14.5	1.0

四组分分析结果表明,中原油田死油组分中饱和烃和芳香烃为主要组分,其对应摩尔分数分别占比 63.6%和 20.9%,而沥青质含量很少,基本可以忽略。由于四组分中每一组分的化学结构及性质均明显不同,所以在原油拟组分划分时,应该将其区分开来,进一步劈分,这样能够实现对原油组分更为精细的表征。另外,沥青质因为含量低,对最小混相压力没有太大影响,因而原油拟组分划分过程中将其归为非饱和烃一类。

结合原油组分和死油四组分分析数据,采用统计缔合理论对原油组分进行精细表征。总的来说,原油组分可以被划分为 8 个拟组分,即 CO_2、N_2、C_1、C_2、C_3、饱和烃($C_4 \sim C_8$)、饱和烃(C_{9+})和非饱和烃(包括芳香烃,胶质,沥青质)。前面 5 个简单组分可直接采用色谱分析(表 4-1)的数据,C_{6+}以上摩尔分数均按死油四组分相对比例进行劈分。饱和烃($C_4 \sim C_8$)需要将对应组分简单叠加起来,其中 $C_6 \sim C_8$ 组分要乘以四组分分析中饱和烃的相对含量(S,%)。饱和烃($C_4 \sim C_8$)的摩尔分数及平均相对分子质量(M_w)计算公式如下:

$$x_{C_{4\sim 8}} = \sum_i x_i + S\sum_j x_j, \quad i=C_4,C_5, j=C_6,C_7,C_8 \tag{4-35}$$

$$M_w = \frac{\sum_i x_i M_{wi} + S\% \sum_j x_j M_{wj}}{\sum_i x_i + S\% \sum_j x_i}, \quad i=C_4,C_5, j=C_6,C_7,C_8 \tag{4-36}$$

饱和烃(C_{9+})将对应组分($C_9 \sim C_{30+}$)全部叠加之后,直接乘以四组分分析的饱和烃含量。饱和烃(C_{9+})的相对分子质量和摩尔分数计算如下:

$$x_{C_{9+}S} = \sum_i x_i S, \quad i=C_9,C_{10},C_{11},\cdots \tag{4-37}$$

$$M_{wC_{9+}S} = \frac{\sum_i x_i M_{wi}}{\sum_i x_i}, \quad i=C_9,C_{10},C_{11},\cdots \tag{4-38}$$

非饱和烃将对应组分($C_6 \sim C_{30+}$)全部叠加之后,直接乘以四组分分析的非饱和烃含量(1%~S%)。非饱和烃的相对分子质量和摩尔分数计算如下:

$$x_A = \sum_i x_i (1-S), \quad i=C_6,C_7,C_8,\cdots \tag{4-39}$$

$$M_{wC_{9+}A} = \frac{\sum_i x_i M_{wi}}{\sum_i x_i}, \quad i=C_6,C_7,C_8,\cdots \tag{4-40}$$

对色谱分析数据和四组分分析数据按照上述计算公式综合处理之后,将结果总结于表 4-3。

表 4-3 原油拟组分平均相对分子质量及其摩尔分数

拟组分	平均相对分子质量	摩尔分数/%
CO_2	44.01	0.28
N_2	28.01	1.28
C_1	16.04	24.36
C_2	30.07	3.76
C_3	44.01	7.81
中间饱和烃($C_{4\sim 8}$)	83.04	14.66
饱和烃(C_{9+})	239.81	27.80
非饱和烃	211.63	20.10

表 4-3 显示了原油各拟组分的平均相对分子质量及对应摩尔分数。结果表明：无机性气体含量很低，轻烃气体和中间饱和烃($C_4\sim C_8$)含量偏低，而饱和烃(C_{9+})及非饱和烃含量之和接近一半。表 4-3 前面 5 种拟组分都是常见的物质，文献中均能直接查到 PC-SAFT 对应的物理参数。而对于其他 3 种拟组分(饱和烃和非饱和烃)，有了拟组分的平均相对分子质量，可以通过表 4-4 对应关联式来计算其 PC-SAFT 对应物理参数。

表 4-4 PC-SAFT 对应饱和烃和非饱和烃关联式

饱和烃关联式	非饱和烃关联式(γ 是芳香度)
$m = (0.0257 M_\mathrm{w}) + 0.8444$	$m = (1-\gamma)(0.0223 M_\mathrm{w} + 0.751) + \gamma(0.0101 M_\mathrm{w} + 1.7296)$
$\sigma(A) = 4.047 - \dfrac{4.8013 \ln(M_\mathrm{w})}{M_\mathrm{w}}$	$\sigma(A) = (1-\gamma)\left(4.1377 - \dfrac{38.1483}{M_\mathrm{w}}\right) + \gamma\left(4.6169 - \dfrac{93.98}{M_\mathrm{w}}\right)$
$\ln\left(\dfrac{\varepsilon}{k}\right) = 5.5769 - \dfrac{9.523}{M_\mathrm{w}}, K$	$\dfrac{\varepsilon}{k} = (1-\gamma)(0.00436 M_\mathrm{w} + 283.93) + \gamma\left(508 - \dfrac{234100}{(M_\mathrm{w})^{1.5}}\right)$

表 4-5 列出了所有拟组分对应的 PC-SAFT 物理参数。所有拟组分之间的相互作用参数被设置为 0，仅调节芳香度来拟合原油泡点及密度(中原油田样品芳香度为 0.8)。表 4-3 和 4-5 实际上完成了 PC-SAFT 对中原油田样品组分的表征。具有了这些物理参数，便可以对原油相态行为进行计算。

对中原油田样品进行泡点压力及原油密度计算，其中地层条件为温度为 356K，压力为 23.58MPa。图 4-3 显示了中原油田样品泡点压力随温度的变化，圆点代表实验数据，而实线代表 PC-SAFT 的计算结果。计算结果和实验相比偏差很小，并且在 300～500K 时原油泡点压力随温度升高而升高。表 4-6 总结了 PC-SAFT 预测的泡点压力及原油密度，和实验结果对比，PC-SAFT 计算的误差很小，泡点压力相对误差为 1.1%，而原油密度误差为 0.5%。

表 4-5　原油拟组分对应 PC-SAFT 物理参数

拟组分	PC-SAFT 参数		
	m	$\sigma/\text{Å}$	$(\varepsilon/k)/\text{K}$
CO_2	2.073	2.785	169.21
N_2	1.205	3.313	90.96
C_1	1.000	3.704	150.03
C_2	1.607	3.521	191.42
C_3	2.002	3.618	208.11
饱和烃($C_4 \sim C_8$)	2.979	3.791	235.62
饱和烃(C_{9+})	7.007	3.937	253.96
非饱和烃	4.188	4.130	402.54

注：$1\text{Å}=0.1\text{nm}=10^{-10}\text{m}$。

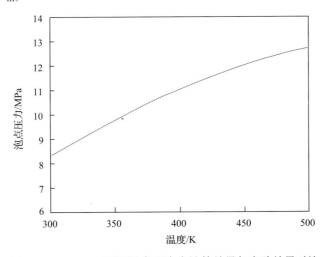

图 4-3　PC-SAFT 不同温度下泡点计算结果与实验结果对比

表 4-6　PC-SAFT 泡点压力及原油密度计算结果与实验结果对比

对比项	PC-SAFT 预测值	实验值	相对误差/%
泡点压力/MPa	9.94	9.83	1.1
原油密度/(g/cm³)	0.773	0.769	0.5

前面部分采用 PC-SAFT 对原油基础物性数据包括泡点及密度准确计算之后，进一步结合 R-J 混合单元法描述 CO_2 和原油多次接触过程中的蒸发/凝析机理，对最小混相压力进行研究。图 4-4 展示了不同混合单元数目时 (N = 50，200，500) 系线长度分布变化。

首先以混合单元数目 N = 500 为例，阐述系统主系线形成过程和系线长度分布特点。系线长度分布呈现两边区域高，中间区域低的主要特征。系线的水平区域即为需要找到的主系线，图 4-4 总共有 5 条。实际上根据系线解析理论，应该存在 7 条(n_c-1)主系线，两条主系线的缺失与原油中某些拟组分的含量(如 N_2)太低有关，或者说这两条主系线实际上存在于图 4-4 的曲线中，但肉眼无法直接观测到。进一步阐释这些主系线的物理含义:最左边的主系线为注入系线,它的形成与凝析机理直接相关,其值大约为0.3。最右边的主系线为初始系线,它的形成与蒸发机理直接相关,其值比注入系线对应的值要略高一些,为0.4。由于系线长度实际上反应了气液两相的差异程度,其值越大则气液两相差异越大。因此在此压力下,两种气驱机理(蒸发或凝析)均不能使CO_2和原油发生多次接触混相。与此同时,两条主系线之间存在很多交叉主系线,从图4-4可以看出,大部分交叉系线长度比两侧的主系线长度要短,仅有一条交叉系线长度大于两侧主系线长度。尤其值得注意的是,最短的这条交叉系线,也就是整个曲线的最小值部分,它的值要远远小于两侧的主系线长度,而正是这条交叉系线决定了气驱多次接触混相的行为及机理,当这条最短的交叉系线长度为0时,所对应的压力即为气驱过程的最小混相压力。

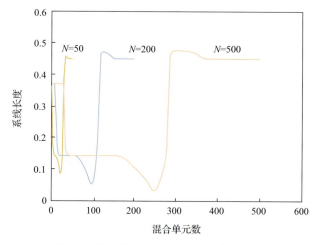

图4-4 不同混合单元数时系线分布特征

随后通过观察混合单元数目(N)变化对系线长度分布的影响,可以看到主系线是如何产生的。当$N=50$时,只有一条主系线形成,也就是原始系线,其他主系线看起来还不够清晰明确。随着N增加到200,注入系线和长度为0.15左右的交叉系线形成,但某些交叉系线(系线分布最大值和最小值区域)还不够清晰明确,并且曲线对应的最小值依然在递减。当$N=500$时,所有主系线分布已经形成并且定型,曲线最小值递减速度明显放缓且随着混合单元数目N增加而收敛于某值。总的来说,主系线有几个特点:①它必须是一段水平的区域,而区域宽度不影响主系线的判定,所以主系线包含了整条曲线的最大值和最小值区域;②主系线一旦形成,其对应长度则不再随单元数目增加而变化。所以数值上可以通过计算连续3个相邻单元对应的系线长度差异,如果它小于某个值(如0.001),可认为主系线已经形成。实际计算过程则是通过不断增加N直至所有的主系线都出现为止。

图4-5显示了比较重要的3条主系线长度随压力变化关系(从大到小分别是初始系线,注入系线,及最短的交叉系线),它们分别对应于蒸发气驱机理,凝析气驱机理,以及蒸发/凝析混合机理。还有几条其他的交叉系线,为了使图像看起来比较清晰,图上没有画出。由图4-5可见,3条主系线长度均随压力增加而线性减小,也就是说压力越高,

每一种混相机理都认为气液两相差异越小。进一步观察发现，在全部压力范围，这条交叉系线长度明显低于其他两条主系线，这也是前面提到，蒸发/凝析机理才是决定气驱混相的主导因素。由于最短交叉系线长度为 0 时，压力值即为最小混相压力，可以得到中原油田样品的最小混相压力值大约为 230bar。这个计算值与细管实验测得的值(223bar)比较接近，误差在 3%左右。如果通过蒸发或凝析机理，或者说初始系线和注入系线长度为 0 来决定最小混相压力值，则会导致计算值大大偏离实验值。

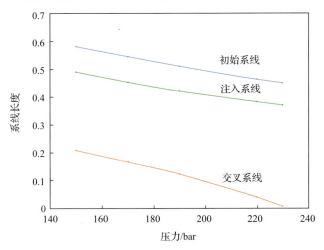

图 4-5　初始系线、注入系线及交叉系线长度随压力变化

1bar=10^{5}Pa

二、相平衡与物性参数计算

(一)相平衡计算步骤

相平衡计算步骤如下。

(1)利用 Wilson 公式选择平衡常数初值：

$$K_m = \exp\left[5.37(1+W_m)(1-1/T_{rm})\right]/P_{rm} \tag{4-41}$$

对于给定的平衡常数，计算 A_1、A_2，判断所处的相态：

$$A_1 = \sum z_m K_m, \quad A_2 = \sum z_m / K_m \tag{4-42}$$

式中，z_m 为混合物中组分 m 的总摩尔分数。

若处于单相，结束相平衡计算；若处于两相，继续下面工作。

(2)利用物料平衡式，采用牛顿迭代法求解气相摩尔分数 V，然后计算液相组成 x_m 与气相组成 y_m。

(3)分别对液相、气相利用状态方程计算各自的压缩因子 Z_L、Z_V，逸度系数 φ_m^L、φ_m^V 及逸度 F_m^L、F_m^V。

(4) 判断是否满足热力学平衡，若 $\max\left[\mathrm{abs}\left(\dfrac{F_m^{\mathrm{L}}}{F_m^{\mathrm{V}}}-1.0\right)\right]\leqslant\varepsilon$，结束相平衡计算，若不满足，继续下面的工作。

(5) 重新校正各组分的平衡常数值，重复以上步骤。

(二) 相平衡计算原理

1. 物料平衡

物料平衡计算过程为

$$l+v=1 \tag{4-43}$$

$$z_m = Lx_m + Vy_m, \quad m=1,2,3,\cdots,n_\mathrm{c} \tag{4-44}$$

式中，l 为气液混合物中液相的摩尔分数；v 为气液混合物中气相摩尔分数。

由平衡常数的定义有

$$K_m = y_m/x_m, \quad m=1,2,3,\cdots,n_\mathrm{c} \tag{4-45}$$

带入物料平衡方程，就有

$$x_m = \frac{z_m}{1+(K_m-1)v}, \quad m=1,2,3,\cdots,n_\mathrm{c} \tag{4-46}$$

$$y_m = \frac{K_m z_m}{1+(K_m-1)v}, \quad m=1,2,3,\cdots,n_\mathrm{c} \tag{4-47}$$

由 $\sum_{m=1}^{N_\mathrm{c}}(Y_m-X_m)=0$，有

$$\sum_{m=1}^{N_\mathrm{c}} \frac{(K_m-1)Z_m}{1+(K_m-1)v}=0 \tag{4-48}$$

若已知平衡常数 K_m，则可以利用牛顿迭代法对上式进行计算，从而获得 V 值。

2. 平衡方程

由热力学性质可知，处于平衡状态的油、气两相中的某一组分 m，其逸度相等，即有

$$F_m = \varphi_m^{\mathrm{L}} X_m P = \varphi_m^{\mathrm{V}} y_m p \tag{4-49}$$

这样就有

$$K_m = y_m/X_m = \varphi_m^{\mathrm{L}}/\varphi_m^{\mathrm{V}} \tag{4-50}$$

3. 状态方程

状态方程可以选择前述介绍的常用状态方程，包括 PR、SRK、改进 PR 等方程。

(三) 物性参数计算

在相态模拟与组分数值模拟计算中，需要涉及液相与气相的黏度、密度，以及界面

张力、油气相渗变化等。

1. 液相、气相摩尔密度

液相、气相的摩尔密度计算公式为

$$\rho_{\text{mol}}^{\text{V}} = P/(1000Z_{\text{V}}RT) \tag{4-51}$$

$$\rho_{\text{mol}}^{\text{L}} = P/(1000Z_{\text{L}}RT) \tag{4-52}$$

式中，$\rho_{\text{mol}}^{\text{V}}$ 为气相摩尔密度；$\rho_{\text{mol}}^{\text{L}}$ 为液相摩尔密度；Z_{V} 为气相压缩因子；Z_{L} 为液相压缩因子。

2. 液相、气相质量密度

液相、气相的质量密度计算公式为

$$\rho_{\text{mol}}^{\text{V}} = P^*/(1000Z_{\text{V}}RT) \tag{4-53}$$

$$\rho_{\text{mol}}^{\text{L}} = P^*/(1000Z_{\text{L}}RT) \tag{4-54}$$

3. 两相流体界面张力

由于油气体系是非水溶性的，可以采用 Madeod-Sugden 方程计算两相界面张力：

$$\sigma_m^{1/4} = \sum [p_m]\left(\rho_{\text{mol}}^{\text{L}} x_m - \rho_{\text{mol}}^{\text{V}} y_m\right) \tag{4-55}$$

式中，σ 为混合体系油相\气相界面张力；$[p_m]$ 为组分 m 的等张比容。

三、地层流体相态拟合

在注气驱方案评价过程中，需要准确评价油藏原始地层流体相态特征及注入气与油藏流体之间扩散、抽替、溶解等传质过程中的相态特征，这是判断油藏注气适应性、研究注气开采机理及开展数值模拟的重要基础。经过近30年的发展，已形成从室内相态测试、参数拟合到相平衡模拟等配套技术和相应商业化软件。

目前，油藏流体相态分析模拟技术已日趋完善，包括对油藏原油、水、注入气复杂流体相态特征的描述和模拟。在目前采用的商业化软件中，相态模拟的重要步骤是根据实验结果，采用最优化算法，通过修正状态方程中组分的特性参数及组分之间的相互作用系数使软件计算的结果与实验室的结果相吻合，采用拟合以后的状态方程计算实验参数、没有测定的参数和组分模拟所需要的参数。相态模拟技术的最大优点是在最短的时间和最省费用的情况下，得出大量很有价值的结果和参数。

在注气评价过程中，相态评价的内容主要包括原油组分组成特征、等组成膨胀、差异分离、闪蒸、等容衰竭、界面张力、注气膨胀、多次接触混合与闪蒸、最小混相压力、固相沉积等。下面以 PVTi 软件为例说明 PVTi 拟合的主要内容和主要方法，图 4-6 是相态模拟流程图。

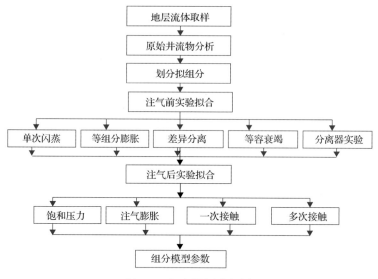

图 4-6 相态模拟流程图

(一) PVT 相态实验数据分析

在进行注 CO_2 驱替过程相态研究时,PVT 实验能较准确地测出以下实验数据:①局部相图(不同温度下泡点和露点压力);②单次闪蒸(原始体积系数、GOR、地面油密度和分子量等);③等组成膨胀(相对体积、气相 Z 因子等);④定容衰竭(反凝析饱和度、井流物采出程度、凝析油采出程度等);⑤多次脱气(地层油压缩系数、GOR、地层油黏度、体积系数、密度等);⑥膨胀实验(饱和压力、体积膨胀系数);⑦多次接触实验(油气组成、体积系数、混相压力)。其中,局部相图、单次闪蒸、定容衰竭、多次脱气、膨胀试验等数据更符合油气藏开采过程中油气相态变化,拟合时优先选择。

同时流体取样有井底取样和井口取样,在做井底取样时要保证样品在饱和压力以上;井口取样通常是实验室根据生产油气比将井口的油样和气样配成能代表油藏条件的样品。数值模拟人员不能控制取样过程,但要检查 PVT 报告的质量,确保样品能够代表油藏流体。以下是 PVT 报告质量检查需要注意的地方[28,121]。

(1) 确认取样压力在饱和压力以上,样品可以代表油藏流体。

(2) 报告中所有组分摩尔分数之和为 100。

(3) 组分物质平衡检查。对定容衰竭实验(constant volume depletion,CVD),绘组分 K 值图(组分的 $\lg K$ 与压力图)。组分的 K 值图应该是单调变化的,组分 K 值线不会交叉,顺序为 N_2、C_1、CO_2、C_2、C_3、iC_4、nC_4、iC_5、nC_5、C_6、…、C_{n+} 等。

(4) 同样可以绘制 Hoffman-Crump-Hocott 图(K_p 与 F 因子图),所有组分应该在一条直线上。

(5) 检查实验数据,绘制压力函数曲线,如 CVD 实验液体析出量及恒质膨胀实验(constant composition expansion,CCE)中相对体积是否呈逐渐变化,而不是突变;如 CVD 或 CCE 实验中液体密度随压力降低而增加;如多级实验中流体性质应是平稳变化,除了在饱和压力附近可能存在气体或液体性质不连续性,气体 Z 因子应是随压力降低而出现降低－增加－降低趋势,否则意味数据错误。

(6)检查实验报告中实验测量数据定义是否与 PVTi 中一致,如 CCE 实验中液相饱和度定义,PVTi 缺省定义其为液体体积与当前饱和体积之比,而如果实验数据为液体体积与该压力下流体总体积之比,则需要在 PVTi 中设置修改定义以保证输入正确数据。

(7)检查使用单位,如果报告中的数据单位和 PVTi 中使用的数据不同,要确认导入的实验报告数据单位已经正确转换。

(二)组分劈分与合并

1. 重质组分特征化技术

重馏分特征化是在精确测定油气体系的前 $n-1$ 个组分和组成以后,对第 m 个组分以后的重馏分采用实沸点蒸馏的方法进行窄馏分分析。并采用一定的方法确定出这些组分的组成含量和分布规律,然后将其应用于确定加和馏分的延伸组分的组成,再根据有关的热力学经验关联式计算出这些延伸组分相应的热力学参数,如分子量、相对密度、正常沸点、临界温度、临界压力和偏心因子等。这些参数对油气体系的多相相平衡及多组分数值模拟研究至关重要。

PVTi 商业软件重馏分特征化的原理是:运用精密的组成分析技术测出石油馏分或油气体系中前 $m-1$ 个组分组成的分布规律,并运用数学方法关联整理出具普遍意义的分布模型,然后将关联模型推广到各种油气体系,用分布模型预测 C_{n+} 重馏分组成及其热力学参数。

2. 拟组分理论

在 PVTi 中进行重组分劈分,一般来讲将重组分劈分成 2~3 个组分就可以了,但要注意劈分质量,其含量不要差别过大,比例相近可能更为合适;同时也需要保证劈分前后样品的相图不能差别太大,尤其是在油藏温度附近。对特别重要的参数设置较大的权重,如饱和压力及气油比等,考虑相应精度,拟合实验数据,拟合相图。

原油由多种碳氢化合物组成,有时还含有少量 N_2 和 H_2S 等非烃组分,各组分含量不同,原油的物性和相态不同。在模拟过程中,受计算速度的影响,不可能把所有组分都单独考虑,根据需要对原油各组分进行组合,也就是拟组分划分。拟组分划分应该考虑原油体系中各组分的摩尔分数和分布特征及其对原油物性和相态的影响,遵循物性相近的原则划分拟组分,包括:①兼顾组分分子量大小及摩尔分数,将物性相近的组分划分到同一拟组分中;②易挥发的组分单独考虑;③对最小混相压力影响显著的组分单独考虑;④兼顾计算精度和计算速度,在误差容许范围内,拟组分数尽量少,一般不多于 10 个。

(三)状态方程的选择

PVT 实验拟合是组分数值模拟的关键,而 EOS(equation of state)状态方程是 PVT 相态拟合基础。EOS 状态方程有多种类型,比如二参数 PR 状态方程,三参数 PR3 状态方程,二参数 SRK 状态方程,三参数 SRK 状态方程,PT、RK、ZJ、SW 状态方程等,不同的状态方程计算出来的结果差别可能很大。一般的相态拟合软件均给出了很多种状态方程以供选择。

事实上，相态拟合的过程就是对状态方程参数进行调整的过程。早在 20 世纪 80 年代，很多学者曾将状态方程直接应用于油气藏流体相态行为的预测，但计算结果并不十分满意，这主要是由于油气藏流体涉及 C_{7+} 馏分的特性化问题，其计算结果不能完全反映状态方程的预测性能。

正是由于油气藏流体的复杂性，在进行相态拟合时，存在如何选择状态方程的问题。国内外相态研究和数值模拟研究者对此进行了长期的分析，比如王鹏和郭天民[122]很早就对比了五种立方型状态方程的预测结果，分析认为在不作任何状态方程参数调节的情况下，三参数状态方程对所考核的体系并不能给出全部最优化的结果，其中 PT 方程误差最小。

大量数值模拟研究认为，RK 状态方程考虑了分子密度和温度对分子间引力的影响，但压缩因子较实际值大，不能满足油气藏烃类体系气、液两相平衡计算的精度要求；PR 状态方程考虑了分子密度对分子引力的影响，在纯组分蒸汽压预测及含弱极性物质体系的气、液两相平衡计算方面具有较强的优势，预测结果精度提高；SW 状态方程在预测气、液两相平衡性上精度与 PR 方程相当，但其结构体系复杂，数学处理困难，一般不用于注气相态模拟；SRK3 及 PR3 状态方程，在 SRK 方程和 PR 方程的基础上引入体积偏移因子作为新的参数，形成了 SRK3 和 PR3 两个三参数状态方程，用于含 H_2S 和 CO_2 等较强极性组分体系的气液平衡计算，大大提高了液相性质的预测精度。因此在进行组分模型计算时，特别是注气提高采收率的模拟，推荐使用 SRK3 及 PR3 状态方程。

(四)回归参数的选择

传统上来讲，以化学理论为核心的状态方程拟合主要取决于哪些参数是最不确定；准确性最弱的参数是回归的首选。

1. 临界性质

就纯组分而言，特别是非烃类或者轻烃类，其临界温度、临界压力及偏心因子是准确的，通常不需要调整。

对于纯组分，较轻的组分如：H_2S、N_2、CO_2、CO、C_1、C_2、C_3、iC_4、nC_4、iC_5、nC_5 及 C_6 等的临界性质同 PVTi 内部库中的值应相近，所以一般不进行回归调整；对于较重组分，临界性质是不确定的，重组分(C_7、C_8、C_9、…)的临界属性不确定，可以调整。实验室报告中最不确定的应是重组分的属性(C_{7+}、C_{12+}等)，其中，重组分是多种烃类的混合物，其性质是由基于重组分摩尔质量及比重的关系式决定的，所以临界性质也只能通过特征化的方法产生，这也就意味着这些参数是非常不确定的，需要有选择地进行调整[78,121]。

组分的临界压力、临界温度及偏心因子影响饱和压力和液体析出量，所以在拟合饱和压力和液体析出量时可以拟合组分的临界压力、临界温度或偏心因子。同样也可以调整 Ω_A 及 Ω_B，关于这些参数的物理意义，需要先熟悉具体的状态方程。液体的密度与 Z 因子受体积偏移系数影响，在回归时，可以设定体积偏移系数取决于组分临界压力、临界温度及偏心因子。

2. 二元交互系数

在状态方程中，引入二元交互系数来解释组分之间极性力作用，这也意味着如果烃类之间没有极性作用，则二元交互系数趋近于零。通常在注气实验中，需要调整二元交互系数，尤其是轻烃与重烃之间；但回归时必需慎重，不合理的回归在进行组分模拟时会导致严重的收敛性问题。在基本的三次方程中，使用偏心因子考虑分子形状的偏离，这个假设是基于所有分子形状近似于球形；而轻烃与重烃之间二元交互系数则用来弥补重烃分子的非球性。

3. LBC(Lorentz-Bray-Clark)黏度关系式

一般来讲，黏度的拟合是单独进行的。通常选择的黏度关系式为 LBC 黏度关系式，它是同密度相关的四次多项式，所以对密度大小非常敏感，在 PVTi 中，可以调整临界体积或 Z 因子进行密度回归，注意临界体积与 Z 因子只用在密度计算中，不影响其他结果，回归时将其他观测数据设置为不参与回归或权重为零。由于观测数据较少，所以回归变量尽可能不超过 2 个，最好是将所有的临界体积给一个回归变量，而不要各自不同。这里需要注意的是，如果用过多的回归变量去拟合少量实验观测数据，很容易导致组分模拟器不收敛。

(五)数学回归分析

在 PVTi 中提供了回归参数分析方法，对选择的回归参数进行敏感性、相关性分析，从而优化回归参数的选择，得到更合理的拟合结果。一般来说回归拟合有如下基本原则。

(1)选择敏感性较大的参数。对于 PVTi 而言，可以在 Regression Report Panel 中查看不同参数的敏感性分析结果。在 Sensitivities 面板中列出了参数的敏感性数据表，在这里我们的目标是那些敏感性较大的参数；在 Hessian 矩阵面板中显示了参数的 Hessian 矩阵，如果一个参数对应在 Hessian 矩阵主对角线上的值越大，表明这个参数有利于回归的收敛，值越小则表示对回归的收敛性有影响，应作一定的取舍；可以通过对这两个表的分析，剔除不敏感的回归变量。

(2)尽量选择互相之间独立的参数。对于 PVTi 而言，在 Correlation Sensitivity Analysis 上，若数值趋近于 1，说明是正相关，改变一个参数与同时改变另一个参数的作用是一样的；若数值趋近于–1，则意味着反向相关，改变一个参数同时，会反向改变另一个参数；选择时需要合并强相关同类变量，或删除其中的一个变量。

(3)在回归过程中合理地设置权重。在 PVT 实验中，油藏流体很多性质是必须要准确回归的，权重设置就变得很重要：饱和压力-衰竭实验中拟合流体饱和点是非常重要的，这个值同油气界面密切相关，严重影响原始流体储量计算，拟合饱和压力时，可以配置很高的权重，如 50 以上。地面密度或 GOR 与分离器密度或气油比将决定着总产油和产气量，也需要设置较大的权重。

凝析液量对凝析气藏、CVD 实验中的液体析出量是非常重要的，如果不能很好地拟合实验，在数模时很可能拟合不出生产油气比，同样需要给 CVD 实验中的液体析出量设置较大的权值进行拟合。

(六) 不同 PVT 实验的拟合方法及实例

1. 等组分膨胀实验拟合

等组分膨胀实验拟合，首先是对在储层流体劈分和组分特征化计算基础上，拟合泡点 (或露点) 压力，在拟合好泡点 (露点) 压力后，再对不同压力下的压力与体积关系进行拟合，同时对不同压力下的原油黏度、液体密度及反凝析百分比进行拟合，并绘制 P-T 相图。

PVT 拟合有两种方法：一种是自动拟合，一种是经验法。自动拟合是程序采用非线性回归方法，以实验数据分项加权系数，将计算与实验误差平方之和作为目标函数，追求最佳回归效果。经验法是研究人员凭借对各种临界参数敏感性的经验多次试凑，以求得满意拟合结果，一般情况下使用自动拟合方法。

通常，等组分膨胀实验拟合主要是调整回归变量，C_1 和 C_{7+}、C_{12+} 等的 Ω_A、Ω_B，即调整轻组分与重组分的临界温度、临界压力、偏差系数值，就能达到满足的拟合。如果拟合不好，增加 C_1 和 C_{7+}、C_{12+} 等的二元相互作用系数回归变量，即轻组分和重组分之间的相互作用系数，进行运算即可达到预期目标。

2. 等容衰竭实验拟合

等容衰竭实验使用状态方程，首先要拟合好露点压力，然后拟合露点压力以下的各压力点相对的流体性质参数：各流体组分的摩尔分数、气体偏差系数、气体比重、累计采气量及反凝析油含量等。等容衰竭实验拟合是与等组分膨胀、差异分离实验数据一道回归拟合，以较少的回归变量调整 C_1 的 Ω_A、Ω_B，C_+ 的 Ω_A、Ω_B，以及 C_1 与 C_+ 的二元相互作用系数，达到较好的拟合效果。

3. 差异分离实验拟合

差异分离实验数据拟合在使用状态方程软件包计算时，也是与等组分膨胀实验、等容衰竭实验一道进行拟合计算。以较少的回归变量进行拟合。一般采用 C_1、C_2 的 Ω_A、Ω_B，C_{7+}、C_{12+} 等的 Ω_A、Ω_B，以及 C_1 与 C_{7+}、C_{12+} 等的二元相互作用系数为回归变量，会达到较好的拟合效果，如果拟合不好，可调整增加 C_3 等组分的系数为回归变量再进行拟合计算，直到拟合计算好为止。

拟合的实验数据为泡点压力及各种不同压力下的相对应的溶解油气比、油的相对体积、油的密度、气体偏差系数、气体地层体积系数、气体比重数据。

差异分离实验主要体现油气比、体积系数随压力变化的流体特征，流体挥发及收缩程度，泡点压力反应组分组成在地层温度下的相平衡关系。

第二节 多相多组分数值模拟模型

一、多相多组分模型的基本假设

20 世纪 80 年代发展起来的全组分模型是用状态方程描述地下流体性质、相平衡关系，以烃自然组分为基础，数学模型严格地反映出各种凝析气藏、挥发油油藏开采全过程。全组分模型可以描述油、气两相中组分的瞬间变化、井流物中各烃组成含量变化,因此可以模拟开采过程中的注烃混相、循环注气、注 CO_2、注 N_2 驱替等各种开采方法的开采效果,比黑油模型考虑因素要复杂、应用更为广泛。全组分模型(多相多组分模型)有如下 7 个基本假设。

(1) 符合修正的达西渗流定律(考虑启动压力梯度)。

(2) 等温渗流。

(3) 存在油、气、水三相。同时有水组分及多种烃组分。水组分仅存在于水相,烃组分可同时存在于油、气两相中。

(4) 油相和气相的出现和消失,以及密度、黏度均随压力变化,使用状态方程进行计算。

(5) 岩石可压缩,且渗透率存在应力敏感性。

(6) 油藏非均质和各向异性。

(7) 考虑毛细管力和重力。

二、多相多组分模型的一般方程

多相多组分数学模型主要包括控制方程和补充方程两类,下面根据前述假设分别给出控制方程和辅助方程。

(一) 控制方程

在建立控制方程前,需要确定模拟过程中未知量的个数。一般的,对于 n_h 种烃组分和水组分共同组成的体系(共 n_c 种组分,$n_c = n_h+1$),共有 n_c 个质量守恒方程及 n_h 个烃组分的逸度平衡方程,合计 $2n_h+1$ 个独立的一级方程。这些方程并非相互独立,根据 Gibbs 定律,共 n_c 个独立的方程和独立的主变量,因此建立方程组前需要选择出 n_c 个独立主变量。

主变量有多种不同的选择方式。本文选择以下组合作为主变量:① $P = P_o$;② S_g,S_w;③ x_c,$c = 3,4,\cdots,n_h$(P 为压力,S 为饱和度,下标 o、g、w 分别代表油相、气相、水相)。

基于以上认识,即可推导不同组分的控制方程。如图 4-7 所示,设非结构网格中某一控制体 CV_i,其控制体积为 V_i,表面积为 A。

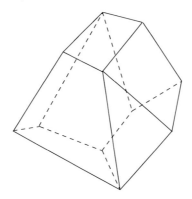

图 4-7 凸多面体

根据质量守恒原理,模型中第 i 个控制体内组分 m 的渗流控制方程通式为

$$\underset{\text{流动项}}{\text{Flux}_m} + \underset{\text{源汇项}}{Q_m^W} = \underset{\text{累积项}}{\text{ACC}_m} \tag{4-56}$$

总控制方程的推导:

$$-\sum_p \int_A y_{m,p}(\rho_p u_p) \cdot \boldsymbol{n} \mathrm{d}A + \sum_p \int_V y_{m,p} M_p \mathrm{d}V = \sum_p \int_V \frac{\partial}{\partial t}(\varphi S_p y_{m,p} \rho_p) \mathrm{d}V \tag{4-57}$$

式中,$\boldsymbol{n}$ 为网格体表面外法向单位向量;u_p 为网格表面达西速度;M 为网格体内单位体积单位时间内的注入质量;p 表示相态(p=o, w, g);m 表示组分;$y_{m,p}$ 为组分 m 在相 p 中的质量分数。

1. 流动项

控制方程中的流动项为:

$$-\sum_p \int_A y_{m,p}(\rho_p u_p) \cdot \boldsymbol{n} \mathrm{d}A \tag{4-58}$$

为了简化讨论,首先使用达西定律进行讨论,启动压力梯度及应力敏感性对达西定律的修正将在后续讨论。达西定律 $u_p = -\dfrac{KK_{rp}}{\mu_p} \cdot \nabla \Phi_p$,其中 Φ_p 是势能,包括流体流动压力 P 与重力势能 $\Phi = P + \rho g z$,代入上式有

$$-\sum_p \int_A y_{m,p}(\rho_p \boldsymbol{u}) \cdot \boldsymbol{n} \mathrm{d}A = \sum_p \int_A y_{m,p} \rho_p \frac{KK_{rp}}{\mu_p} \cdot \nabla \Phi_p \cdot \boldsymbol{n} \mathrm{d}A = \sum_p \int_A \omega_{m,p} K \lambda_p \cdot \nabla \Phi_p \cdot \boldsymbol{n} \mathrm{d}A \tag{4-59}$$

式中,Φ_p 为相 p 流体势能;ρ_p 为相 p 流体密度;μ_p 为相 p 流体黏度;K 为渗透率;K_{rp} 为相 p 相对渗透率;$A_{i,j}$ 为网格 i 与 j 之间的接触面积;$\lambda_p = K_{rp}/\mu_p$,为相 p 的流度;$\omega_{m,p} = y_{m,p}\rho_p = \dfrac{\rho_{\overline{m}} R_{m,p}}{B_p}$,为相 p 中组分 m 的密度,其中,B_p 为体积系数。

2. 累积项

累积项表达式为

$$\sum_p \int_V \frac{\partial}{\partial t}(\phi S_p y_{m,p} \rho_p) \mathrm{d}V = \sum_p \int_V \frac{\partial}{\partial t}(\phi S_p \omega_{m,p}) \mathrm{d}V \tag{4-60}$$

3. 源汇项

源汇项表达式为

$$\sum_p \int_V y_{m,p} M_p \mathrm{d}V \tag{4-61}$$

综上，三相模型中第 i 个控制体内组分 m 的渗流控制方程为

$$\sum_p \int_A \omega_{m,p} K \lambda_p \cdot \nabla \Phi_p \cdot \boldsymbol{n} \mathrm{d}A + \sum_p \int_V y_{m,p} M_p \mathrm{d}V = \sum_p \int_V \frac{\partial}{\partial t}\left(\phi S_p \omega_{m,p}\right) \mathrm{d}V \tag{4-62}$$

(二)辅助方程

为了保证前述控制方程的求解，必须给出如下的辅助方程。
(1)毛细管力和相对渗透率方程。
毛细管力和相对渗透率方程为

$$P_\mathrm{g} = P_\mathrm{o} + P_{m\mathrm{og}}(S_\mathrm{g}, \sigma_\mathrm{og}) \tag{4-63}$$

$$P_\mathrm{w} = P_\mathrm{o} - P_{m\mathrm{wo}}(S_\mathrm{w}) \tag{4-64}$$

$$K_\mathrm{ro} = K_\mathrm{ro}(S_\mathrm{w}, S_\mathrm{g}, \sigma_\mathrm{og}) \tag{4-65}$$

$$K_\mathrm{rg} = K_\mathrm{rg}(S_\mathrm{w}, S_\mathrm{g}, \sigma_\mathrm{og}) \tag{4-66}$$

$$K_\mathrm{rw} = K_\mathrm{rw}(S_\mathrm{w}, S_\mathrm{g}) \tag{4-67}$$

式中，$P_{m\mathrm{og}}$ 为油、气相间的毛细管力；$P_{m\mathrm{wo}}$ 为油、水相间的毛细管力。

(2)岩石和水的高压物性方程。
岩石和水的高压物性方程分别为

$$\phi = \phi^* + \left[1.0 + C_\mathrm{r}\left(P_\mathrm{r} - P_\mathrm{r}^*\right)\right] \tag{4-68}$$

$$\rho_\mathrm{w} = \rho_\mathrm{w}^* + \left[1.0 + C_\mathrm{w}\left(P_\mathrm{w} - P_\mathrm{w}^*\right)\right] \tag{4-69}$$

式中，上角标*为任意参考点的值；C 为压缩系数；P 为压力；ϕ 为孔隙度；ρ 为密度；下角 w、r 分别表示水相和岩相。

(3)相平衡与物性参数计算。
相平衡与物性参数计算公式为

$$f_m^\mathrm{L} = f_m^\mathrm{V} \tag{4-70}$$

具体的计算过程及原油黏度、密度、界面张力等计算方法见前述章节。

(4)约束方程。
约束方程为

$$S_\mathrm{w} + S_\mathrm{g} + S_\mathrm{o} = 1.0 \tag{4-71}$$

三、离散方程及雅可比矩阵

(一)残差

采用全隐式离散方法。全隐式算法可以保证计算的稳定性,对于时间步长和空间步长没有严格要求。

$$R^{n+1} = \text{Flux}^{n+1} - Q^{w,n+1} - \text{ACC}^{n+1} \tag{4-72}$$

式中,上标 n 为时间步;i 为迭代步;R 为残差;Flu 为流动项;Q 为源汇项;ACC 为累计项。

ACC^n 的值对于 $n+1$ 时间步来说是常数,在获得第 n 个时间步的结果后,利用 Newton-Raphson 迭代计算第 $n+1$ 个时间步的值,每一次迭代都更新变量的值,使残差越来越小,当残差小于一定阈值的时候,认为计算收敛,第 $n+1$ 个时间步的变量状态得到。迭代过程中:

$$-J^{n+1,i}\delta x^{n+1,i} = R^{n+1,i} \tag{4-73}$$

$$x^{n+1,i+1} = x^{n+1,i} + \delta x^{n+1,i} \tag{4-74}$$

式中,J 为雅可比矩阵;δx 为变化量。

利用第 i 个迭代步的值计算雅可比矩阵和残差,获得第 i 个时间步到第 $i+1$ 个时间步的变量差值。因此,对于下述的雅可比矩阵计算均是在当前迭代步进行的。

(二)流动项

由 $\sum_p \int_A \omega_{m,p} K \lambda_p \cdot \nabla \Phi_p \cdot \mathbf{n} \mathrm{d}A$,假设当前网格编号为 i,与其相连的网格有 n 个,假设在同一接触面上势能梯度相等,方程可离散为

$$\sum_p \int_A \omega_{m,p} K \lambda_p \cdot \nabla \Phi_p \cdot \mathbf{n} \mathrm{d}A = \sum_p \sum_{j=1}^n \left(\omega_{m,p} A K \lambda_{rp} \nabla \Phi_p \right)_{i,j} \cdot \mathbf{n}_{i,j} \tag{4-75}$$

对于非正交网格系统,流动项通常写成传导率的表达形式。对于任意两个相连控制体 i 和 j,某一相的体积流量部分可以写作:

$$Q_{i,j} = (AK\lambda\nabla\phi)_{i,j} \cdot \mathbf{n}_{i,j} = T_{i,j}\lambda(\phi_i - \phi_j) \tag{4-76}$$

式中,$Q_{i,j}$ 为单位时间中从网格块 i 到网格块 j 的体积流量;λ 为流度;$T_{i,j}$ 为传导率。

离散裂缝模型的传导率计算可分为基质-基质(matrix-matrix,M-M)传导率、基质-裂缝(matrix-fracture,M-F)传导率和裂缝-裂缝(fracture-fracture,F-F)传导率(图 4-8)。与传统正交网格计算传导率的方法不同,离散裂缝模型中不同网格类型间的传导率计算需要考虑网格交面与体心连线间的夹角,具体计算方法参考 Karimi-Fard 等[123]发表的相关文献。

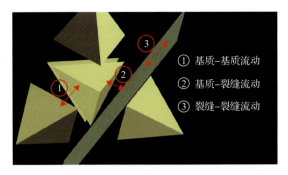

图 4-8 三维离散裂缝模型三种传导率示意图

最后得到流动项的离散形式为

$$\text{Flux}_m = \sum_p \sum_{j=1}^n \left(\omega_{m,p} A K \lambda_{\text{rp}} \nabla \Phi_p\right)_{i,j} \cdot \boldsymbol{n}_{i,j} = \sum_p \sum_{j=1}^n \omega_{m,p} T_{i,j} \lambda_p \left(\Phi_{pi} - \Phi_{pj}\right) \quad (4\text{-}77)$$

1. 烃组分

对于烃组分，既可以存在于油相中也可以存在于气相中。因此通量必须同时考虑油、气两相。同时，气相压力不是直接变量，因此需要通过毛细管力的关系由油相压力与饱和度获得气相压力 $P_\text{g} = P_\text{o} + P_{mog}(S_\text{g}, \sigma_{\text{og}})$。对第 m 种组分，设其在油相中的摩尔浓度为 x_m，在气相中的摩尔浓度为 y_m，则整个组分的流动项为

$$\text{Flux}_{m,i}^{n+1,i} = \sum_j T_{ij} \left(\begin{array}{l} y_m \overline{\rho_\text{g}} \lambda_{\text{g},ij}(P_\text{g}, S_\text{g}) \left\{ \begin{array}{l} \left[P_{\text{o},j} + P_{mog}(S_{\text{g},j}) - P_{\text{o},i} - P_{mog}(S_{\text{g},i})\right] \\ -\dfrac{\overline{\rho_\text{g}}}{B_\text{g}\left[P_\text{o} + P_{mog}(S_\text{g})\right]} g(D_j - D_i) \end{array} \right\} + \\ x_m \overline{\rho_\text{o}} \lambda_{\text{o},ij}(P_\text{o}, S_\text{o}) \left[(P_{\text{o},j} - P_{\text{o},i}) - \dfrac{\overline{\rho_\text{o}}}{B_\text{o}(P_\text{o})} g(D_j - D_i) \right] \end{array} \right)^{n+1,i} \quad (4\text{-}78)$$

式中，$\overline{\rho_\text{g}}$ 为气相平均密度；D 为网格中心的深度。

2. 水组分

对于水组分，其只存在于水相当中。同时与气相一样，水相压力由油相压力间接计算，即 $P_\text{w} = P_\text{o} - P_{mow}(S_\text{w})$。

$$\text{Flux}_{\text{w},i}^{n+1,i} = \left(\sum_j T_{ij} \lambda_{\text{w},ij}(P_\text{w}, S_\text{w}) \overline{\rho_\text{w}} \left\{ \begin{array}{l} \left[P_{\text{o},j} - P_{mow}(S_{\text{w},j}) - \dfrac{\overline{\rho_\text{w}}}{B_\text{w}(P_\text{w})} g D_j\right] \\ -\left[P_{\text{o},i} - P_{mow}(S_{\text{w},i}) - \dfrac{\overline{\rho_\text{w}}}{B_\text{w}(P_\text{w})} g D_i\right] \end{array} \right\} \right)^{n+1,i} \quad (4\text{-}79)$$

利用 Newton-Raphson 迭代对线性方程组求解：

$$-\boldsymbol{J}\delta = R \tag{4-80}$$

式中，$\boldsymbol{J}$ 为雅可比矩阵；R 为残差；δ 为变量修正量，$x^{n+1} = x^n + \delta$。

$$\boldsymbol{J} = \left(\frac{\mathrm{d}R}{\mathrm{d}x}\right)_{x^n}, \quad x = P_\mathrm{o}, S_\mathrm{g}, S_\mathrm{w} \tag{4-81}$$

因此，需要对上面的水和各组分方程进行求导，获得雅可比矩阵。

3. 雅可比矩阵

(1) 烃组分方程的雅可比形式。

烃组分分散在油相流动与气相流动中，对于重力项的密度，认为密度等于两个网格密度的平均：

$$\rho_{\mathrm{g},ig} = \rho_{\mathrm{g},jg} = \rho_{\mathrm{g},ijg} = \frac{1}{2}(\rho_{\mathrm{g},i} + \rho_{\mathrm{g},j}) \tag{4-82}$$

$$\rho_{\mathrm{o},ig} = \rho_{\mathrm{o},jg} = \rho_{\mathrm{o},ijg} = \frac{1}{2}(\rho_{\mathrm{o},i} + \rho_{\mathrm{o},j}) \tag{4-83}$$

式中，$\rho_{\mathrm{g},ig}$ 为网格 i 的气相重力项密度；$\rho_{\mathrm{g},jg}$ 为网格 j 的气相重力项密度；$\rho_{\mathrm{g},ijg}$ 为相邻网格 ij 间的气相重力项密度。

在此假设的基础上，计算密度对主变量的导数。其中密度对 p 和 x_m、y_m 的导数可由闪蒸计算过程获得。密度对水相饱和度 S_w 导数为 0，对气相饱和度 S_g 的偏导数如下：

$$\frac{\partial \rho_{\mathrm{g},ig}}{\partial S_{\mathrm{g},i}} = \frac{\partial \rho_{\mathrm{g},jg}}{\partial S_{\mathrm{g},i}} = \frac{1}{2}\overline{\rho_\mathrm{g}}\left\{-\frac{\overline{\partial \rho_\mathrm{g}}}{\partial P_\mathrm{g}}\left[P_{\mathrm{o},i} + P_{mog}(S_{\mathrm{g},i})\right]\left(\frac{\partial P_{mog}(S_{\mathrm{g},i})}{\partial S_\mathrm{g}}\right)\right\} \tag{4-84}$$

$$\frac{\partial \rho_{\mathrm{g},ig}}{\partial S_{\mathrm{g},j}} = \frac{\partial \rho_{\mathrm{g},jg}}{\partial S_{\mathrm{g},j}} = \frac{1}{2}\overline{\rho_\mathrm{g}}\left\{-\frac{\overline{\partial \rho_\mathrm{g}}}{\partial P_\mathrm{g}}\left[P_{\mathrm{o},j} + P_{mog}(S_{\mathrm{g},j})\right]\left(\frac{\partial P_{mog}(S_{\mathrm{g},j})}{\partial S_\mathrm{g}}\right)\right\} \tag{4-85}$$

离散方程为

$$\mathrm{Flux}_{c,i} = \sum_j T_{ij}\left(\begin{array}{l} y_m \overline{\rho_\mathrm{g}}\lambda_{\mathrm{g},ij}(P_\mathrm{g},S_\mathrm{g})\left\{\begin{array}{l}\left[P_{\mathrm{o},j} + P_{mog}(S_{\mathrm{g},j}) - P_{\mathrm{o},i} - P_{mog}(S_{\mathrm{g},i})\right] \\ -\dfrac{\overline{\rho_\mathrm{g}}}{B_\mathrm{g}(P_\mathrm{o} + P_{mog}(S_\mathrm{g}))}g(D_j - D_i)\end{array}\right\} + \\ x_m \overline{\rho_\mathrm{o}}\lambda_{\mathrm{o},ij}(P_\mathrm{o},S_\mathrm{o})\left[(P_{\mathrm{o},j} - P_{\mathrm{o},i}) - \dfrac{\overline{\rho_\mathrm{o}}}{B_\mathrm{o}(P_\mathrm{o})}g(D_j - D_i)\right] \end{array}\right) \tag{4-86}$$

对网格 i 的油相压力 P_o 求偏导：

$$\frac{\partial}{\partial P_{o,i}}\mathrm{Flux}_m = \sum_j T_{ij} \begin{pmatrix} \frac{y_m \partial}{\partial P_{o,i}}\left(\overline{\rho_g}\lambda_{g,ij}\right)\left\{\left[P_{o,j}+P_{mog}\left(S_{g,j}\right)-P_{o,i}-P_{mog}\left(S_{g,i}\right)\right]-\rho_{g,ij}g\left(D_j-D_i\right)\right\} \\ +y_m\overline{\rho_g}\lambda_{g,ij}\frac{\partial}{\partial P_{o,i}}\left\{\left[P_{o,j}+P_{mog}\left(S_{g,j}\right)-P_{o,i}-P_{mog}\left(S_{g,i}\right)\right]-\rho_{g,ij}g\left(D_j-D_i\right)\right\} \\ +x_m\overline{\rho_o}\lambda_{o,ij}\frac{\partial}{\partial P_{o,i}}\left[\left(P_{o,j}-P_{o,i}\right)-\rho_{o,ij}g\left(D_j-D_i\right)\right] \\ +x_m\frac{\partial}{\partial P_{o,i}}\left(\overline{\rho_o}\lambda_{o,ij}\right)\left[\left(P_{o,j}-P_{o,i}\right)-\rho_{o,ij}g\left(D_j-D_i\right)\right] \end{pmatrix}$$

(4-87)

对网格 j 的油相压力 P_o 求偏导：

$$\frac{\partial}{\partial P_{o,j}}\mathrm{Flux}_m = T_{ij} \begin{pmatrix} \frac{\partial}{\partial P_{o,j}}\left(\overline{\rho_g}\lambda_{g,ij}\right)\left\{\left[P_{o,j}+P_{mog}\left(S_{g,j}\right)-P_{o,i}-P_{mog}\left(S_{g,i}\right)\right]-\rho_{g,ij}g\left(D_j-D_i\right)\right\} \\ +y_m\overline{\rho_g}\lambda_{g,ij}\frac{\partial}{\partial P_{o,j}}\left\{\left[P_{o,j}+P_{mog}\left(S_{g,j}\right)-P_{o,i}-P_{mog}\left(S_{g,i}\right)\right]-\rho_{g,ij}g\left(D_j-D_i\right)\right\} \\ +x_m\overline{\rho_o}\lambda_{o,ij}\frac{\partial}{\partial P_{o,j}}\left[\left(P_{o,j}-P_{o,i}\right)-\rho_{o,ij}g\left(D_j-D_i\right)\right] \\ +x_m\frac{\partial}{\partial P_{o,j}}\left(\overline{\rho_o}\lambda_{o,ij}\right)\left[\left(P_{o,j}-P_{o,i}\right)-\rho_{o,ij}g\left(D_j-D_i\right)\right] \end{pmatrix}$$

(4-88)

对网格 i，j 的水相饱和度 S_w 求偏导：

$$\frac{\partial}{\partial S_{w,i}}\mathrm{Flux}_c = \frac{\partial}{\partial S_{w,j}}\mathrm{Flux}_c = 0 \tag{4-89}$$

对网格 i 的气相饱和度 S_g 求偏导：

$$\frac{\partial}{\partial S_{g,i}}\mathrm{Flux}_m = \sum_j T_{ij} \begin{pmatrix} \frac{y_m\partial\overline{\rho_g}}{\partial S_{g,i}}\left(\lambda_{g,ij}\right)\left\{\left[P_{o,j}+P_{mog}\left(S_{g,j}\right)-P_{o,i}-P_{mog}\left(S_{g,i}\right)\right]-\rho_{g,ij}g\left(D_j-D_i\right)\right\} \\ +y_m\lambda_{g,ij}\frac{\partial}{\partial S_{g,i}}\left\{\left[P_{o,j}+P_{mog}\left(S_{g,j}\right)-P_{o,i}-P_{mog}\left(S_{g,i}\right)\right]-\rho_{g,ij}g\left(D_j-D_i\right)\right\} \\ +x_m\overline{\rho_o}\lambda_{o,ij}\frac{\partial}{\partial S_{g,i}}\left[\left(P_{o,j}-P_{o,i}\right)-\rho_{o,ij}g\left(D_j-D_i\right)\right] \\ +\frac{\partial\overline{\rho_o}x_m\lambda_{o,ij}}{\partial S_{g,i}}\left[\left(P_{o,j}-P_{o,i}\right)-\rho_{o,ij}g\left(D_j-D_i\right)\right] \end{pmatrix}$$

(4-90)

对网格 j 的气相饱和度 S_g 求偏导:

$$\frac{\partial}{\partial S_{g,j}}\text{Flux}_m = T_{ij}\begin{pmatrix}\dfrac{\partial\left(y_m\overline{\rho_g}\lambda_{g,ij}\right)}{\partial S_{g,j}}\left\{\left[P_{o,j}+P_{mog}\left(S_{g,j}\right)-P_{o,i}-P_{mog}\left(S_{g,i}\right)\right]-\rho_{g,ij}g\left(D_j-D_i\right)\right\} \\ +y_m\overline{\rho_g}\lambda_{g,ij}\dfrac{\partial}{\partial S_{g,j}}\left\{\left[P_{o,j}+P_{mog}\left(S_{g,j}\right)-P_{o,i}-P_{mog}\left(S_{g,i}\right)\right]-\rho_{g,ij}g\left(D_j-D_i\right)\right\} \\ +x_m\overline{\rho_o}\lambda_{o,ij}\dfrac{\partial}{\partial S_{g,j}}\left[\left(P_{o,j}-P_{o,i}\right)-\rho_{o,ij}g\left(D_j-D_i\right)\right] \\ +\dfrac{\partial\overline{\rho_o}x_m\lambda_{o,ij}}{\partial S_{g,j}}\left[\left(P_{o,j}-P_{o,i}\right)-\rho_{o,ij}g\left(D_j-D_i\right)\right]\end{pmatrix}$$

(4-91)

至此推出了关于各组分方程的所有雅可比形式，关于流度 λ 的偏导数涉及迎风格式，下面单独讨论。

$$\lambda_{g,ij} = \left(\frac{K_{rg}}{\mu_g B_g}\right)_{ij} \tag{4-92}$$

式中，K_{rg} 为相对渗透率。

假设网格 i 是油相流动的上游方向，即 $\phi_{o,i} > \phi_{o,j}$，$\phi_{g,i} > \phi_{g,j}$，则有（j 方向是上游方向的情形可以类推）:

$$\lambda_{g,ij} = \left(\frac{K_{rg}}{\mu_g B_g}\right)_i = \left\{\frac{K_{rg}\left(S_{g,i}\right)}{\mu_g\left[P_{o,i}+P_{mog}\left(S_{g,i}\right)\right]B_g\left[P_{o,i}+P_{mog}\left(S_{g,i}\right)\right]}\right\}_i \tag{4-93}$$

$$\begin{aligned}\frac{\partial\lambda_{g,ij}}{\partial P_{o,i}} &= \frac{\partial}{\partial P_{o,i}}\left\{\frac{K_{rg}\left(S_{g,i}\right)}{\mu_g\left[P_{o,i}+P_{mog}\left(S_{g,i}\right)\right]B_g\left[P_{o,i}+P_{mog}\left(S_{g,i}\right)\right]}\right\} \\ &= K_{rg}\left(S_{g,i}\right)\frac{\partial}{\partial P_{o,i}}\left\{\frac{1}{\mu_g\left[P_{o,i}+P_{mog}\left(S_{g,i}\right)\right]B_g\left[P_{o,i}+P_{mog}\left(S_{g,i}\right)\right]}\right\} \\ &= -K_{rg}\left(S_{g,i}\right)\left(\frac{\dfrac{\partial B_{g,i}}{\partial P_{o,i}}\mu_{g,i}+\dfrac{\partial\mu_{g,i}}{\partial P_{o,i}}B_{g,i}}{\mu_{g,i}^2 B_{g,i}^2}\right)\end{aligned} \tag{4-94}$$

$$\frac{\partial\lambda_{g,ij}}{\partial P_{o,j}} = \frac{\partial}{\partial P_{o,j}}\left\{\frac{K_{rg}\left(S_{g,i}\right)}{\mu_g\left[P_{o,i}+P_{mog}\left(S_{g,i}\right)\right]B_g\left[P_{o,i}+P_{mog}\left(S_{g,i}\right)\right]}\right\} = 0 \tag{4-95}$$

$$\frac{\partial\lambda_{g,ij}}{\partial S_{w,i}} = \frac{\partial}{\partial S_{w,i}}\left\{\frac{K_{rg}\left(S_{g,i}\right)}{\mu_g\left[P_{o,i}+P_{mog}\left(S_{g,i}\right)\right]B_g\left[P_{o,i}+P_{mog}\left(S_{g,i}\right)\right]}\right\} = 0 \tag{4-96}$$

$$\frac{\partial \lambda_{\mathrm{g},ij}}{\partial S_{\mathrm{w},j}} = \frac{\partial}{\partial S_{\mathrm{w},j}} \left\{ \frac{K_{\mathrm{rg}}\left(S_{\mathrm{g},i}\right)}{\mu_{\mathrm{g}}\left[P_{\mathrm{o},i} + P_{mog}\left(S_{\mathrm{g},i}\right)\right] B_{\mathrm{g}}\left[P_{\mathrm{o},i} + P_{mog}\left(S_{\mathrm{g},i}\right)\right]} \right\} = 0 \quad (4\text{-}97)$$

$$\begin{aligned}\frac{\partial \lambda_{\mathrm{g},ij}}{\partial S_{\mathrm{g},i}} &= \frac{\partial}{\partial S_{\mathrm{g},i}} \left\{ \frac{K_{\mathrm{rg}}\left(S_{\mathrm{g},i}\right)}{\mu_{\mathrm{g}}\left[P_{\mathrm{o},i} + P_{mog}\left(S_{\mathrm{g},i}\right)\right] B_{\mathrm{g}}\left[P_{\mathrm{o},i} + P_{mog}\left(S_{\mathrm{g},i}\right)\right]} \right\} \\ &= \frac{\partial K_{\mathrm{rg}}\left(S_{\mathrm{g},i}\right)}{\partial S_{\mathrm{g},i}} \frac{1}{\mu_{\mathrm{g},i} B_{\mathrm{g},i}} - K_{\mathrm{rg}}\left(S_{\mathrm{g},i}\right) \frac{\partial P_{\mathrm{cog}}}{\partial S_{\mathrm{g},i}} \left(\frac{\frac{\partial B_{\mathrm{g},i}}{\partial P_{\mathrm{g},i}} \mu_{\mathrm{g},i} + \frac{\partial \mu_{\mathrm{g},i}}{\partial P_{\mathrm{g},i}} B_{\mathrm{g},i}}{\mu_{\mathrm{g},i}^2 B_{\mathrm{g},i}^2} \right)\end{aligned} \quad (4\text{-}98)$$

$$\frac{\partial \lambda_{\mathrm{g},ij}}{\partial S_{\mathrm{g},j}} = \frac{\partial}{\partial S_{\mathrm{g},j}} \left\{ \frac{K_{\mathrm{rg}}\left(S_{\mathrm{g},i}\right)}{\mu_{\mathrm{g}}\left[P_{\mathrm{o},i} + P_{mog}\left(S_{\mathrm{g},i}\right)\right] B_{\mathrm{g}}\left[P_{\mathrm{o},i} + P_{mog}\left(S_{\mathrm{g},i}\right)\right]} \right\} = 0 \quad (4\text{-}99)$$

(2) 水组分方程的雅可比形式。

水组分方程的雅可比形式为

$$\mathrm{Flux}_{\mathrm{w},i} = T_{ij} \overline{\rho_{\mathrm{w}}} \sum_{j} \lambda_{\mathrm{w},ij}\left(P_{\mathrm{w}}, S_{\mathrm{w}}\right) \left\{ \begin{array}{l} \left[P_{\mathrm{o},j} - P_{mow}\left(S_{\mathrm{w},j}\right) - \rho_{\mathrm{w},ij} g D_{j}\right] \\ - \left[P_{\mathrm{o},i} - P_{mow}\left(S_{\mathrm{w},i}\right) - \rho_{\mathrm{w},ij} g D_{i}\right] \end{array} \right\} \quad (4\text{-}100)$$

与烃组分方程类似，对重力项中密度的处理如下（重力项密度为两个网格密度的平均值）：

$$\begin{aligned}\rho_{\mathrm{w},ig} = \rho_{\mathrm{w},jg} = \rho_{\mathrm{w},ijg} &= 1/2\left(\rho_{\mathrm{w},i} + \rho_{\mathrm{w},j}\right) = 1/2\overline{\rho_{\mathrm{w}}}\left(\frac{1}{B_{\mathrm{w},i}} + \frac{1}{B_{\mathrm{w},j}}\right) \\ &= 1/2\overline{\rho_{\mathrm{w}}} \left[\frac{1}{B_{\mathrm{w}}\left(P_{\mathrm{o},i} - P_{mow,i}\right)} + \frac{1}{B_{\mathrm{w}}\left(P_{\mathrm{o},j} - P_{mow,j}\right)} \right] \\ &= 1/2\overline{\rho_{\mathrm{w}}} \left\{ \frac{1}{B_{\mathrm{w}}\left[P_{\mathrm{o},i} - P_{mow,i}\left(S_{\mathrm{w},i}\right)\right]} + \frac{1}{B_{\mathrm{w}}\left[P_{\mathrm{o},j} - P_{mow,j}\left(S_{\mathrm{w},j}\right)\right]} \right\}\end{aligned} \quad (4\text{-}101)$$

$$\frac{\partial \rho_{\mathrm{w},ig}}{\partial P_{\mathrm{o},i}} = \frac{\partial \rho_{\mathrm{w},jg}}{\partial P_{\mathrm{o},i}} = \frac{1}{2}\overline{\rho_{\mathrm{w}}}\left\{-\frac{\partial B_{\mathrm{w}}\left[P_{\mathrm{o},i} - P_{mow}\left(S_{\mathrm{w},i}\right)\right]}{\partial P_{\mathrm{w}}} \bigg/ B_{\mathrm{w},i}^{2}\right\} \quad (4\text{-}102)$$

$$\frac{\partial \rho_{\mathrm{w},ig}}{\partial P_{\mathrm{o},j}} = \frac{\partial \rho_{\mathrm{w},jg}}{\partial P_{\mathrm{o},j}} = \frac{1}{2}\overline{\rho_{\mathrm{w}}}\left\{-\frac{\partial B_{\mathrm{w}}\left[P_{\mathrm{o},j} - P_{mow}\left(S_{\mathrm{w},j}\right)\right]}{\partial P_{\mathrm{w}}} \bigg/ B_{\mathrm{w},j}^{2}\right\} \quad (4\text{-}103)$$

$$\frac{\partial \rho_{w,ig}}{\partial S_{w,i}} = \frac{\partial \rho_{w,jg}}{\partial S_{w,i}} = \frac{1}{2}\overline{\rho_w}\left\{\frac{-\frac{\partial B_w\left[P_{o,i}-P_{mow}(S_{w,i})\right]}{\partial P_w}\left[-\frac{\partial P_{mow}(S_{w,i})}{\partial S_w}\right]}{B_{w,i}^2}\right\} \quad (4\text{-}104)$$

$$\frac{\partial \rho_{w,ig}}{\partial S_{w,j}} = \frac{\partial \rho_{w,jg}}{\partial S_{w,j}} = \frac{1}{2}\overline{\rho_w}\left\{\frac{-\frac{\partial B_w\left[P_{o,j}-P_{mow}(S_{w,j})\right]}{\partial P_w}\left[-\frac{\partial P_{mow}(S_{w,j})}{\partial S_w}\right]}{B_{w,j}^2}\right\} \quad (4\text{-}105)$$

对网格 i 的油相压力 P_o 求偏导：

$$\begin{aligned}\frac{\partial}{\partial P_{o,i}}\text{Flux}_{w,i} &= T_{ij}\overline{\rho_w}\sum_j\left(\begin{array}{l}\frac{\partial \lambda_{w,ij}}{\partial P_{o,i}}\left\{(P_{o,j}-P_{o,i})-\left[P_{mow}(S_{w,j})-P_{mow}(S_{w,i})\right]-\rho_{w,ij}g(D_j-D_i)\right\}\\ +\lambda_{w,ij}\frac{\partial}{\partial P_{o,i}}\left\{(P_{o,j}-P_{o,i})-\left[P_{mow}(S_{w,j})-P_{mow}(S_{w,i})\right]-\rho_{w,ij}g(D_j-D_i)\right\}\end{array}\right)\\ &= T_{ij}\overline{\rho_w}\sum_j\left(\begin{array}{l}\frac{\partial \lambda_{w,ij}}{\partial P_{o,i}}\left\{(P_{o,j}-P_{o,i})-\left[P_{mow}(S_{w,j})-P_{mow}(S_{w,i})\right]-\rho_{w,ij}g(D_j-D_i)\right\}\\ +\lambda_{w,ij}\left[-1-\frac{\partial \rho_{w,ij}}{\partial P_{o,i}}g(D_j-D_i)\right]\end{array}\right)\\ &= T_{ij}\overline{\rho_w}\sum_j\left[\frac{\partial \lambda_{w,ij}}{\partial P_{o,i}}a_1^w+\lambda_{w,ij}(-1-a_2^w)\right] = f_1^w\end{aligned}$$

$$(4\text{-}106)$$

对网格 j 的油相压力 P_o 求偏导：

$$\begin{aligned}\frac{\partial}{\partial P_{o,j}}\text{Flux}_{w,i} &= T_{ij}\overline{\rho_w}\sum_j\left(\begin{array}{l}\frac{\partial \lambda_{w,ij}}{\partial P_{o,j}}\left\{(P_{o,j}-P_{o,i})-\left[P_{mow}(S_{w,j})-P_{mow}(S_{w,i})\right]-\rho_{w,ij}g(D_j-D_i)\right\}\\ +\lambda_{w,ij}\frac{\partial}{\partial P_{o,j}}\left\{(P_{o,j}-P_{o,i})-\left[P_{mow}(S_{w,j})-P_{mow}(S_{w,i})\right]-\rho_{w,ij}g(D_j-D_i)\right\}\end{array}\right)\\ &= T_{ij}\overline{\rho_w}\sum_j\left(\begin{array}{l}\frac{\partial \lambda_{w,ij}}{\partial P_{o,j}}\left\{(P_{o,j}-P_{o,i})-\left[P_{mow}(S_{w,j})-P_{mow}(S_{w,i})\right]-\rho_{w,ij}g(D_j-D_i)\right\}\\ +\lambda_{w,ij}\left[1-\frac{\partial \rho_{w,ij}}{\partial P_{o,j}}g(D_j-D_i)\right]\end{array}\right)\\ &= T_{ij}\overline{\rho_w}\sum_j\left[\frac{\partial \lambda_{w,ij}}{\partial P_{o,j}}a_1^w+\lambda_{w,ij}(-1-a_3^w)\right] = f_2^w\end{aligned}$$

$$(4\text{-}107)$$

对 i 网格含水饱和度 S_w 的偏导：

$$\begin{aligned}\frac{\partial}{\partial S_{w,i}}\text{Flux}_{w,i} &= T_{ij}\overline{\rho_w}\sum_j\left(\begin{array}{l}\dfrac{\partial \lambda_{w,ij}}{\partial S_{w,i}}\{(P_{o,j}-P_{o,i})-[P_{mow}(S_{w,j})-P_{mow}(S_{w,i})]-\rho_{w,ij}g(D_j-D_i)\}\\ +\lambda_{w,ij}\dfrac{\partial}{\partial S_{w,i}}\{(P_{o,j}-P_{o,i})-[P_{mow}(S_{w,j})-P_{mow}(S_{w,i})]-\rho_{w,ij}g(D_j-D_i)\}\end{array}\right)\\
&=T_{ij}\overline{\rho_w}\sum_j\left(\begin{array}{l}\dfrac{\partial \lambda_{w,ij}}{\partial S_{w,i}}\{(P_{o,j}-P_{o,i})-[P_{mow}(S_{w,j})-P_{mow}(S_{w,i})]-\rho_{w,ij}g(D_j-D_i)\}\\ \qquad\qquad +\lambda_{w,ij}\left[\dfrac{\partial P_{mow}(S_{w,i})}{\partial S_{w,i}}-\dfrac{\partial \rho_{w,ij}}{\partial S_{w,i}}g(D_j-D_i)\right]\end{array}\right)\\
&=T_{ij}\overline{\rho_w}\sum_j\left(\dfrac{\partial \lambda_{w,ij}}{\partial S_{w,i}}a_1^w+\lambda_{w,ij}a_4^w\right)=f_3^w\end{aligned}$$

(4-108)

对 j 网格含水饱和度 S_w 的偏导:

$$\begin{aligned}\frac{\partial}{\partial S_{w,j}}\text{Flux}_{w,i} &= T_{ij}\overline{\rho_w}\left(\begin{array}{l}\dfrac{\partial \lambda_{w,ij}}{\partial S_{w,j}}\{(P_{o,j}-P_{o,i})-[P_{mow}(S_{w,j})-P_{mow}(S_{w,i})]-\rho_{w,ij}g(D_j-D_i)\}\\ +\lambda_{w,ij}\dfrac{\partial}{\partial S_{w,j}}\{(P_{o,j}-P_{o,i})-[P_{mow}(S_{w,j})-P_{mow}(S_{w,i})]-\rho_{w,ij}g(D_j-D_i)\}\end{array}\right)\\
&=T_{ij}\overline{\rho_w}\sum_j\left(\begin{array}{l}\dfrac{\partial \lambda_{w,ij}}{\partial S_{w,j}}\{(P_{o,j}-P_{o,i})-[P_{mow}(S_{w,j})-P_{mow}(S_{w,i})]-\rho_{w,ij}g(D_j-D_i)\}\\ \qquad\qquad +\lambda_{w,ij}\left[\dfrac{\partial P_{mow}(S_{w,i})}{\partial S_{w,j}}-\dfrac{\partial \rho_{w,ij}}{\partial S_{w,j}}g(D_j-D_i)\right]\end{array}\right)\\
&=T_{ij}\overline{\rho_w}\sum_j\left(\dfrac{\partial \lambda_{w,ij}}{\partial S_{w,j}}a_1^w+\lambda_{w,ij}a_5^w\right)=f_4^w\end{aligned}$$

(4-109)

对网格含气饱和度 S_g 的偏导:

$$\frac{\partial}{\partial S_{g,i}}\text{Flux}_{w,i}=\frac{\partial}{\partial S_{g,j}}\text{Flux}_{w,i}=0 \tag{4-110}$$

式(4-106)～式(4-109)中,

$$a_1^w=P_{o,j}-P_{o,i}-[P_{mow}(S_{w,j})-P_{mow}(S_{w,i})]-\rho_{w,ij}g(D_j-D_i) \tag{4-111}$$

$$a_2^w=\frac{\partial \rho_{w,ij}}{\partial P_{o,i}}g(D_j-D_i) \tag{4-112}$$

$$a_3^w = \frac{\partial \rho_{w,ij}}{\partial P_{o,j}} g(D_j - D_i) \tag{4-113}$$

$$a_4^w = \frac{\partial P_{mow}(S_{w,i})}{\partial S_{w,i}} - \frac{\partial \rho_{w,ij}}{\partial S_{w,i}} g(D_j - D_i) \tag{4-114}$$

$$a_5^w = \frac{\partial P_{mow}(S_{w,i})}{\partial S_{w,j}} - \frac{\partial \rho_{w,ij}}{\partial S_{w,j}} g(D_j - D_i) \tag{4-115}$$

至此推出了关于水组分方程的所有雅可比形式，关于流度的偏导数涉及迎风格式，这里单独讨论。

$$\lambda_{w,ij} = \left(\frac{K_{rw}}{\mu_w B_w}\right)_{i,j} \tag{4-116}$$

假设网格 i 是油相流动的上游方向，即 $\phi_{w,i} > \phi_{w,j}$，则有（j 方向是上游方向的情形可以类推）：

$$\lambda_{w,ij} = \left(\frac{K_{rw}}{\mu_w B_w}\right)_i = \left\{\frac{K_{rw}(S_{w,i})}{\mu_w[P_{o,i} + P_{mow}(S_{w,i})] B_w[P_{o,i} + P_{mow}(S_{w,i})]}\right\}_i \tag{4-117}$$

$$\begin{aligned}\frac{\partial \lambda_{w,ij}}{\partial P_{o,i}} &= \frac{\partial}{\partial P_{o,i}}\left\{\frac{K_{rw}(S_{w,i})}{\mu_w[P_{o,i} + P_{mow}(S_{w,i})] B_w[P_{o,i} + P_{mow}(S_{w,i})]}\right\} \\ &= K_{rw}(S_{w,i}) \frac{\partial}{\partial P_{o,i}}\left\{\frac{1}{\mu_w[P_{o,i} + P_{mow}(S_{w,i})] B_w[P_{o,i} + P_{mow}(S_{w,i})]}\right\} \\ &= -K_{rw}(S_{w,i}) \left(\frac{\frac{\partial B_{w,i}}{\partial P_{o,i}}\mu_{w,i} + \frac{\partial \mu_{w,i}}{\partial P_{o,i}} B_{w,i}}{\mu_{w,i}^2 B_{w,i}^2}\right)\end{aligned} \tag{4-118}$$

$$\frac{\partial \lambda_{w,ij}}{\partial P_{o,j}} = \frac{\partial}{\partial P_{o,j}}\left\{\frac{K_{rw}(S_{w,i})}{\mu_w[P_{o,i} + P_{mow}(S_{w,i})] B_w[P_{o,i} + P_{mow}(S_{w,i})]}\right\} = 0 \tag{4-119}$$

$$\begin{aligned}\frac{\partial \lambda_{w,ij}}{\partial S_{w,i}} &= \frac{\partial}{\partial S_{w,i}}\left\{\frac{K_{rw}(S_{w,i})}{\mu_w[P_{o,i} + P_{mow}(S_{w,i})] B_w[P_{o,i} + P_{mow}(S_{w,i})]}\right\} \\ &= \frac{\partial K_{rw}(S_{w,i})}{\partial S_{w,i}} \frac{1}{\mu_{w,i} B_{w,i}} + K_{rw}(S_{w,i}) \frac{\partial P_{mow}}{\partial S_{w,i}}\left(\frac{\frac{\partial B_{w,i}}{\partial P_{w,i}}\mu_{w,i} + \frac{\partial \mu_{w,i}}{\partial P_{w,i}} B_{w,i}}{\mu_{w,i}^2 B_{w,i}^2}\right)\end{aligned} \tag{4-120}$$

$$\frac{\partial \lambda_{w,ij}}{\partial S_{w,j}} = \frac{\partial}{\partial S_{w,j}} \left\{ \frac{K_{rw}(S_{w,i})}{\mu_w \left[P_{o,i} + P_{mow}(S_{w,i}) \right] B_w \left[P_{o,i} + P_{mow}(S_{w,i}) \right]} \right\} = 0 \quad (4\text{-}121)$$

$$\frac{\partial \lambda_{w,ij}}{\partial S_{g,i}} = \frac{\partial}{\partial S_{g,i}} \left\{ \frac{K_{rw}(S_{w,i})}{\mu_w \left[P_{o,i} + P_{mow}(S_{w,i}) \right] B_w \left[P_{o,i} + P_{mow}(S_{w,i}) \right]} \right\} = 0 \quad (4\text{-}122)$$

$$\frac{\partial \lambda_{w,ij}}{\partial S_{g,i}} = \frac{\partial}{\partial S_{g,i}} \left\{ \frac{K_{rw}(S_{w,i})}{\mu_w \left[P_{o,i} + P_{mow}(S_{w,i}) \right] B_w \left[P_{o,i} + P_{mow}(S_{w,i}) \right]} \right\} = 0 \quad (4\text{-}123)$$

$$\frac{\partial \lambda_{w,ij}}{\partial S_{g,j}} = \frac{\partial}{\partial S_{g,j}} \left\{ \frac{K_{rw}(S_{w,i})}{\mu_w \left[P_{o,i} + P_{mow}(S_{w,i}) \right] B_w \left[P_{o,i} + P_{mow}(S_{w,i}) \right]} \right\} = 0 \quad (4\text{-}124)$$

(三) 累积项

累积项为

$$\sum_p \int_V \frac{\partial}{\partial t} (\phi S_p \omega_{m,p}) \mathrm{d}V = \sum_p \frac{V_i}{\Delta t} \left[(\phi S_p \omega_{m,p})^{n+1} - (\phi S_p \omega_{m,p})^n \right] \quad (4\text{-}125)$$

对于 V_i 的计算，非结构化网格与笛卡儿正交网格存在的差异见表 4-7。

表 4-7 非结构化网格与笛卡儿正交网格对比表

笛卡尔正交网格	非结构化网格
$\Delta x \Delta y \Delta z$	V=网格体积，复杂几何体拆分为小几何体分别计算体积再相加

1. 烃组分

烃组分累计项的表达式为

$$\begin{aligned}
\mathrm{ACC}_{C,i}^{n+1,i} &= \frac{V_i}{\Delta t} \left[\left(\phi_i S_{o,i} x_m \overline{\frac{\rho_{o,i}}{B_o}} + \phi_i S_{g,i} y_m \overline{\frac{\rho_{g,i}}{B_g}} \right)^{n+1,i} - \left(\phi_i S_{o,i} x_m \overline{\frac{\rho_{o,i}}{B_o}} + \phi_i S_{g,i} y_m \overline{\frac{\rho_{g,i}}{B_g}} \right)^{n,i} \right] \\
&= \frac{V_i}{\Delta t} \left[\left(\phi(P_{o,i}) \left\{ S_{o,i} x_m \overline{\frac{\rho_{o,i}(P_{o,i})}{B_o(P_{o,i})}} + S_{g,i} y_m \overline{\frac{\rho_{g,i}(P_{o,i})}{B_g[P_{o,i} + P_{mog,i}(S_g)]}} \right\} \right)^{n+1,i} \right. \\
&\quad \left. - \left(\phi_i S_{o,i} x_m \overline{\frac{\rho_{o,i}}{B_o}} + \phi_i S_{g,i} y_m \overline{\frac{\rho_{g,i}}{B_g}} \right)^{n,i} \right]
\end{aligned} \quad (4\text{-}126)$$

雅可比矩阵中各项为

$$\frac{\partial}{\partial P_{o,i}}\mathrm{ACC}_g = \frac{\partial}{\partial P_{o,i}}\frac{V_i}{\Delta t}\left(\phi(P_{o,i})\left\{S_{o,i}x_m\frac{\overline{\rho_{o,i}}}{B_o(P_{o,i})} + S_{g,i}y_m\frac{\overline{\rho_{g,i}}}{B_g[P_{o,i}+P_{mog,i}(S_g)]}\right\}\right)$$

$$= \frac{V_i}{\Delta t}\frac{\partial\phi(P_{o,i})}{\partial P_{o,i}}\left(S_{o,i}x_m\frac{\overline{\rho_{o,i}}}{B_{o,i}} + S_{g,i}y_m\frac{\overline{\rho_{g,i}}}{B_{g,i}}\right) + \frac{V_i}{\Delta t}\phi_i\left[S_{o,i}x_m\frac{\partial}{\partial P_{o,i}}\left(\frac{\overline{\rho_{o,i}}}{B_{o,i}}\right) + S_{g,i}y_m\overline{\rho_{g,i}}\frac{\partial}{\partial P_{o,i}}\frac{1}{B_{g,i}}\right]$$

$$= \frac{V_i}{\Delta t}\frac{\partial\phi(P_{o,i})}{\partial P_{o,i}}\left(S_{o,i}x_m\frac{\overline{\rho_{o,i}}}{B_{o,i}} + S_{g,i}y_m\frac{\overline{\rho_{g,i}}}{B_{g,i}}\right)$$

$$+ \frac{V_i}{\Delta t}\phi_i\left(S_{o,i}x_c\frac{\frac{\partial\overline{\rho_{o,i}}}{\partial P_{o,i}}B_{o,i} + \frac{\partial B_{o,i}}{\partial P_{o,i}}\overline{\rho_{o,i}}}{B_{o,i}^2} + S_{g,i}y_m\frac{-\frac{\partial\overline{\rho_{g,i}}}{\partial P}(P_{g,i})}{B_{g,i}^2}\right) \quad (4\text{-}127)$$

$$\frac{\partial}{\partial S_{w,i}}\mathrm{ACC}_g = \frac{\partial}{\partial S_{w,i}}\frac{V_i\phi}{\Delta t}\left(S_{o,i}x_m\frac{\overline{\rho_{o,i}}}{B_{o,i}} + S_{g,i}y_m\frac{\overline{\rho_{g,i}}}{B_{g,i}}\right) \quad (4\text{-}128)$$

$$\frac{\partial}{\partial S_{g,i}}\mathrm{ACC}_g = \frac{\partial}{\partial S_{g,i}}\frac{V_i\phi_i}{\Delta t}\left[\left(S_{o,i}x_m\frac{\overline{\rho_{o,i}}}{B_{o,i}} + S_{g,i}y_m\frac{\overline{\rho_{g,i}}}{B_{g,i}}\right)\right] = \frac{V_i\phi_i}{\Delta t}\left[\left(-x_m\frac{\overline{\rho_{o,i}}}{B_{o,i}} + y_m\frac{\overline{\rho_{g,i}}}{B_{g,i}}\right)\right] \quad (4\text{-}129)$$

2. 水组分

水组分的累计项表达式为

$$\mathrm{ACC}_{w,i}^{n+1,i} = \frac{V_i}{\Delta t}\left[\left(\phi_i S_{w,i}\frac{\overline{\rho_{w,i}}}{B_{w,i}}\right)^{n+1} - \left(\phi_i S_{w,i}\frac{\overline{\rho_{w,i}}}{B_{w,i}}\right)^n\right] \quad (4\text{-}130)$$

$$\mathrm{ACC}_{w,i}^{n+1,i} = \frac{V_i\overline{\rho_{w,i}}}{\Delta t}\left(\left\{S_{w,i}\frac{\phi(P_{o,i})}{B_w[P_{o,i}-P_{mow}(S_{w,i})]}\right\}^{n+1,i} - \left(\frac{\phi_i S_{w,i}}{B_{w,i}}\right)^n\right) = A_{w,i}^{n+1,i} \quad (4\text{-}131)$$

雅可比矩阵中各项为

$$\frac{\partial}{\partial P_{o,i}}\mathrm{ACC}_w = \frac{\partial}{\partial P_{o,i}}\frac{V_i\overline{\rho_{w,i}}}{\Delta t}\left\{S_{w,i}\frac{\phi(P_{o,i})}{B_w[P_{o,i}-P_{mow}(S_{w,i})]}\right\} \quad (4\text{-}132)$$

$$\frac{\partial}{\partial P_{o,i}}\mathrm{ACC}_w = \frac{V_i\overline{\rho_{w,i}}S_{w,i}}{\Delta t}\frac{\partial}{\partial P_{w,i}}\left\{\frac{\phi(P_{o,i})}{B_w[P_{o,i}-P_{mow}(S_{w,i})]}\right\} \quad (4\text{-}133)$$

$$\frac{\partial}{\partial P_{o,i}} \text{ACC}_w = \frac{V_i \overline{\rho_{w,i}} S_{w,i}}{\Delta t} \left\{ \frac{\frac{\partial \phi(P_{o,i})}{\partial P_{o,i}} B_w(P_{w,i}) - \frac{\partial B_w [P_{o,i} - P_{mow}(S_{w,i})]}{\partial P_{w,i}} \phi(P_{o,i})}{B_w^2(P_{w,i})} \right\} = b_1^w \quad (4\text{-}134)$$

$$\frac{\partial}{\partial S_{w,i}} \text{ACC}_w = \frac{\partial}{\partial S_{w,i}} \frac{V_i \overline{\rho_{w,i}}}{\Delta t} \left[S_{w,i} \frac{\phi(P_{o,i})}{B_w(P_{w,i})} \right] \quad (4\text{-}135)$$

$$\frac{\partial}{\partial S_{w,i}} \text{ACC}_w = \frac{V_i \overline{\rho_{w,i}} \phi(P_{o,i})}{\Delta t} \left(\frac{1}{B_w(P_{w,i})} + S_{w,i} \frac{\partial}{\partial S_{w,i}} \left\{ \frac{1}{B_w[P_{o,i} - P_{mow}(S_w)]} \right\} \right) \quad (4\text{-}136)$$

$$\frac{\partial}{\partial S_{w,i}} \text{ACC}_w = \frac{V_i \overline{\rho_{w,i}} \phi_i}{\Delta t} \left(\frac{1}{B_{w,i}} + S_{w,i} \frac{\frac{\partial B_w}{\partial P_{w,i}} \frac{\partial P_{mow}}{\partial S_{w,i}}}{B_{w,i}^2} \right) = b_2^w \quad (4\text{-}137)$$

$$\frac{\partial}{\partial S_{g,i}} \text{ACC}_w = 0 \quad (4\text{-}138)$$

(四) 源汇项

控制方程中源汇项为

$$\sum_p \int_V y_{m,p} m_p \, dV \quad (4\text{-}139)$$

假设井在网格块 i 中，相 p 的注入/采出体积速率可以表示为

$$q_{pi}^w = Y_p^w \left(\Phi_{pi} - \Phi_{pi}^w \right) = \text{WI}_i \lambda_{pi} \left(\Phi_{pi} - \Phi_{pi}^w \right) \quad (4\text{-}140)$$

式中，WI 为井指数，代表网格几何部分的传导率；$\lambda_{pi} = \frac{K_{rp}}{\mu_p} \frac{1}{b_p}$ 为相的流度；$Y_p^w = \text{WI}\lambda_{pi}$ 为井的传导率；$\Phi_p = P_p - \gamma_p D$ 为相 p 的势能，其中，D 为高度压，$\gamma_p = \rho_p g$。

对于常规笛卡儿网格

$$\text{WI} = \frac{2\pi Kh}{\ln\left(\frac{r_o}{r_w}\right) + s} \quad (4\text{-}141)$$

式中，s 为表皮系数。

对于非结构化网格(如四面体网格)中的井，井指数的计算一直没有一个公认准确的方法。一般使用等效网格长度来获得近似的井指数，即利用 $\Delta x = \Delta y = \Delta z = \sqrt[3]{V}$，从而利用式(4-141)得到 WI。不同网格体系的 r_o 计算方法见表 4-8。后续可以在历史拟合中或利用数值方法、半数值半解析方法获得更为精确的井指数。

表 4-8 正交六面体和非结构化网格对比

	r_o	WI
正交六面体网格	$r_o = 0.28 \dfrac{\left(\dfrac{K_y}{K_x}\right)^{1/2} \Delta x^2 + \left(\dfrac{K_x}{K_y}\right)^{1/2} \Delta y^2}{\left(\dfrac{K_y}{K_x}\right)^{1/4} + \left(\dfrac{K_x}{K_y}\right)^{1/4}}$	$\mathrm{WI} = \left[\dfrac{2\pi K h}{\ln\left(\dfrac{r_o}{r_w}\right) + s} \right]$
非结构化网格	$r_o = 0.28 \dfrac{\left(\dfrac{K_y}{K_x}\right)^{1/2} + \left(\dfrac{K_x}{K_y}\right)^{1/2}}{\left(\dfrac{K_y}{K_x}\right)^{1/4} + \left(\dfrac{K_x}{K_y}\right)^{1/4}} \sqrt[3]{V}^2$	$\mathrm{WI} = \dfrac{2\pi K h}{\ln\left(\dfrac{r_o}{r_w}\right) + s}$

四、启动压力梯度方程及其离散

对于任意两个相连控制体 i 和 j，流过公共面的某一相的体积流量部分可以写作：

$$Q_{i,j} = (AK\lambda \nabla \Phi)_{i,j} \cdot \boldsymbol{n}_{i,j} = T_{i,j}\lambda(\Phi_i - \Phi_j) \tag{4-142}$$

对于低渗多孔介质，由于存在启动压力梯度，流动方程写为

$$Q_{i,j} = \left[AK\lambda(\nabla \Phi - \boldsymbol{\lambda}_\mathrm{B})\right]_{i,j} \cdot \boldsymbol{n}_{i,j} = T_{i,j}\lambda(\Phi_i - \Phi_j - G_{i,j}) \tag{4-143}$$

式中，$\boldsymbol{\lambda}_\mathrm{B}$ 为启动压力梯度，其方向设为势梯度的方向，即假设介质的启动压力梯度是一个各向同性的属性。因此，问题关键是如何确定 $G_{i,j}$ 的大小。

如图 4-9 所示，根据任意网格间传导率计算方法，任意形状的基质网格间传导率的 $T_{1,2}$ 可通过式(4-144)进行计算：

$$\begin{aligned}
Q_{1,2} &= Q_{1,2}^n = A_1 K_1 \nabla P_1 \boldsymbol{n}_1 = \frac{A_1 K_1}{D_1}(P_1 - P_0)\boldsymbol{f}_1 \boldsymbol{n}_1 = \alpha_1(P_1 - P_0) \\
&= Q_{0,2}^n = A_2 k_2 \nabla P_2 \boldsymbol{n}_2 = \frac{A_2 k_2}{D_2}(P_0 - P_2)\boldsymbol{f}_2 \boldsymbol{n}_2 = \alpha_2(P_0 - P_2) = T_{1,2}(P_1 - P_2)
\end{aligned} \tag{4-144}$$

式中，

$$T_{1,2} = \frac{\alpha_1 \alpha_2}{\alpha_1 + \alpha_2}, \quad \alpha_i = \frac{A_i K_i}{D_i}\boldsymbol{n}_i \boldsymbol{f}_i \tag{4-145}$$

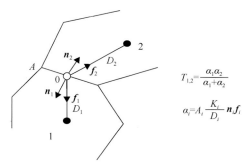

图 4-9 传导率计算公式[123]

若存在启动压力梯度时，式(4-144)变成

$$Q_{1,2} = Q_{1,2}^n = A_1 K_1 (\nabla P_1 - \lambda_B) \boldsymbol{n}_1 = \frac{A_1 K_1}{D_1}(P_1 - P_0 - \lambda_B) \boldsymbol{f}_1 \boldsymbol{n}_1 = \alpha_1 (P_1 - P_0 - \lambda_B)$$

$$= Q_{0,2}^n = A_2 K_2 (\nabla P_2 - \lambda_B) \boldsymbol{n}_2 = \frac{A_2 K_2}{D_2}(P_0 - P_2 - \lambda_B) \boldsymbol{f}_2 \boldsymbol{n}_2 = \alpha_2 (P_0 - P_2 - \lambda_B) \quad (4\text{-}146)$$

$$= T_{1,2}(P_1 - P_2 - G_{1,2})$$

那么可解得

$$G_{1,2} = \lambda_B (D_1 + D_2) \tag{4-147}$$

微分控制方程中，烃组分与水组分的流动项变为

$$\text{Flux}_{c,i}^{n+1,i} = \sum_j T_{i,j} \left(\begin{array}{l} y_c \overline{\rho_g} \lambda_{g,ij}(P_g, S_g) \left\{ \begin{array}{l} \left[P_{o,j} + P_{mog}(S_{g,j}) - P_{o,i} - P_{mog}(S_{g,i}) \right] \\ -\rho_{g,ij} g(D_j - D_i) - G_{i,j} \end{array} \right\} \\ + x_c \overline{\rho_o} \lambda_{o,ij}(P_o, S_o) \left[(P_{o,j} - P_{o,i}) - \rho_{o,ij} g(D_j - D_i) - G_{i,j} \right] \end{array} \right)^{n+1,i} \tag{4-148}$$

$$\text{Flux}_{w,i}^{n+1,i} = \left(\sum_j T_{i,j} \lambda_{w,ij}(P_w, S_w) \overline{\rho_w} \left\{ \begin{array}{l} \left[P_{o,j} - P_{mow}(S_{w,j}) \right] - \left[P_{o,i} - P_{mow}(S_{w,i}) \right] \\ -\rho_{w,ij} g(D_j - D_i) - G_{i,j} \end{array} \right\} \right)^{n+1,i} \tag{4-149}$$

雅可比出现变化的项为

$$a_1^w = (P_{o,j} - P_{o,i}) - \left[P_{mow}(S_{w,j}) - P_{mow}(S_{w,i}) \right] - \rho_{w,ij} g(D_j - D_i) - G_{i,j} \tag{4-150}$$

$$a_1^m = \left[P_{o,j} + P_{mog}(S_{g,j}) - P_{o,i} - P_{mog}(S_{g,i}) \right] - \rho_{g,ij} g(D_j - D_i) - G_{i,j} \tag{4-151}$$

其他累积项不涉及流动，不受启动压力梯度影响。而近井地带压力梯度及流速均较大，一般可以忽略启动压力梯度的影响。

五、应力敏感性方程及其离散

渗透率随应力敏感经典表达式为

$$K(P) = K_0 e^{-\alpha(P-P_0)} \tag{4-152}$$

式中，α 为渗透率变异模数，是与多孔介质有关的参数，一般由压敏实验得到。

对于压敏效应，可以采用两种处理方法：显式处理和隐式处理方法。对于前者，只需要在油藏数值模拟过程中，在一个时间步开始计算前用下述公式更新渗透率场：

$$K_{n+1} = K(P^n) = K_0 e^{-\alpha(P^n-P_0)} \tag{4-153}$$

无论是控制方程还是雅可比矩阵的形态都不会发生变化。于是，这里主要介绍隐式处理方式。

将 K 对压力求偏导，可得

$$\frac{\partial K(P)}{\partial P} = \frac{\partial K_0 e^{-\alpha(P-P_0)}}{\partial P} = K_0 e^{-\alpha(P-P_0)}(-\alpha) = -\alpha K(P) \tag{4-154}$$

$$T_{ij}(P_i, P_j) = \frac{K_{i,g}\beta_i K_{j,g}\beta_j}{K_{i,g}(P_i)\beta_i + K_{j,g}(P_j)\beta_j} \tag{4-155}$$

式中，β 为应力敏感系数。

$$\frac{\partial T_{ij}}{\partial P_i} = \frac{\partial T_{ij}(P_i,P_j)}{\partial P_i} = \frac{\dfrac{\partial K_{i,g}}{\partial P_i}\beta_i K_{j,g}\beta_j\left(K_{i,g}\beta_i + K_{j,g}\beta_j\right) - \left(\dfrac{\partial K_{i,g}}{\partial P_i}\beta_i\right)K_{i,g}\beta_i K_{j,g}\beta_j}{\left[K_{i,g}(P_i)\beta_i + K_{j,g}(P_j)\beta_j\right]^2} \tag{4-156}$$

$$\frac{\partial T_{ij}}{\partial P_j} = \frac{\partial T_{ij}(P_i,P_j)}{\partial P_j} = \frac{\dfrac{\partial K_{j,g}}{\partial P_j}\beta_j K_{i,g}\beta_i\left(K_{i,g}\beta_i + K_{j,g}\beta_j\right) - \left(\dfrac{\partial K_{j,g}}{\partial P_j}\beta_j\right)K_{i,g}\beta_i K_{j,g}\beta_j}{\left[K_{i,g}(P_i)\beta_i + K_{j,g}(P_j)\beta_j\right]^2} \tag{4-157}$$

加入压敏效应后，流动控制方程和离散方程形式没有变化，只是对于其中传导率项 K 是压力的函数：

$$\text{Flux}_{c,i}^{n+1,i} = \sum_j T_{ij}(p)\left(\begin{array}{l} y_m \overline{\rho_g} \lambda_{g,ij}(P_g, S_g)\left\{\begin{array}{l}\left[P_{o,j} + P_{mog}(S_{g,j}) - P_{o,i} - P_{mog}(S_{g,i})\right] \\ -\rho_{g,ij}g(D_j - D_i)\end{array}\right\} + \\ x_m \overline{\rho_o} \lambda_{o,ij}(P_o, S_o)\left[(P_{o,j} - P_{o,i}) - \rho_{o,ij}g(D_j - D_i)\right] \end{array}\right)^{n+1,i} \tag{4-158}$$

$$\text{Flux}_{w,i}^{n+1,i} = \left(\sum_j T_{ij}(p) \lambda_{w,ij}(P_w, S_w) \overline{\rho_w} \left\{ \begin{array}{c} [P_{o,j} - P_{mow}(S_{w,j})] - [P_{o,i} - P_{mow}(S_{w,i})] \\ -\rho_{w,ij} g(D_j - D_i) \end{array} \right\} \right)^{n+1,i}$$

(4-159)

因此对于雅可比矩阵,各项将会有所不同:

$$f_{1,i}^w = \overline{\rho_w} \sum_j T_{ij} \left[\frac{\partial}{\partial P_{o,i}} \lambda_{w,ij} a_1^w + \lambda_{w,ij}(-1 - a_2^w) - \lambda_{w,ij} \alpha \left(1 + \frac{K_i}{K_i + K_j}\right) a_1^w \right] \quad (4\text{-}160)$$

$$f_{2,ij}^w = \overline{\rho_w} T_{ij} \left[\frac{\partial}{\partial P_{o,j}} \lambda_{w,ij} a_1^w + \lambda_{w,ij}(-1 - a_3^w) - \lambda_{w,ij} \alpha \left(1 + \frac{K_j}{K_i + K_j}\right) a_1^w \right] \quad (4\text{-}161)$$

$$f_{c,1,i}^g = \sum_j T_{ij} \left[\begin{array}{l} \frac{y_m \overline{\rho_g} \partial}{\partial P_{o,i}} \lambda_{g,ij} a_1^g + y_m \overline{\rho_g} \lambda_{g,ij}(-1 - a_2^g) - y_m \overline{\rho_g} \lambda_{g,ij} \alpha \left(1 + \frac{K_i}{K_i + K_j}\right) a_1^g \\ + \frac{x_m \overline{\rho_o} \partial}{\partial P_{o,i}} \lambda_{o,ij} a_1^o + x_m \overline{\rho_o} \lambda_{o,ij}(-1 - a_2^o) - x_m \overline{\rho_o} \lambda_{o,ij} \alpha \left(1 + \frac{K_i}{K_i + K_j}\right) a_1^o \end{array} \right] \quad (4\text{-}162)$$

$$f_{c,2,ij}^g = \sum_j T_{ij} \left[\begin{array}{l} \frac{y_m \overline{\rho_g} \partial}{\partial P_{o,i}} \lambda_{g,ij} a_1^g + y_m \overline{\rho_g} \lambda_{g,ij}(-1 - a_3^g) - y_m \overline{\rho_g} \lambda_{g,ij} \alpha \left(1 + \frac{K_j}{K_i + K_j}\right) a_1^g \\ + \frac{x_m \overline{\rho_o} \partial}{\partial P_{o,i}} \lambda_{o,ij} a_1^o + x_m \overline{\rho_o} \lambda_{o,ij}(-1 - a_3^o) - x_m \overline{\rho_o} \lambda_{o,ij} \alpha \left(1 + \frac{K_j}{K_i + K_j}\right) a_1^o \end{array} \right] \quad (4\text{-}163)$$

式中,a_1^o、a_1^w、a_1^g 的表达式与是否考虑启动压力梯度有关,各种情况下的表达式见下表 4-9;另有

$$a_2^g = \frac{\partial \rho_{g,ij}}{\partial P_{o,i}} g(D_j - D_i), \quad a_2^o = \frac{\partial \rho_{o,ij}}{\partial P_{o,i}} g(D_j - D_i), \quad a_2^w = \frac{\partial \rho_{w,ij}}{\partial P_{o,i}} g(D_j - D_i);$$

$$a_3^g = \frac{\partial \rho_{o,ij}}{\partial P_{o,j}} g(D_j - D_i), \quad a_3^o = \frac{\partial \rho_{o,ij}}{\partial P_{o,j}} g(D_j - D_i), \quad a_3^w = \frac{\partial \rho_{w,ij}}{\partial P_{o,j}} g(D_j - D_i)。$$

表 4-9 a_1^o、a_1^w、a_1^g 的表达式与启动压力梯度的关系

项	是否考虑启动压力梯度	表达式
a_1^o	不考虑	$P_{o,j} - P_{o,i} - \rho_{o,ij} g(D_j - D_i)$
	考虑	$P_{o,j} - P_{o,i} - \rho_{o,ij} g(D_j - D_i) - G_{i,j}$
a_1^w	不考虑	$P_{o,j} - P_{o,i} - (P_{mow}(S_{w,j}) - P_{mow}(S_{w,i})) - \rho_{w,ij} g(D_j - D_i)$
	考虑	$P_{o,j} - P_{o,i} - (P_{mow}(S_{w,j}) - P_{mow}(S_{w,i})) - \rho_{w,ij} g(D_j - D_i) - G_{i,j}$
a_1^g	不考虑	$P_{o,j} + P_{mog}(S_{g,j}) - P_{o,i} - P_{mog}(S_{g,i}) - \rho_{g,ij} g(D_j - D_i)$
	考虑	$P_{o,j} + P_{mog}(S_{g,j}) - P_{o,i} - P_{mog}(S_{g,i}) - \rho_{g,ij} g(D_j - D_i) - G_{i,j}$

累积项中没有与渗透率相关的参数,不受压敏效应的影响。源汇项中受到压敏效应的影响的项是井指数,由于井指数本身包括了渗透率,因此需要对渗透率进行更新。

第三节 动态非结构化网格建模技术

一、分层非结构化网格生成技术

(一)角点网格技术

传统油藏建模与数模方法中,地质模型一般采用角点网格系统(图 4-10),角点网格模型是一种结构化网格模型,即可以通过网格单元的逻辑坐标(i,j,k),判断其位置信息及链接网格信息。

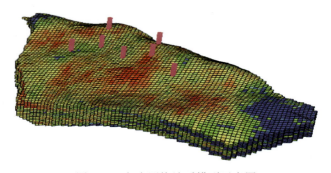

图 4-10 角点网格地质模型示意图

在 20 世纪 80 年代以前,直角正交网格在油藏数值模拟中占据主导地位。然而在处理地质构造或边界形状复杂的油藏时,直角正交网格存在着很大的局限性。对于地质模型中的弯曲平面、倾斜断层或深度变化的地层,直角正交网格只能通过细化加密网格的方法减小锯齿状网格边界的误差,不仅丧失了模型描述的准确性,降低了数值计算精度,加密网格也导致了计算代价的提高。1985 年,Goldthorpe 和 Chow[124]首先提出角点网格的概念,并将其应用到兰金油田的数值模拟中。兰金油田是一个具有复杂边界和诸多断层的凝析油藏,很难用直角网格进行近似处理。为了解决这一问题,Goldthorpe 和 Chow 将直角网格进行变形,逐渐发展成为现今被广泛应用的角点网格。

相比直角正交网格,角点网格可以较好地处理断层和沉积构造分层约束下的复杂地质模型。但对于带有离散裂缝网络等更为复杂的几何约束模型却并不适用,为了精确适应几何形态更复杂的离散裂缝模型,必须采用非结构化网格。

(二)传统非结构化网格技术

非结构化网格技术从 20 世纪 60 年代开始得到了发展,主要是为了解决结构化网格无法适应较复杂形状和任意连通区域的网格剖分的缺欠的问题,在有限元分析、固体力学、结构分析等领域得到广泛应用。目前,非结构化网格生成技术中只有三角形网格(二维模型)和四面体网格(三维模型)的自动生成技术较为稳定,应用也最为广泛,其他任意几何形状实体的非结构化网格生成技术还面临着任意边界恢复或空间过渡等诸多挑战。具体到油藏数值模拟领域,垂直平分(perpendicular bisector,PEBI)网格和四面体网格是最常见的非结构化网格图 4-11、图 4-12。

图 4-11 PEBI 网格

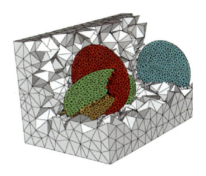

图 4-12 四面体网格

在所有非结构化网格中,PEBI 网格是质量最好的非结构化网格,其保证了相邻网格之间的连线与相交面垂直,在很多情况下,避免了多点流传导率的使用,提高了计算精度与计算效率。然而,PEBI 网格一般只能用于二维或拟三维模型中,对更复杂的三维裂缝系统(如交错复杂或存在较大倾角的裂缝系统)的剖分存在困难。因此,在离散裂缝模型中,更常用的网格是四面体网格。

高质量的四面体网格通常是基于约束 Delaunay 三角形剖分技术完成的。四面体网格的优点是非常灵活,网格剖分算法成熟可靠,能够很简便地处理点线面体混合的几何体,非常适合离散裂缝模型。然而,应用四面体网格进行油藏数值模拟时也存在若干缺陷,其中最大的问题在于油藏层向和纵向尺度的不一致与四面体网格无方向性的矛盾。

一般地质模型水平方向尺度为 $10^3 \sim 10^5$m,而纵向尺度(厚度)往往为 $1 \sim 10^2$m,加之现今地质建模技术在精细描述方面不断往前推进,层间细分甚至达到分米级的单砂体级别。如图 4-13 所示,目标地质模型小层精细描述达到 0.2~0.5m 级别,而网格水平方向尺度为 20m,两者尺度差异达 40~100 倍。而高质量的四面体网格要求网格尽量均匀,即网格各边长度趋于相近,即四面体必须剖分到足够细小才能保留原地层的分层信息,由此造成网格数过多。

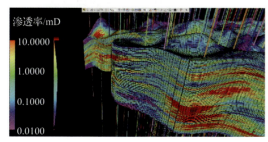
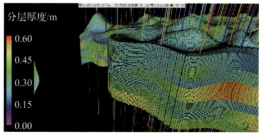

图 4-13 地质模型砂体刻画与分层厚度(纵向放大 20 倍视图)

(三)分层非结构化网格生成技术

基于以上原因,中国石化石油勘探开发研究院研究了一种针对离散裂缝薄层模型的新的非结构化网格剖分技术——分层三棱柱网格生成技术。新的网格模型基于平面三角形网格剖分与类似于角点网格生成的层间拓扑关系构建技术,同时具有离散裂缝模型与角点网格模型的优点:相比于四面体网格,新模型网格生成过程快速稳定,可完全实现自动化,同时具备分层描述的能力(图 4-14)。

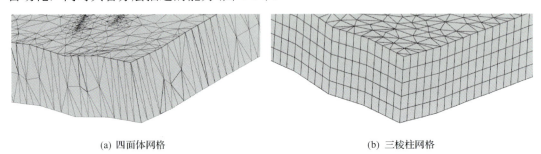

(a) 四面体网格　　　　　　　　　　(b) 三棱柱网格

图 4-14　非结构化网格纵向描述示意图(纵向放大 5 倍视图)

相比于传统结构化网格或 PEBI 网格,新模型更加灵活性,可以适应更为复杂的离散裂缝系统,可灵活、自由地根据裂缝走向剖分网格,避免了局部网格加密等手段对裂缝的近似处理。

以图 4-15 及图 4-16 所示的裂缝模型为例,分层三棱柱网格的生成方法流程如下:提取离散裂缝几何信息,并提取层面的几何信息,将裂缝投影到顶底面上。离散裂缝与顶底层面均为曲面,这里简化为平面构成的集合,各平面的描述公式为

$$ax + by + cz + d = 0 \tag{4-164}$$

式中,a、b、c、d 为系数。

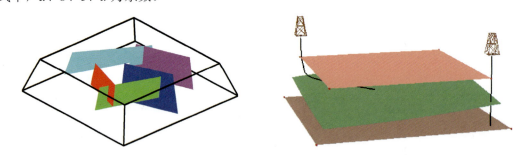

图 4-15　模型边界与离散裂缝(纵向放大 20 倍视图)　　图 4-16　模型分层信息(纵向放大 20 倍视图)

求取离散裂缝在各层层面上的投影方法为求解离散裂缝各平面与顶底面上各平面的交线(图 4-17),即求解下面的联立方程组式(4-165):

$$\begin{cases} a_1x + b_1y + c_1z + d_1 = 0 \\ a_2x + b_2y + c_2z + d_2 = 0 \end{cases} \quad (4\text{-}165)$$

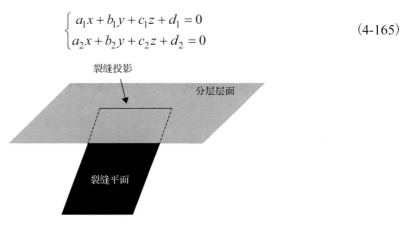

图 4-17　裂缝平面投影示意图

连接所有交线线段，即为裂缝在顶底面上投影(图 4-18)。对顶底面分别进行约束 Delaunay 三角形剖分，如图 4-19 所示。

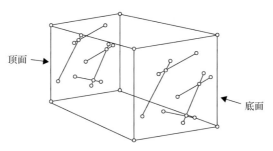

图 4-18　裂缝投影结果示意图

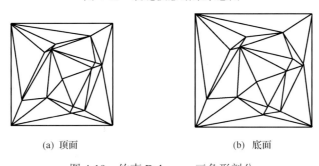

(a) 顶面　　　　　　　　(b) 底面

图 4-19　约束 Delaunay 三角形剖分

在顶底面三角网格的基础上，通过仿射变换(affine transform)构建顶底面几何拓扑关系。仿射变换是一种坐标之间的线性变换，其可以保持二维图形的平直性(straightness)和平行性(parallelness)，即变换后直线还是直线，圆弧还是圆弧，且保持二维图形间的相对位置关系不变，平行线还是平行线，而直线上点的位置顺序不变。一个特定的仿射变换由参数 (λ_x, λ_y)、(α, β) 和 $(\Delta x, \Delta y)$ 确定，分别代表了缩放变换、旋转变换和平移变换。其变换前后的坐标 (x, y) 和 (X, Y) 满足式(4-166)：

$$\begin{bmatrix} X \\ Y \end{bmatrix} = \begin{bmatrix} \lambda_x \cos\alpha & -\lambda_y \sin\beta \\ \lambda_x \sin\alpha & \lambda_y \cos\beta \end{bmatrix} \begin{bmatrix} x \\ y \end{bmatrix} + \begin{bmatrix} \Delta x \\ \Delta y \end{bmatrix} \tag{4-166}$$

在原顶面 Delaunay 三角剖分的基础上，对顶底面进行三角网格优化(图 4-20)。

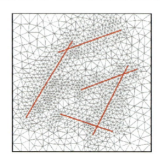

图 4-20 优化三角形网格

并利用仿射变换参数建立优化后顶底面三角网格节点之间的拓扑关系，连接顶底对应的节点，形成与角点网格类似的网格柱(pillar)（图 4-21、图 4-22），计算每个网格柱的表达式，其形式如式(4-167)所示，不难发现直线表达式实则为两个平面的相交。

$$\begin{cases} a_1 x + b_1 y + c_1 z + d_1 = 0 \\ a_2 x + b_2 y + c_2 z + d_2 = 0 \end{cases} \tag{4-167}$$

通过联系网格柱与各层层面的表达式，计算网格柱与各层层面的交点。通过连接各层层内相应的网格柱线段，可以构建各层的网格，其中基质网格为三棱柱网格(图 4-23)，裂缝网格为四边形网格(图 4-24)。至此，建立起完整的分层三棱柱网格模型(图 4-25)。

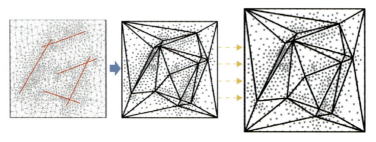

图 4-21 根据仿射变换参数建立拓扑关系

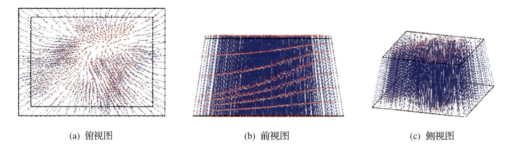

(a) 俯视图   (b) 前视图   (c) 侧视图

图 4-22 构建顶底面拓扑连接关系

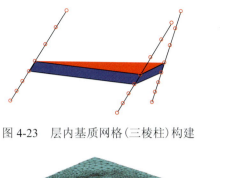

图 4-23　层内基质网格(三棱柱)构建　　　图 4-24　层内离散裂缝网格构建

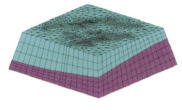
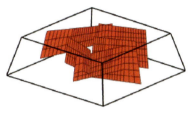

(a) 基质网格　　　　　　　　　　　(b) 裂缝网格

图 4-25　分层三棱柱网格模型

基质网格的不同颜色代表不同层

二、离散裂缝处理技术

以往对裂缝型油藏进行描述时，通常将裂缝的形状用椭球形表示(图 4-26)。而在本文采用的离散裂缝模型中，为了简化模型及网格剖分复杂度，将裂缝简化为一个有厚度的平面(二维模型中为一条有宽度的线段)(图 4-27)，在上述非结构化网格生成过程中不难发现这一点。平面的厚度或线段的宽度作为裂缝的属性，在非结构化网格剖分的时候是无需考虑的，仅在后续进行裂缝渗透率、网格体积和传导率等一系列计算的时候才进行考虑。需要注意的是，在一条长裂缝中，裂缝各处开度不同，可能存在不同的渗透率。

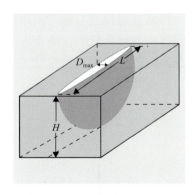

图 4-26　椭圆球表示的裂缝　　　　　　　　图 4-27　平面表示的裂缝

D_{max} 为最大缝宽；L 为缝长；H 为半缝高

这种处理方式假设流体在裂缝中必须是沿板流动(图 4-28)，这在实际裂缝尺寸和开度条件下是合理的。需要注意的是，在几何网格中裂缝用线段表示，而在计算模型中考虑了裂缝的宽度，因此会引起总体积不守恒。在裂缝较多的情况下，这种误差就不能忽略。处理的方法是对和裂缝相邻的基质网格做体积修正，即计算基质网格体积时(计算传导率时只用到了中心点和交面的信息，无须修正)要从中减去与之相邻的裂缝网格体积的一半。

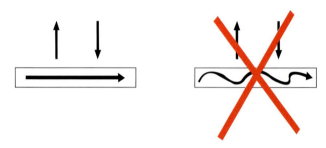

图 4-28　假设流体在裂缝中直线前进

采用非结构化网格及对裂缝几何体进行降维的处理方式为离散裂缝描述带来极大的便捷。如对于图 4-29 所示的火字形裂缝系统而言，若采用结构化正交网格进行离散裂缝精细描述，需要 2000 以上个网格才能对模型进行比较好的近似，如果想要达到精细程度的描述，则需要 50000 以上个网格。

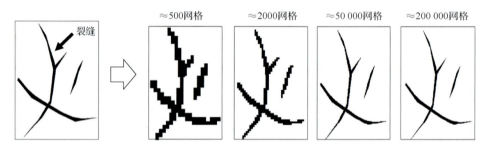

图 4-29　火字形裂缝系统及其结构化网格描述

而如果采用非结构化网格模型，则仅需约 400 个网格就能对模型有非常高精度的描述。如果对裂缝几何体进行降维处理，则可以进一步将网格数量降低到 350 个左右。通过赋予裂缝线段不同的宽度，从而在保留了原模型特性的前提下，极大地降低了非结构化网格系统的复杂度(图 4-30)。

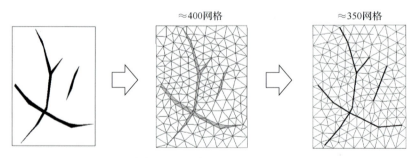

图 4-30　火字形裂缝系统及其非结构化网格描述

三、非结构化网格属性建模

与常规角点网格类似,非结构化网格剖分完毕之后,需要进行属性建模,即将孔隙度、渗透率等属性赋予网格,以进行后续数值模拟工作。由于效率与可行性等因素,通常不会直接在非结构化网格系统上进行常规属性建模步骤,而是采用属性映射的方式建立非结构化网格的属性模型。

采用从角点网格属性模型映射到非结构化网格系统中,公式为

$$x_I^{\mathrm{DFM}} = \frac{\sum_i x_i V_i}{\sum_i V_i} \tag{4-168}$$

式中,大写字母 I 为离散裂缝(discrete fracture model,DFM)网格的编号;小写字母 i 为角点网格的编号;x_i 为角点网格 i 的属性值;V_i 为角点网格 i 落在 DFM 网格 I 中的体积。

为了计算 V_i,需要精确求得每个角点网格落在 DFM 网格中的几何部分,这一过程需要消耗非常多的计算量。在角点网格(CPG)与 DFM 网格尺度差异不大的情况下,可采用下述简化公式进行计算:

$$x_I^{\mathrm{DFM}} = x_i, \left(x_I^{\mathrm{DFM}}, y_I^{\mathrm{DFM}}, z_I^{\mathrm{DFM}}\right) \in \mathrm{CPG}_i \tag{4-169}$$

即,寻找 DFM 网格 I 的控制点落在哪个角点网格 i 中,直接将 i 的属性赋予 I。

四、非结构化网格传导率计算

与角点网格、正交网格等结构化网格不同,非结构化网格连接关系更加复杂,且无法从网格编号推出相邻网格,对非结构化网格描述的核心就是对其连接关系进行描述。在基于非结构化网格进行数值计算之前,必须明确网格系统中每个网格与周围网格的关系,即网格的相邻信息,这就是非结构网格的邻接表征关系。

最早提出联通表概念的是 Lim 等[125],其在 1995 年提出了以连接为中心的表达方式。联通表的表示方法,即以每个网格为中心,对存储其相邻网格的编号,其抛开了网格节点的概念,每个网格与周围网格的关系都由联通表控制。

基于联通表思想的数值模拟方法的核心步骤除了确定网格间的连接关系以外,便是计算相邻网格间的传导率。离散裂缝模型的传导率计算可分为基质-基质传导率、基质-裂缝传导率和裂缝-裂缝传导率(图 4-31)。下述二维模型可以更清晰地展示这三种传导率的意义。

二维模型中三种传导率网格的传导率与渗透率类似,通常认为是一个与流体性质无关的属性,为了简单起见,本节所有讨论均假设为单相流动问题,且忽略重力影响。对于任意控制体,流量公式可以写作:

$$q_{i,j} = T_{i,j} \lambda \left(P_i - P_j\right) \tag{4-170}$$

式中,$q_{i,j}$ 为单位时间中从网格块 i 到网格块 j 的流量;P 为网格块压力;$T_{i,j}$ 为传导率,只与网格和多孔介质属性有关;λ 为流度,和流体属性有关。

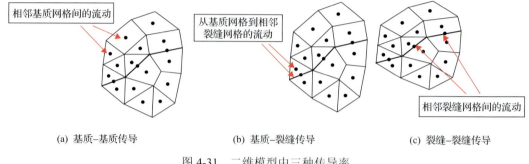

(a) 基质-基质传导　　　　(b) 基质-裂缝传导　　　　(c) 裂缝-裂缝传导

图 4-31　二维模型中三种传导率

本节采用的离散裂缝模型传导率算法是由 Karimi-Fard 等[123]于 2004 年提出的传导率计算方法改进得到的。虽然在网格剖分时对裂缝进行了降维处理，但在计算传导率的时候裂缝会被还原成原来的形态，即在离散裂缝方法中，裂缝被当做一个有厚度的矩形来处理（图 4-32、图 4-33）。其中，基质-裂缝传导率与裂缝-裂缝的传导率计算公式不变，分别为

$$T_{12}=\frac{\alpha_1\alpha_2}{\alpha_1+\alpha_2} \quad T_{ij}\approx\frac{\alpha_i\alpha_j}{\sum_{k=1}^{n}\alpha_k} \tag{4-171}$$

式中，

$$\alpha_i=\frac{A_{ij}K_i}{D_i} \tag{4-172}$$

其中，A_{ij} 为网格 i 与 j 的交面面积；K_i 为网格 i 的渗透率；D_i 为网格 i 中心点到相交面中心点的长度。

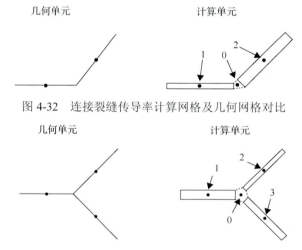

图 4-32　连接裂缝传导率计算网格及几何网格对比

图 4-33　相交裂缝传导率计算网格及几何网格对比

本节主要对任意网格基质-基质传导率进行了改进。在 Karimi-Fard 的传导率计算公式中，假设在每个网格内部，压力梯度方向沿着网格控制点到交面中心点的连线方向（图 4-34），

由此推得基质-基质传导率计算公式为

$$T_{12}=\frac{\alpha_1\alpha_2}{\alpha_1+\alpha_2}, \quad \alpha_i=\frac{A_iK_i}{D_i}\boldsymbol{n}_i\cdot\boldsymbol{f}_i \tag{4-173}$$

式中，$\boldsymbol{n}_i$ 为交面指向 i 网格的单位法向量；$\boldsymbol{f}_i$ 为交面中心点指向 i 网格中心点的单位方向向量。

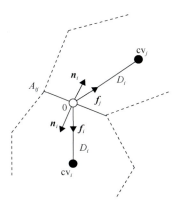

图 4-34　基质-基质传导率计算
cv 指形心

这一方法的缺陷在于，对于非正交网格，压力梯度方向的假设很大程度上取决于网格的具体形态，当网格尺度减小时，离散方程的截断误差不一定可以减小。基于此，本节的传导率算法假设压力梯度方向沿着网格控制点连线的方向，于是 D_i 和 $\boldsymbol{f}_i$ 一端改为网格控制点连线与交面之间的交点，表达式形式不变。

第四节　EORSim 程序的编制与验证

在以上离散方法和网格化方法的基础上，使用 C++语言编写基于非结构化网格的多相多组分油藏数值模拟软件。该软件采用面向对象的方法进行设计，模块化封装，具有灵活易扩展的架构。程序共包含代码约 4 万行，cpp 文件 130 多个，按功能结构组织为 5 大模块（表 4-10）。模拟过程的所有任务，都按照其所属对象分解到各个模块中的各个类里实现，模块结构见图 4-35。

表 4-10　程序 5 大模块概览

模块名称	包含的主要类	功能描述
EORSim	CField/CSimMaster	输入输出控制，时间步长控制，牛顿迭代过程控制
Reservoir	CReservoir/CmthModel	与油藏相关的各类数学模型：流体 PVT、相渗、岩石等；油藏方程与偏导计算
Grid	CGrid	正交网格、角点网格、非结构网格、双孔双渗等与网格相关的计算
Facilities	CWells	井方程及各种井控模型的实现
Solver	CLinearSolver	各种预处理器与线性求解器实现

一、软件架构

(一)EORSim 部分——模拟总控制

数值模拟首先要定义问题和参数。本程序支持 ECLIPSE 格式的输入文件(.DATA),由 EORSim 部分进行解析,开辟模拟问题对应的内存空间。模拟进行前首先要进行问题初始化,然后确定下一时间步的时间步长,在确定的时间步长内使用牛顿迭代方法对油藏流动方程这一非线性系统进行求解,其中每一次牛顿迭代过程中又需要调用线性求解器求解一个线性系统。牛顿迭代完成后进行相应的结果输出,然后开启下一个时间步的求解。以上这些过程的控制,均在 EORSim 模块中完成(图 4-35)。在这一层面,黑油模型和组分模型没有区别,可以统一处理。

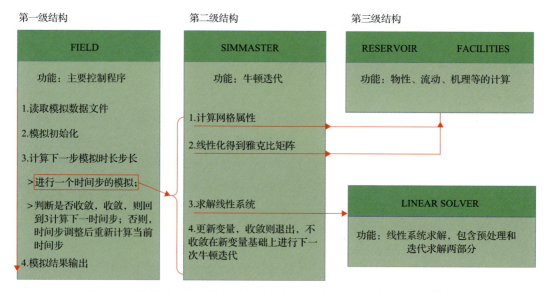

图 4-35 程序总体架构及执行过程(第一、二级结构属于 EORSim 模块)

(二)Grid 部分——网格处理

程序使用通用的联通表来表征网格之间的拓扑关系,因此可以支持各种常见的结构化网格和非结构化网格,以及双孔双渗、水体网格等与网格相关的、数模中常见的功能。对任意一种网格模型,Grid 部分的主要任务是将其转换为模拟器需要的网格信息,其中最重要的是传导率计算。同样地,这一模块对黑油模型或组分模型是统一的。离散裂缝模型 DFM 也是在这一模块进行处理(图 4-36)。

(三)Reservoir 部分——油藏方程及各类数学模型

这一模块用于计算油藏方程中出现的各个项及其偏导。油藏方程中的每一项均对应于一个物理过程或现象。程序中使用一个基类表示某一过程或现象,然后通过不同派生类实现不同的数学模型，就可以使程序方便地在各个模型中进行选择和切换。黑油模型和组分模型的区别就在这里，具体架构见图 4-37。

图 4-36　Grid 部分架构

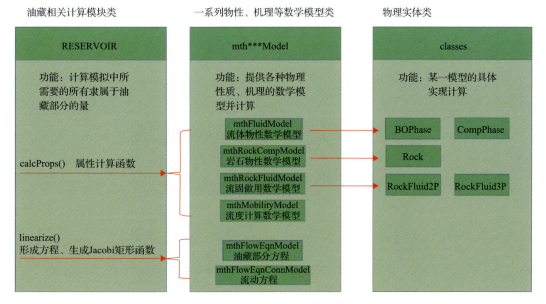

图 4-37　Reservoir 部分架构

黑油模型的流体 PVT 信息可以通过简单的插值得到，具体是在 BOFluid 和 BOPhase 两个类中进行密度、黏度、体积系数等参数的计算；组分模型的流体 PVT 需要通过状态方程进行闪蒸计算得到，具体是在 CompFluid 和 EOSPhase 中进行计算。

（四）Facilities 部分——井控制计算

井方程及井相关计算均在这一模块中处理完成（图 4-38）。

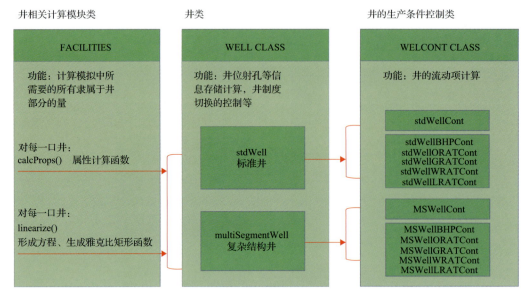

图 4-38 Facilities 部分架构

(五) Solver 部分——线性系统求解

线性求解部分是数值模拟中最耗时和最复杂的部分。本程序提供多种预处理器和线性求解器,包括最先进的控制压力残量法(constrained pressure residual,CPR)两步预处理方法。这一部分需要一些外源的数学库辅助运行(图 4-39)。

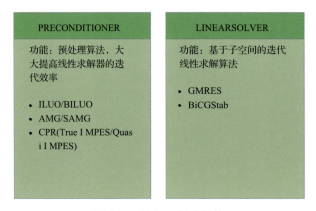

图 4-39 Solver 部分架构

二、程序验证

软件编制完成后,通过大量概念模型和实际油藏模型的测试和检验,取得了和商业模拟软件一致的模拟结果。本小节通过两个典型算例进行验证:首先通过一个 CO_2 驱的组分模型算例,对此程序计算结果与 E300 计算结果来验证程序的准确性和可靠性;其次通过一个离散裂缝模型算例来验证程序在处理非结构化裂缝问题上的能力。

(一)CO_2驱问题

该概念模型网格划分为 50×50×30 平面网格步长 10m，纵向网格步长 1m，一注一采组分模型。注入井以 $3×10^4 m^3/d$ 注入量定流量注入，生产井定压生产。模拟 1000d。

图 4-40～图 4-42 是本程序计算结果和 E300 计算结果的对比。总体来说，曲线走势吻合程度较好。后期曲线上产生的差异主要与注入井定压转定产量的切换时间有关。考虑组分模型程序内部有诸多未公开的实现细节，不同模拟器之间有这种程度的差异是可以接受的。

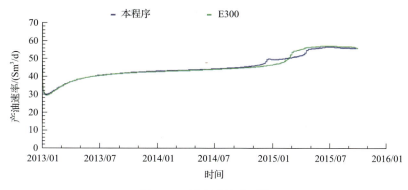

图 4-40　日产油速率对比

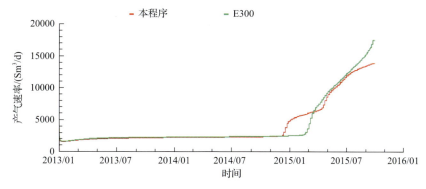

图 4-41　日产气速率对比

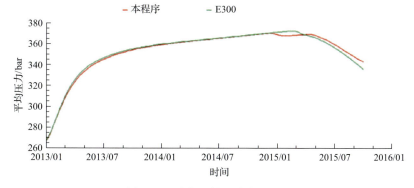

图 4-42　油藏平均压力变化对比

(二) 离散裂缝数值模拟问题

该算例是一个一注一采油藏模型,模型中包含一组相互连通的大裂缝。进行非结构化网格剖分后共生成 10000 个左右的基质网格和 2000 个左右裂缝网格。共模拟 1000d,程序可在 10min 内完成计算。下面通过观察分析场图来确认计算结果的合理性(图 4-43、图 4-44)。

图 4-43　模型中的基质系统

左上为注入井,右下为生产井

图 4-44　模型中的裂缝系统

左上为注入井,右下为生产井

从一系列含油饱和度场图(图 4-45)变化中可以看到,在初始注入阶段,气驱前缘较为均匀地向前波及;遇到裂缝后,气驱前缘改变了先前的趋势,转而沿裂缝快速波及至生产井附近。与生产注入井连线大概呈垂直方向的裂缝带对气的均匀扩散形成了"阻碍"效果,经过一段时间后气才"穿过"裂缝条带,延伸到它后方。这一系列场图变化情况清楚地展示了离散裂缝模型在刻画裂缝-基质非均质模型上的精确性。

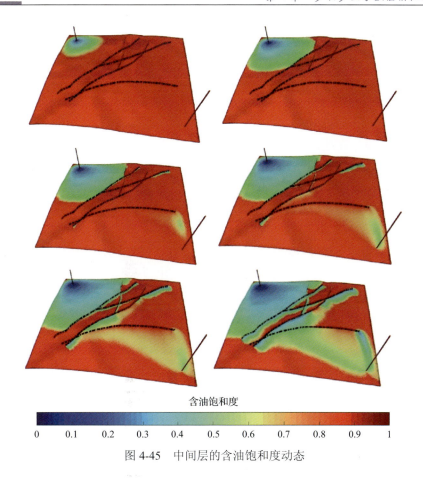

图 4-45　中间层的含油饱和度动态

第五节　应用 EORSim 分析致密裂缝性油藏 CO_2 驱主控因素

一、CO_2 驱油技术评价参数与方法

(一) 单一指标评价参数

CO_2 驱油作为一种提高采收率的方法,除了用经济指标衡量以外,技术上一般使用采收率、换油率和增产油量等参数,综合衡量选择注 CO_2 的油藏参数和施工工艺参数。而在 CO_2 埋存时常采用埋存率和累计埋存量等指标评价具体效果。因此对于驱油埋存一体化问题,在采用单一指标评价时,可采用采收率增幅、换油率、埋存率、弹性产油量、累计增油量、累计埋存量等 6 个指标进行评价。

(1) 采收率增幅。注 CO_2 驱油结束时油藏采出程度与弹性采出程度的差值,用于衡量 CO_2 驱油的提高采收率效果。

(2) 换油率。定义为 CO_2 在驱替过程中增产的油量与注入的 CO_2 体积之比,国际上常用单位为 STB/Mcf(标准桶/千立方英尺)或 m^3/km^3。反映的是注入单位体积的 CO_2 所能增产的油量。Simpto 认为该系数在 $2.8\sim4.5 m^3/km^3$ 是比较理想的情况。为了更加直观

地了解 CO_2 的效率,这里采用油田常用的单位,换油率为注入单位重量的 CO_2 与所能增产的原油重量之比(t/t)。增产的原油是指总产量减去弹性能量的产油量。如果只进行单独的 CO_2 措施效益评价,可以用换油率这个参数来评价。

(3)埋存率。一般是指注 CO_2 结束时滞留在储层中的 CO_2 总量与注入总量的比值,用来表示项目埋存 CO_2 的效率。

(4)弹性产油量。在相同的开发时间内(包括 CO_2 提高采收率的过程),采用相同的生产制度(油藏流体参数完全相同,以相同的井底流压控制生产),以弹性衰竭开采的方式得到的产油量,用作评价 CO_2 驱油效率的参照。

(5)累计增油量。累计增油量是指在相同开发时间内注 CO_2 的产油量与弹性产油量之差。该值与油藏规模和驱替效率等有关。

(6)累计埋存量。累计埋存量是指在注 CO_2 提高采收率项目结束时,滞留在储层中的 CO_2 总量,用来评价 CO_2 的埋存效果,该值的大小与油藏规模和埋存效率有关。

(二)多指标综合评价方法

1. 评价方法

多指标综合评价是对所要研究的对象建立一个统计指标体系,并利用一定的方法和模型,对反映该现象不同侧面的指标进行综合分析,对被评价的事物从整体上做出定量的总体判断,从而揭示事物的本质及其发展规律。

20 世纪 80 年代以来,综合评价技术的理论研究与实践活动有了很大的发展,从最初的评分评价法、组合指标评价法、综合指数评价法和功效系数法到后来的多元统计评价法、模糊综合评判法、灰色系统评价法、层次分析法,再到近几年的数据包络分析法、人工神经网络法等。

综合评价涉及许多因素,每一个因素又有各种不同的评价值,而这些因素对我们所评价的目标起的作用强度是不同的。因此,在综合评价中权衡不同指标重要性的数值被称为权重或权数。所以在综合评价中需要根据评价的目的和各个项目的内在含义对各个目标值赋予相应的权数。在多指标综合评价中,如果对各指标的赋权不合理,再好的评价方法也会失去其意义,而且会直接导致评价对象优劣顺序的改变,因而权数的合理而准确赋值直接影响评价结果的可靠性。

前面给出的每一个评价指标均仅反应 CO_2 驱油与埋存的一个方面,且各指标间的变化规律各不相同。比如,对于累计增油量最大的方案,其换油率或埋存率可能较低;对于采收率增量大的方案,其换油率或埋存率也可能不高。因此,CO_2 驱油属于多指标问题,用单一指标来评价 CO_2 驱油并不是一个理想的方法。本文采用多指标综合评价方法进行 CO_2 驱油与埋存筛选及油藏工程优化设计研究。为了问题简单化,采用式(4-174)计算综合指标:

$$H=\sum_{i}\omega_i f_i \tag{4-174}$$

式中，H 为综合评价指标；f 为各单一指标。本次研究针对 CO_2 驱油与埋存的特殊性，选择采收率增幅、换油率、埋存率、累计增油量、累计埋存量 5 个单一指标；ω 为各因素权重，本次研究采用层次分析法进行给定。

2. 层次分析法确定权重

层次分析法是匹兹堡大学著名运筹学家 Saaty 于 20 世纪 70 年代提出的。这种方法把复杂问题中的各个因素划分为相互联系的有序层次，使之条理化，并把数据、专家意见和分析者的主客观判断直接而有效地结合起来，就每一层次的相对重要性给与定量表示。然后利用数学方法确定每一层次全部要素的相对重要性权值。

用层次分析方法作系统分析，首先把问题层次化，形成一个多层次的分析结构模型。为了比较判断定量化，在所建立的分析法中引入 1～9 比率标度方法，构成判断矩阵，其含义见表 4-11。

表 4-11　层次分析标度表

标度	含义
1	表示两个因素相比，具有同等重要性
3	表示两个因素相比，一个比另一个稍微重要
5	表示两个因素相比，一个比另一个明显重要
7	表示两个因素相比，一个比另一个强烈重要
9	表示两个因素相比，一个比另一个极端重要
2、4、6、8	上述两相邻判断的中值
倒数	因素 i 与 j 比较得到的判断 $B_{i,j}$，则因素 j 与 i 比较得到的判断 $B_{j,i}=1/B_{i,j}$

通过计算判断矩阵的最大特征根及对应的特征向量，即可得到某一层因素相对上一层某一个因素的权重系数。这种方法不仅简化了系统分析和计算，还有助于保持判断的一致性，为此，引入判断矩阵最大特征根以外的其余特征根的负平均 CI 来作为一致性的指标：

$$CI = \frac{\lambda_{max} - n}{n - 1} \quad (4\text{-}175)$$

式中，λ_{max} 为最大特征根；n 为因素数量。

为了度量不同阶段矩阵是否具有满意的一致性，又引入了平均随机一致性指标 RI，1～9 阶判断矩阵的 RI 的值见表 4-12，并判断式(4-176)是否成立。

$$\frac{CI}{RI} < 0.1 \quad (4\text{-}176)$$

当式(4-176)成立时，即认为矩阵具有满意的一致性，否则就要调整判断矩阵。

表 4-12　RI 的值

指标数	RI	指标数	RI
1	0	6	1.24
2	0	7	1.32
3	0.58	8	1.41
4	0.90	9	1.45
5	1.12		

对上述确定的 5 个指标进行分析，通过咨询专家，确定的各指标相对重要程度为采收率增幅＞换油率＞埋存率＞累计增油量＞累计埋存量，据此根据比率标度方法，建立判断矩阵为

$$\begin{pmatrix} & 采收率增幅 & 换油率 & 埋存率 & 累计增油量 & 累计埋存量 \\ 采收率增幅 & 1 & 2 & 3 & 5 & 7 \\ 换油率 & 1/2 & 1 & 2 & 3 & 5 \\ 埋存率 & 1/3 & 1/2 & 1 & 2 & 3 \\ 累计增油量 & 1/5 & 1/3 & 1/2 & 1 & 2 \\ 累计埋存量 & 1/7 & 1/5 & 1/3 & 1/2 & 1 \end{pmatrix}$$

计算上述矩阵的最大特征根为 5.028，对应特征向量(0.8116, 0.4781, 0.2781, 0.1619, 0.0956)，则 CI 为 0.007，一致性检验 CR=0.00625，该值远小于 0.1，因此认为矩阵具有满意的一致性，获得各因素的权重见表 4-13。

表 4-13　综合评判权重(ω)分配

采收率增幅 R	换油率 C_o	埋存率 C_C	累计增油量 Q_o	累计埋存量 Q_C
0.445	0.262	0.152	0.089	0.052

据此将各权重带入综合指标计算公式可以获得

$$H=0.445R+0.262C_o+0.152C_C+0.089Q_o+0.052Q_C \tag{4-177}$$

二、裂缝性储层 CO_2 驱影响因素数值模拟分析

从文献调研可知，影响 CO_2 驱替的因素主要包括油藏地质和工程工艺两大类，且每一类的因素均很多。如地质因素包括：基质渗透率、基质渗透率平面非均质性、基质渗透率纵向非均质性、K_v/K_h（垂向渗透率与平面渗透率之比）、原油饱和度、原始地层压力、油层厚度、天然裂缝密度、天然裂缝平面非均质性、天然裂缝纵向非均质性、原油密度、原油黏度等；工程工艺因素包括压裂裂缝间距、压裂裂缝穿透比、生产流压、注入速度、注入方式、生产及注入井网井型等。本部分根据鄂南红河油田基础参数，利用 EORSim 软件，建立典型模型，分析不同因素对 CO_2 驱油的影响。

正交数值试验设计是研究多因素多水平的一种设计方法，其以概率论和数理统计为

基础，根据正交性从全面试验中挑选出部分有代表性的点进行试验，这些有代表性的点具备了"均匀分散，齐整可比"的特点。对正交数值试验方案结果进行统计分析，可确定参数对指标的影响趋势、主次顺序及显著程度。它能表明各因素之间的主次关系，还能表明哪个因素单独起作用，以及哪些因素搭配的综合作用能产生最优效果。

如前所述，影响 CO_2 驱替效果的因素众多，若采用单因素分析工作巨大，因此针对能够定量表达的众多因素采用正交设计的方法进行分析，确定 CO_2 驱替的主控因素，并进行因素排序。

对裂缝性油藏初步确定 13 个因素进行分析，参照鄂南油田各因素的变化范围，按照 13 因素 3 水平，设计了 27 组实验方案，表 4-14 为具体的实验因素及其水平，表 4-15 为具体方案设计结果。正交设计结果分析见图 4-46。从图 4-46 可以看出，影响多指标统计函数最重要的 6 个因素为可动油饱和度、压裂裂缝间距、注入速度、天然裂缝密度、K_v/K_h、P_{wf}/MMP。

表 4-14 裂缝型油藏正交实验影响因素及水平

水平	天然裂缝密度/(条/m)	基质渗透率/mD	裂缝密度平面变异系数	裂缝密度纵向变异系数	基质渗透率平面变异系数	基质渗透率纵向变异系数	压裂裂缝间距/m
低	0.02	0.1	0.141	0.141	0.141	0.141	60
中	0.1	0.5	0.296	0.296	0.296	0.296	100
高	0.18	0.9	0.451	0.451	0.451	0.451	140

水平	压裂裂缝半缝长/m	油层厚度/m	K_v/K_h	可动油饱和度	P_{wf}/MMP	注入速度/(PV/a)
低	140	8	0.01	0.06	0.2	0.04
中	180	16	0.07	0.13	0.3	0.05
高	220	24	0.13	0.20	0.4	0.06

表 4-15 裂缝性油藏正交设计方案及结果

实验方案编号	天然裂缝密度/(条/m)	基质渗透率/mD	裂缝平面渗透率变异系数	裂缝纵向渗透率变异系数	基质平面渗透率变异系数	基质纵向渗透率变异系数	压裂裂缝间距/m	压裂裂缝半长/m	油层厚度/m	K_v/K_h	可动油饱和度	P_{wf}/MMP	注入速度/(PV/a)
1	0.02	0.1	0.141	0.141	0.141	0.141	60	140	8	0.01	0.06	0.20	0.04
2	0.02	0.1	0.141	0.141	0.296	0.296	100	180	16	0.07	0.13	0.30	0.05
3	0.02	0.1	0.141	0.141	0.451	0.451	140	220	24	0.13	0.20	0.40	0.06
4	0.02	0.5	0.296	0.296	0.141	0.141	60	180	16	0.07	0.20	0.40	0.06
5	0.02	0.5	0.296	0.296	0.296	0.296	100	220	24	0.13	0.06	0.2	0.04
6	0.02	0.5	0.296	0.296	0.451	0.451	140	140	8	0.01	0.13	0.3	0.05
7	0.02	0.9	0.451	0.451	0.141	0.141	60	220	24	0.13	0.13	0.3	0.05
8	0.02	0.9	0.451	0.451	0.296	0.296	100	140	8	0.01	0.20	0.4	0.06
9	0.02	0.9	0.451	0.451	0.451	0.451	140	180	16	0.07	0.06	0.2	0.04

续表

实验方案编号	天然裂缝密度/(条/m)	基质渗透率/mD	裂缝平面渗透率变异系数	裂缝纵向渗透率变异系数	基质平面渗透率变异系数	基质纵向渗透率变异系数	压裂裂缝间距/m	压裂裂缝半长/m	油层厚度/m	K_v/K_h/m	可动油饱和度	P_{wf}/MMP	注入速度/(PV/a)
10	0.1	0.1	0.296	0.451	0.141	0.296	140	140	16	0.13	0.06	0.3	0.06
11	0.1	0.1	0.296	0.451	0.296	0.451	60	180	24	0.01	0.13	0.4	0.04
12	0.1	0.1	0.296	0.451	0.451	0.141	100	220	8	0.07	0.2	0.2	0.05
13	0.1	0.5	0.451	0.141	0.141	0.296	140	180	24	0.01	0.2	0.2	0.05
14	0.1	0.5	0.451	0.141	0.296	0.451	60	220	8	0.07	0.06	0.3	0.06
15	0.1	0.5	0.451	0.141	0.451	0.141	100	140	16	0.13	0.13	0.4	0.04
16	0.1	0.9	0.141	0.296	0.141	0.296	140	220	8	0.07	0.13	0.4	0.04
17	0.1	0.9	0.141	0.296	0.296	0.451	69	140	16	0.13	0.2	0.2	0.05
18	0.1	0.9	0.141	0.296	0.451	0.141	100	180	24	0.01	0.06	0.3	0.06
19	0.18	0.1	0.451	0.296	0.141	0.451	100	140	24	0.01	0.06	0.4	0.05
20	0.18	0.1	0.451	0.296	0.296	0.141	140	18p	8	0.13	0.13	0.2	0.06
21	0.18	0.1	0.451	0.296	0.451	0.296	60	220	16	0.01	0.2	0.3	0.04
22	0.18	0.5	0.141	0.451	0.141	0.451	100	180	8	0.13	0.2	0.3	0.04
23	0.18	0.5	0.141	0.451	0.296	0.141	140	220	16	0.01	0.06	0.4	0.05
24	0.18	0.5	0.141	0.451	0.451	0.296	60	140	24	0.07	0.13	0.2	0.06
25	0.18	0.9	0.296	0.141	0.141	0.451	100	220	16	0.01	0.13	0.2	0.06
26	0.18	0.9	0.296	0.141	0.296	0.141	140	140	24	0.07	0.20	0.3	0.04
27	0.18	0.9	0.296	0.141	0.451	0.296	60	180	8	0.13	0.06	0.4	0.05

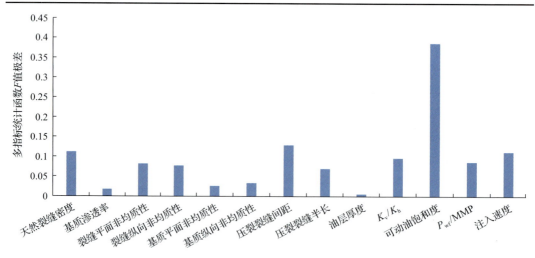

图 4-46　综合评价指标影响因素分析

图 4-47 是可动油饱和度对综合评价指标的影响，可动油饱和度越大，综合评价指标越高，驱替效果越好。图 4-48 为天然裂缝密度与综合评价指标的关系，天然裂缝密度对综合评价指标的影响与可动油饱和度明显不同，在所研究的 3 个水平中，低水平(0.02

条/m)与高水平(0.18 条/m)条件下综合评价指标均不高,而中水平(0.1 条/m)的效果较好,也就是说天然裂缝性致密储层裂缝密度太大或太小均不利于 CO_2 驱,太小 CO_2 波及体积有限,太大可能导致气窜严重。

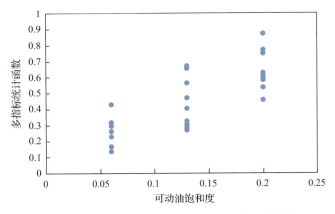

图 4-47　可动油饱和度与综合评价指标的关系

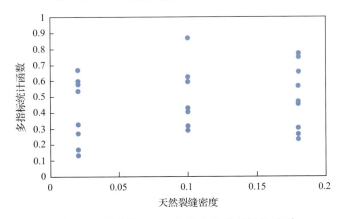

图 4-48　天然裂缝密度与综合评价指标的关系

三、致密裂缝性储层 CO_2 驱注采井距分析

注采井距的大小是油藏工程技术政策最重要的参数之一,袁士义等[126]在《裂缝性油藏开发技术》一书中给出了裂缝性油藏水驱计算公式:

$$R/D = 1.4124 \lg(K_f/K_m) + 2.2291 \tag{4-178}$$

式中,R 为井距,m;D 为排距,m;K_f 为裂缝系统渗透率,mD;K_m 为基质系统渗透率,mD。

显然水驱计算公式并不适合气驱,并且鄂南致密油藏目前大多采用多级压裂水平井开发方式,在此基础上开展注 CO_2 提高采收率也很难有排距的概念。因此笔者尝试利用 EORSim 软件,建立致密裂缝性油藏注气的井距计算公式,并给出鄂南致密油藏注 CO_2 的井距范围。

(一)实验设计

根据文献调研和影响因素分析结果,确定致密裂缝性油藏影响注 CO_2 井距最重要的参数为裂缝密度、裂缝开度和基质渗透率。为此,考虑 3 因素 3 水平,采用响应面软件 Design Expert 8.1 的 BBD 方法设计 17 组试验,建立典型模型,利用前述建立的数值模拟方法,模拟每组参数水平下开发效果,并采用三次样条插值的方法给出每个方案的合理井距。表 4-16 为试验方案及结果,图 4-49 为方案 5 的模拟计算结果。

表 4-16 井距试验方案及模拟结果

方案编号	A 裂缝密度/(条/m)	B 裂缝开度/μm	C 基质渗透率/mD	模拟计算结果/m
1	0.05	300	0.4	974
2	0.05	200	0.7	774
3	0.15	200	0.4	987
4	0.15	200	0.4	987
5	0.15	100	0.7	490
6	0.25	200	0.7	1217
7	0.05	100	0.4	369
8	0.15	100	0.1	497
9	0.05	200	0.1	1173
10	0.15	200	0.4	987
11	0.25	300	0.4	1850
12	0.15	200	0.4	987
13	0.15	200	0.4	987
14	0.25	100	0.4	563
15	0.25	200	0.1	1353
16	0.15	300	0.1	1519
17	0.15	300	0.7	1655

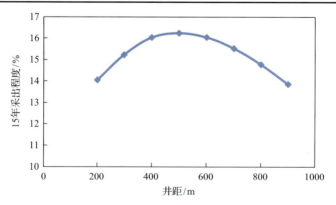

图 4-49 方案 5 模拟计算结果

(二)公式拟合

根据计算结果,依据标准偏差、残差等分析,采用二次多项式对实验进行拟合,形成的响应面模型见式(4-179):

$$R=444.38-2785.42A+4.81B-1818.47C+17.05AB+2191.67AC \\ +1.19BC+2050.00A^2-0.00685B^2+1352.78C^2 \quad (4-179)$$

式中,A 为裂缝密度,条/m;B 为裂缝开度,μm;C 为基质渗透率,mD。

利用式(4-179)预测和实际对比见图 4-50,可以看出两者的相关性良好,可以用式(4-179)进行相关预测。图 4-51 为基质渗透率 0.4mD 条件下井距与裂缝密度、裂缝开度间的关系图版,可以看出随着裂缝开度的增大,井距快速增大;裂缝开度较小时,不同裂缝密度间井距差异不大,但裂缝开度较大时,随着裂缝密度的增大,井距也快速增大。

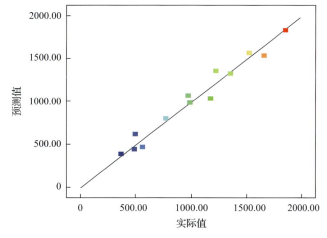

图 4-50 实际值与预测值的相关性

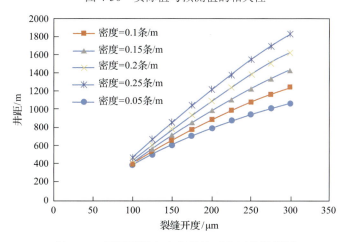

图 4-51 不同裂缝密度和裂缝开度下井距图版

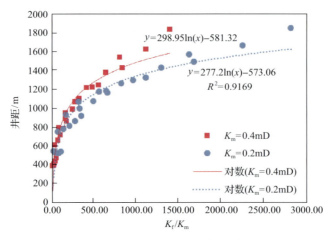

图 4-52 井距与 K_f/K_m 的拟合结果

从公式计算结果看,鄂南致密油藏裂缝密度 0.15 条/m,裂缝开度为 200μm,基质渗透率为 0.4mD 时,注采合理井距在 1000m 左右,目前的井距难以适应注 CO_2 的要求。

上述井距计算公式[式(4-179)]是从实验结果直接拟合得到,与水驱计算公式对比,看不出其与裂缝渗透率之间的关系,为此参考裂缝系统渗透率与裂缝开度和裂缝密度间的关系,重新拟合井距关系式(图 4-52),可得

$$R=(108.74K_m+255.46)\ln(K_f/K_m)-580 \tag{4-180}$$

将该公式与水驱计算公式对比,可以看出两者形式基本相同,井距与 K_f/K_m 之间呈现对数关系。

第五章 注CO_2驱油藏工程优化设计技术

第一节 开发方案智能优化技术

一、开发方案优化方法

油藏工程综合调整旨在大幅降低油田生产投入，增加油气稳产期限，以及最大限度地提高采收率，而油田井网布局和注采方案设计是油藏工程优化的关键。长期以来，油藏工程综合调整优化主要依靠人为经验，并以油藏数值模拟作为主要模拟工具，进行多种开发方案的模拟，通过人工比较，最终优选较好的方案进行现场实施。但由于该问题的控制变量很多，主要包括优化策略的多样性(井网井距优化、注采量优化)和相关参数的多样性(①地质参数：油藏地质结构、油藏渗透率场分布、油藏饱和度场分布、油藏流体接触面等；②生产参数：井位、井数、井型、采油速度等；③经济参数：产液成本、钻井成本等)，人工优化难以获得最优解。特别是对于大规模油田开发来说，井的数量巨大，对数百口甚至上千口井分别进行分析和优化意味着相当大的计算量，再加上地质模型的不确定性，采用手动调整的方法面临的困难无论从规模还是复杂性上都是可想而知的。因此，这种方法难以找到适合复杂油藏的最优井网布局和注采制度，具有很大的局限性。

从数学角度出发，最优化模型是指在一定的可行域内寻找使目标函数取最大(小)值的最优解的过程，其数学表达式为 $\max(\min) f(x)$，其中 $f(x)$ 为目标函数；同时要求满足一定的约束条件 $A(x) \leqslant b, \ x \in S$，满足约束条件的解被称为可行解，使目标函数取极值的可行解称为最优解。因此，求解最优化模型的过程就是寻找最优解的过程。对于油藏开发方案优化问题而言，经济净现值、累产油气当量、最终采收率、采出程度等均可作为最优化模型的目标函数。使用累产油气当量、最终采收率、采出程度等作为目标函数比较好处理，直接根据数模结果进行简单的加和计算即可。对净现值而言，其计算方法比较复杂、多样。本文采用的公式为

$$\text{NPV} = \sum_{t=1}^{N} \frac{r_o q_o - r_{pw} q_{pw} - r_{iw} q_{iw}}{(1+b)^t} - (N_o C_o + N_w C_w) \tag{5-1}$$

式中，NPV 为经济净现值，元；r_o 为原油价格，元/t；r_{pw} 为产水成本价格，元/m³；r_{iw} 为注水成本价格，元/m³；q_o 为累产油量，t/d；q_{pw} 为累产水量，m³/d；q_{iw} 为累注水量，m³/d；t 为生产时间，a；N 为评价周期，a；b 为年利率，小数；N_o 为生产井数，口；N_w 为注水井数，口；C_o 为生产井钻井成本，元/口；C_w 为注水井钻井成本，元/口。

约束条件主要包括油藏边界约束及可行性约束(如水驱控制储量程度、采出程度、注采井数比、注采井矩、采油速度、注水见效时间、井网密度、油藏总井数等)，约束条件可以只满足其中的一部分，也可以在上述约束条件的基础上增加其他合理的约束条件。此外，油藏开发中所说的"约束"还包括另一种意义上的约束，是指油藏有无原始已钻油井、水井的位置约束，但两种井网都受一定条件约束。

目前，针对油藏开发方案的自动优化方法纷繁复杂，其核心思想是利用各种优化算法求解上述最优化问题以得到最优解。根据优化算法中是否涉及目标函数的梯度，油藏工程优化方法大致分为两类：梯度方法和非梯度方法。

(一)梯度优化方法

梯度优化方法是一类发展较早、较为成熟的优化算法。该方法涉及对优化目标函数梯度的求解。获得梯度之后，就相当于确定了最优的搜索方向和搜索的最优步长，因此该方法具有较广泛的适用性。常用的梯度算法有牛顿法、最速下降法和共轭梯度法。

牛顿法需要求解目标函数的梯度(一阶导数)和黑塞矩阵(二阶导数)。该方法在二次方程优化问题的求解过程中，能够较快地收敛于最优值，具有相对较大的优势，因此牛顿法作为一种经典的算法得到了广泛的应用和发展。但对于大规模油藏来说，计算黑塞矩阵时计算量大，牛顿法的弊端就显现出来了。

最速下降法将负梯度方向作为搜索方向，获得伴随方程的梯度之后，该方法较容易实现。但当目标函数靠近最小值时最速下降法收敛速度较慢，而且每进行一次迭代都需要进行一次模拟运算求解伴随方程，因此，选用该方法时要求迭代次数应该越少越好。

共轭梯度法不仅考虑了常规梯度信息，还考虑了在每一个迭代步中所保存的梯度信息，然后综合考虑这些信息，计算下一个迭代步的搜索方向。一般来说，共轭梯度方法收敛速度相对于最速下降法有些许优势，但在求解过程中通常需要乘以一个预处理矩阵来改善矩阵的计算，从而满足在求解大规模问题时对收敛速度的要求。在计算时，获取适当的预处理矩阵是相当困难的，所以这种方法也有自身的局限性。

梯度法具有效率高、搜索速度快、收敛性相对较好等优点，而且能保证目标函数在每次迭代中都能递减。但在进行程序设计时，需要求取目标函数对渗流参数的偏导数。这一过程不可避免地大大增加了数据量和计算量，特别是对于实际油田中经常遇到的网格模型复杂、目标函数不连续、约束条件非线性的情况，梯度算法有很大的局限性。

(二)非梯度优化方法

非梯度算法主要是基于集合的优化方法，包括集合卡曼滤波和智能优化算法等。智能优化算法包括遗传算法、模拟退火算法、粒子群算法、蚁群算法等[127]，一般都是建立在生物智能或物理现象基础上的随机搜索算法，目前在理论上还远不如传统的梯度算法完善，往往也不能确保解的最优性，因而常常被视为只是一些"启发式方法"

(meta-heuristic)。但这类算法一般不要求目标函数和约束的连续性与凸性,甚至有时连有无解析表达式都不要求,对计算中数据的不确定性也有很强的适应能力。

在目前的油藏工程优化领域,非梯度算法应用更加广泛,其中使用最多的非梯度算法为粒子群算法和遗传算法。笔者研究了采用粒子群算法进行开发方案优化的方法,下面首先对粒子群算法进行介绍,后续给出部分油藏 CO_2 驱的应用实例。

二、粒子群算法原理

(一)粒子群算法的基础理论

粒子群优化(particle swarm optimization,PSO)算法的基本思想是通过群体中个体之间的协作和信息共享来寻找最优解,它包含有进化计算和群集智能的特点。起初 Kennedy 和 Eberhart[128]只是设想模拟鸟群觅食的过程,但后来发现 PSO 算法是一种很好的优化工具。

粒子群算法的背景是模拟鸟类在空间中随机搜索食物的过程。假设区域里只有一块食物,所有鸟都不知道食物的精确位置,但各自知道自己当前的位置距离食物还有多远。则找到食物最简单有效的方法就是搜寻目前距离食物最近的鸟的周围区域,通过鸟之间的集体协作与竞争使群体达到目的。这是一种信息共享机制,在心理学中对应的是在寻求一致的认知过程中,个体往往记住它们的信息,同时考虑其他个体的信息。当个体察觉其他个体的信息较好的时候,将对自身的行为进行适当的调整。PSO 算法就是从这种模型中得到启示并用于解决优化问题的。

如果把一个优化问题看作是在空中觅食的鸟群,那么在空中飞行的一只觅食的"鸟"就是 PSO 算法中在解空间中进行搜索的一个"粒子"(particle),也是优化问题的一个解。"食物"就是优化问题的最优解。粒子的概念是一个折中的选择,它只有速度和位置用于本身状态的调整,而没有质量和体积。"群"(swarm)的概念来自于人工生命,满足群集智能的 5 个基本原则。因此 PSO 算法也可以看作是对简化了的社会模型的模拟,社会群体中的信息共享是推动算法的主要机制。

Kennedy 和 Eberhart 提出的基本粒子群优化算法可描述如下[128]:设在一个 D 维的目标搜索空间中,有 m 个粒子组成一个群落,第 i 个粒子的位置用向量 $\boldsymbol{X}_i=[X_{i1}, X_{i2}, \cdots, X_{iD}]$ 表示,飞行速度用 $\boldsymbol{V}_i=[V_{i1}, V_{i2}, \cdots, V_{iD}]$ 表示,第 i 个粒子搜索到的最优位置为 $\boldsymbol{P}_i=[P_{i1}, P_{i2}, \cdots, P_{iD}]$,整个群体搜索到的最优位置为 $\boldsymbol{P}_g=[P_{i1}, P_{i2}, \cdots, P_{iD}]$,则用式(5-2)、式(5-3)更新粒子的速度和位置:

$$V_i(n+1) = V_i(n) + c_1 r_1 \left[\boldsymbol{P}_i - \boldsymbol{X}_i(n) \right] + c_2 r_2 \left[\boldsymbol{P}_2 - \boldsymbol{X}_2(n) \right] \quad (5-2)$$

$$X_i(n+1) = X_i(n) + V_i(n) \quad (5-3)$$

式中，$i=1,2,\cdots,m$，分别表示不同的粒子；c_1、c_2 为大于零的学习因子或称作加速系数，分别调节该粒子向自身已寻找到的最优位置和同伴已寻找到的最优位置方向飞行的最大步长，通常情况下取 $c_1=c_2=2$；r_1、r_2 为介于[0,1]的随机数；n 为迭代次数，即粒子的飞行步数。将 V 限定一个范围，使粒子每一维的运动速度都被限制在$[-V_{max},V_{max}]$，以防止粒子运动速度过快而错过最优解，这里的 V_{max} 根据实际问题来确定。当粒子的飞行速度足够小或达到预设的迭代步数时，算法停止迭代，输出最优解。

从社会学的角度来看，式(5-1)的第一部分是"记忆"项，是粒子先前的速度，表示粒子当前的速度受上一次速度的影响；第二部分是"自身认知"项，是从当前点指向粒子自身最好点的一个矢量，表示粒子的动作来源于自己经验的部分，可以认为是粒子自身的思考；第三部分是"群体认知"项，是一个从当前点指向种群最好点的矢量，反映了粒子间的协同合作和信息共享。粒子正是通过自己的经验和同伴中最好的经验来决定下一步的运动。式(5-2)的第一部分起到了平衡全局和局部搜索能力的作用；第二部分使粒子拥有局部搜索能力，能更好地开发解空间；第三部分体现了粒子间的信息共享，使粒子能在更广阔的空间探索；只有在这三个部分的共同作用下粒子才能有效地搜索到最好的位置。

(二)粒子群算法流程

基本粒子群优化算法的步骤描述如下。
(1)初始化粒子群，包括群体规模、粒子的初始速度和位置等。
(2)计算每个粒子的适应度(目标函数)，存储每个粒子的最好位置 p_{best} 和适应度，并从种群中选择适应度最好的粒子位置作为种群的 g_{best}。
(3)根据式(5-2)和式(5-3)更新每个粒子的速度和位置。
(4)计算位置更新后每个粒子的适应度，将每个粒子的适应度与其以前经历过的最好位置时所对应的适应度比较，如果较好，则将其当前的位置作为该粒子的 p_{best}。
(5)将每一个粒子的适应度与全体粒子所经历过的最好位置比较，如果较好，则更新 g_{best} 的值。
(6)判断搜索结果是否满足算法设定的结束条件(通常为足够好的适应度值或达到预设的最大迭代步数)。如果没有达到预设条件，则返回步骤(3)；如果满足预设条件，则停止迭代，输出最优解。

(三)粒子群算法特点

和其他智能优化算法相比，粒子群优化算法主要有以下特点。
(1)粒子群算法简单，需要调节的参数不多，尤其是算法在引入惯性权重后，许多情况下按经验值设置参数即可获得较好的收敛性。

(2)粒子群算法采用实数编码,可直接取目标函数本身作为适应度函数,根据目标函数值进行迭代搜索。

(3)粒子群算法的各粒子间信息交流采用单向的信息流动方式,整个搜索更新过程是跟随当前最优解的过程。

(4)粒子群算法的各粒子具有记忆性,使邻域算子不能破坏已搜索到的较优解。

(5)粒子群算法根据粒子速度来决定搜索路径,且沿着梯度方向搜索,搜索速度快,在大多数的情况下,所有的粒子能收敛于最优解。

但是,粒子群优化算法并不保证一定能找到最优解。这是由于粒子群算法在优化过程中存在一些问题,这些问题使粒子在搜索过程中易陷入局部最优,导致算法"早熟",从而降低了算法的稳定性。

第二节 压裂水平井CO_2吞吐油藏工程优化设计

一、油藏概述

JN油田在构造上处于苏北-南黄海新生代盆地陆上部分的东台拗陷区的金湖凹陷中部,三河次凹、龙岗次凹、汜水次凹的交汇部位,自西向东发育3个构造高带。JN1号构造主要是受F断层控制的宽缓断鼻构造,其内部又经F_2断层切割,形成东、西两个鼻状断块。其中,东断鼻位于F_2断层的上升盘,轴向NNW,其内部地层总体具由SSE往NNW抬升的趋势。已有钻井揭示,JN油田地层自上而下依次为:新生界第四系东台组,新近系盐城组二段、一段,古近系三垛组二段、一段,戴南组二段、一段,阜宁组四段、三段、二段、一段,目的层位于阜宁组二段,共发育3个油组15个小层,油气集中分布于上、中油组,其上油组底部含油性较好,单层厚度大,分布稳定;中油组含油性受砂体物性影响较大,西断块明显劣于东断块,下油组含油差,砂体大都不含油。阜二段中部裂隙含油气层为岩性控油,下部孔隙含油层主为构造、次为储层物性控油。

JN油田二断块于2008年投入开发,共有两口压裂水平井,截至2014年累计产油$1×10^4$t,采出程度2%。2014年开始实施了一轮CO_2吞吐,增油量300t,但在J2-1井注气过程中,邻井见气,因此相应的技术政策需要及时调整。为此,在三维地质建模、流体相态拟合和生产动态历史拟合的基础上,开展压裂水平井CO_2吞吐油藏工程优化设计。

二、注CO_2前后流体相态拟合

在进行数值模拟前,必须进行油藏流体的相态拟合工作。由于本工区较小,仅有两口生产井,故项目实施前没有进行注CO_2流体相态实验,仅开展注CO_2前原油高压物性拟合。原油组成见图5-1,原油高压物性拟合结果见表5-1,获得的状态方程参数见表5-2。从表5-1可以看出,拟合精度是比较高的,除原始溶解油气比外,其他参数的拟合相对误差均低于2%;尽管原始溶解油气比的相对误差为6.8%,但是其绝对误差很低,仅有0.77m^3/m^3。

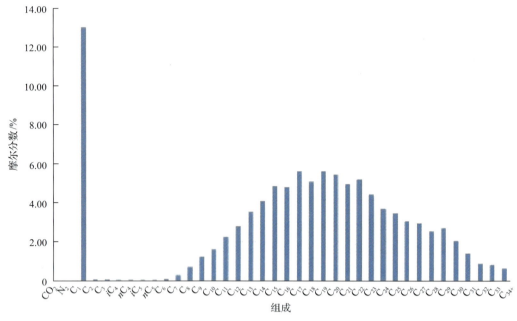

图 5-1 JN 油田原油组成

表 5-1 JN 油田原油高压物性拟合结果

数据	饱和度压力/MPa	原始油气比(m³/m³)	体积系数	地下黏度/(mPa·s)	地面密度/(g/cm³)
实际数据	3.76	11.21	1.068	8.4	0.876
拟合数据	3.69	11.98	1.053	8.36	0.889
相对误差	−1.86	6.87	−1.40	−0.47	1.48

表 5-2 JN 油田流体拟组分特征参数表

组分名称	临界压力/bar	临界温度/K	临界体积/[m³/(kg-mol)]	偏心因子	摩尔质量/(g/mol)	方程系数 Ω_a	方程系数 Ω_b
CO_2	73.86	304.7	0.094	0.225	44.01	0.4572	0.0778
C_1	46.04	190.6	0.098	0.013	16.04	0.4572	0.0778
C_{2+}	42.80	363.55	0.203	0.148	44.10	0.4572	0.0778
C_{5+}	31.49	491.56	0.335	0.276	79.56	0.4572	0.0778
C_{7+}	27.48	587.27	0.456	0.331	113.44	0.4572	0.0778
C_{10+}	22.14	650.96	0.595	0.425	149.65	0.4572	0.0778
C_{13+}	17.45	726.13	0.789	0.556	209.41	0.4572	0.0778
C_{19+}	14.38	789.45	0.991	0.689	281.79	0.4572	0.0778
C_{24+}	11.73	857.07	1.255	0.863	376.76	0.4572	0.0778

三、三维地质建模与历史拟合

(一)三维地质建模

应用 PETREL 软件建立 JN 油田阜二段上油组三维地质建模,选择的区域位于 JN 油田 J2-1 井组附近，主要有 J2-1HF 和 J2-2HF 两口水平井（图 5-2）。模型以三维空间的方式反映构造和地层等地质特征，重点反映储层孔隙度、渗透率、有效厚度等属性在三维空间的分布规律，再现了研究区储层参数的空间分布特征。

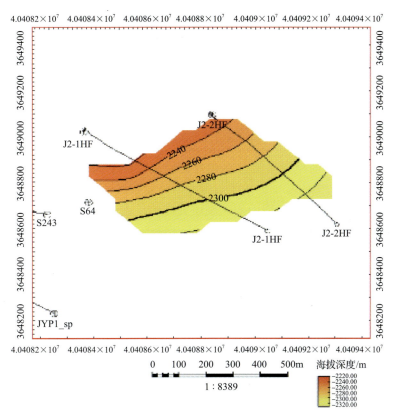

图 5-2 JN 油田建模范围

基础数据主要为研究区所有井的井坐标数据、地层分层数据、单井相解释数据及储层参数解释数据（图 5-3）。由于缺乏地震数据，为了保证研究区构造模型的准确性，又额外收集了研究区周围 3 口直井资料，包括 S243、S64、JYP1_sp，从区域上对研究区地质模型进行了控制。

研究区平面网格为 20m×20m，能有效反映其非均质性（图 5-4）。根据研究区的开发现状的需要，网格大小设置为 20m×20m×0.5m 左右，总网格数 160×109×20=348800。

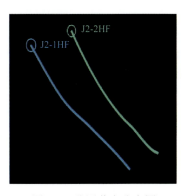

图 5-3 分层井点分布图

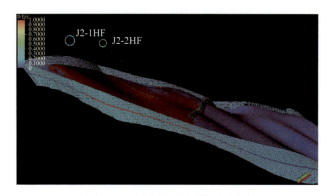

图 5-4　研究区平面网格分布图

构造建模反映储层的空间格架。在建立储层属性的空间分布之前,应先进行构造建模。在原有地质构造图的基础上按照周围井网分层数据建立了研究区阜二段构造模型(图 5-5),这一研究为后面的三维地质建模研究提供了直观的三维框架。

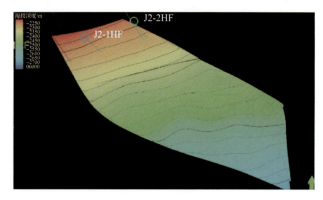

图 5-5　JN 油田构造模型

储层参数三维建模的目的是获取储层各种参数(孔隙度、渗透率、含油饱和度)的三维分布规律,明确储层参数的空间非均质性特征。为了使所建的储层物性参数模型更符合地质实际,在本次建模过程中,应用 Petrel 软件,分别对上述参数进行了设置,在单井解释参数数据的控制下,进行序贯高斯模拟,建立了研究区孔隙度、渗透率和含水饱和度的模型(图 5-6~图 5-8)。

(二) 历史拟合

能否建立油气藏数值模拟模型这项工作是决定历史拟合成败的关键,所谓模拟模型就是将实际油气藏数值化,即用数据把全部影响油气田开发过程的油气藏特征描述出来。油气藏模拟不可避免地要对油气藏进行这样那样的简化,同时又要能够代表油气藏的动态特点,一般包括如下几个方面:网格的选择及模拟层的划分、流体性质、岩石性质、网格数据和动态数据处理及阶段划分。

1. 数值模拟模型建立

本次模拟范围为 JN 油田 CO_2 吞吐井组，共包括两口井 J2-1HF 和 J2-2HF，数值模拟模型建立时均以断层为边界（图 5-9）。

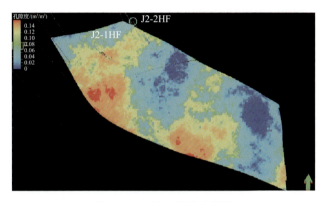

图 5-6　JN 油田孔隙度模型

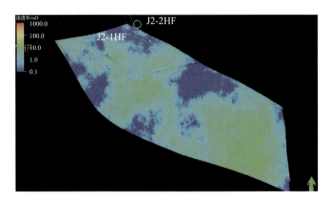

图 5-7　JN 油田渗透率模型

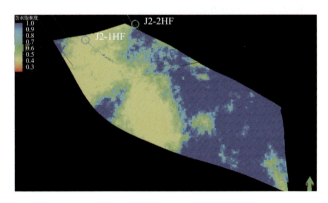

图 5-8　JN 油田含水饱和度模型

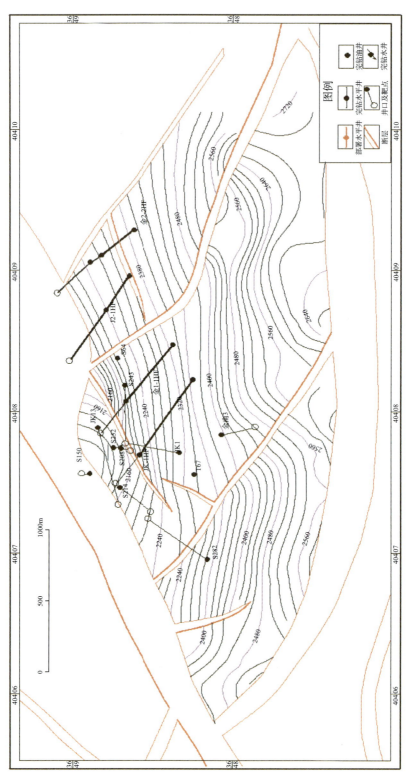

图5-9 JN1号阜二段1油组顶面构造图(单位：m)

根据油田构造实际情况，在划分网格时遵循以下原则：网格方向尽可能与区域边界、井排方向平行或正交，网格边缘应尽可能与边界、断层重合；网格方向考虑油藏性质变化的方向，坐标系统平行或垂直于油藏中流体的主流动方向；网格方向、尺寸与现有井位相适应，井位尽可能布置在网格的中心，一个网格内只有一口井。

在考虑上述划分原则和计算速度的前提下，进行网格的划分(图 5-10)。平面上模型网格划分采用正交网格，X 方向网格数 160 个，Y 方向网格数 109 个。网格平均步长为 20m 左右。单层网格总节点数为：160×109=17440 个；纵向上共划分 20 个网格，每个网格 0.5m。总网格数 348800，有效网格数 52931。

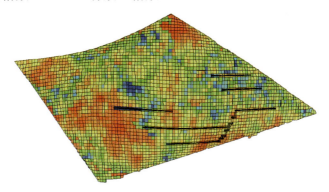

图 5-10　JN 油田数值模拟网格图

初始静态参数场的建立包括定义油藏模拟中所用的网格的空间位置、储层属性(孔隙度、渗透率、有效厚度或净毛比)、流体分布(含水、含油饱和度)、温度及压力系统(温度、压力)、岩石及流体压缩性、体积系数和黏度、相对渗透率等。结合 ECLIPSE 模拟模块组成特征及参数定义流程，下面将参数定义分成地质模型网格参数场、流体模型网格参数场、流体物理性质、岩石物理性质四大类参数，逐一定义网格初始参数场。

油藏地质模型参数场主要包括构造、有效厚度、有效孔隙度和有效渗透率四组数据，由地质建模完成这部分工作，并经过粗化提供给数值模拟人员(图 5-11、图 5-12)。

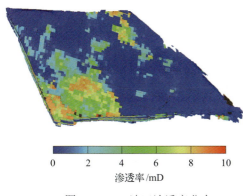

图 5-11　JN 油田渗透率分布

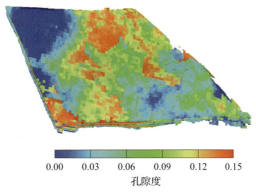

图 5-12　JN 油田孔隙度分布场

油藏流体模型参数场包括网格中各拟组分的摩尔分数、含水饱和度、含油饱和度、含气饱和度、网格流体压力、温度等。采用非平衡给法，即由地质建模建立含水饱和度场，油藏压力是通过建立原始压力与深度的关系获得，气相饱和度的初始值赋 0，各拟组分的摩尔分数由 PVTi 相态拟合得到。

流体的物理性质包括水相在标准状况、地层条件下的性质及原油各组分的热力学参数，本次模拟中各组分的热力学参数由 PVTi 相态拟合得到。水相的参数采用如下数据：①地面条件下的水密度 $1.0g/cm^3$；②原始油藏条件下地层水黏度 $0.4mPa·s$；③原始油藏条件下地层水压缩系数 $3.3×10^{-5}MPa^{-1}$；④原始油藏条件下地层水体积系数 1.0。

岩石物性是指岩石多孔介质在多相流情况下的相对渗透率和岩石压缩系数。采用的原始油藏条件下岩石的压缩系数为 $4.7×10^{-5}MPa^{-1}$；初始裂缝系统和基质系统的油水及油气相对渗透率借用其他致密油藏两相渗流实验确定的相对渗透率曲线，后期历史拟合过程中有局部调整（图 5-13、图 5-14）。

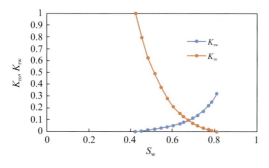
图 5-13　JN 油田油水相对渗透率曲线

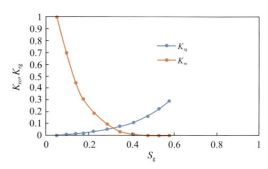
图 5-14　JN 油田油气相对渗透率曲线

根据 JN 油田油井生产数据、射孔数据及井位坐标数据统计，至 2014 年 10 月工区共有压裂水平井两口；工区生产历史较短，但井型复杂，井的动态数据包括单井产油量、产液量、产气量、注水量，油气比、油水比等；压力数据包括动液面数据；完井数据包括射孔厚度、射孔时间、投产时间。

2. 历史拟合

为了使建立模型的计算结果尽可能接近实际情况，需要进行历史拟合。油藏生产历史拟合过程就是不断调整参数的过程，同时也是不断加深对油藏认识的过程。结合油藏动态研究成果，合理地修改地质模型参数，拟合油藏油井的生产历史（产量、压力史），再现油藏开发历程，完善油藏描述，加深油藏的动态认识，以指导油藏采用合理的方式生产，提高油藏的采收率，获取最高的经济效益。

模拟工区采用压裂水平井衰竭开采技术政策进行开发，且两口水平井均进行了大规模的人工压裂，因此采用非结构化网格处理压裂裂缝，模拟时将压裂裂缝宽度设置为 2mm，初始渗透率设置为 100D，后期历史拟合根据压力和产能调整渗透率，裂缝长度设置依据压裂施工工艺的监测结果给定。

数值模拟拟合指标主要包括：全区及生产井的采油量、含水率，单井的生产指数等。首先进行参数敏感性分析，确定影响油藏模拟结果的主要参数，在拟合时先修改较稳定的因素，将模型中的一部分参数确定下来，最后修改最敏感和最不稳定的因素，结合该区油水运动规律及井组、区块动态分析，分井组进行开发指标拟合。部分历史拟合结果见图 5-15 和图 5-16。

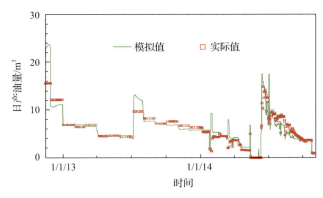

图 5-15　金南油田日产油拟合结果

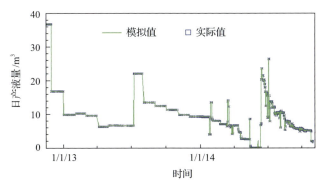

图 5-16　金南油田日产液拟合结果

从数值模拟计算结果看，各单井数模计算产液量和含水率在实际数据的变化范围之内，与阶段含水率平均值相近。CO_2 吞吐第 1 轮次产油量和油气比也与实测接近。在此基础上开展油藏数值模拟计算，得到一个较好地描述油藏实际生产动态，反映地下储层油气水运动规律及目前油、气、水分布状况的油藏数值模型，为油藏开发趋势分析和 CO_2 吞吐模拟提供了充分的依据。

四、注 CO_2 油藏工程优化设计

在历史拟合研究的基础上，针对 JN 油田实际及第 1 轮次发现的问题，进行 CO_2 吞吐的油藏工程注采参数优化调整研究，包括吞吐方式、周期注入量、注入速度、闷井时间、开井生产制度等。

(一)吞吐方式优化研究

在第 1 周期实施过程中发现,在注入过程中存在邻井气窜的现象。为了利用两井间存在沟通缝的实际情况,也为了避免两井间气窜的产生,设计了 3 种不同的吞吐方式进行模拟计算,3 种方式分别为单井吞吐(J2-2HF 井吞吐、J2-1HF 井衰竭生产)、两口井异步吞吐生产、两口井同步吞吐生产,其中异步吞吐在一口"吞"时另外一口井停产。模拟结果(图 5-17、图 5-18)表明,同步吞吐或异步吞吐均好于单井吞吐,同步吞吐又略好于异步同步。产生这种现象的原因是两口井间存在沟通缝,同步吞吐不会发生注入气窜流,而异步吞吐存在一定的驱替作用。

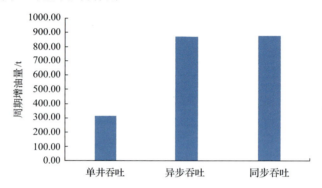

图 5-17　不同吞吐方式下周期增油量对比(3 周期平均值)

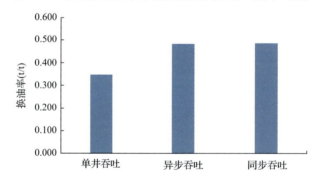

图 5-18　不同吞吐方式下换油率对比(3 周期平均值)

(二)周期注入量优化

已有文献调研结果表明[129-134],不同转注时机、水平井参数及不同吞吐周期下最佳的周期注入量均有所差别,针对试验井组,设计不同方案模拟计算各井的周期注入量。井组累计产油量曲线、累积换油率、平均周期增油量与周期注入量的关系见图 5-19 和图 5-20,可以看出周期注入量越大,累计产油量和累计增油量均越大,但随着周期注入量的增加,累计换油率逐渐降低。

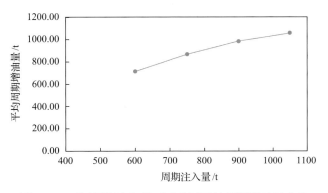

图 5-19　不同周期注入量下试验区平均周期增油量曲线

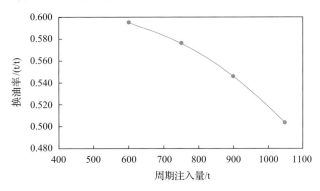

图 5-20　不同周期注入量下换油率

很明显,通过累计产油量和换油率很难确定最佳的周期注入量。由于 CO_2 吞吐属于多指标问题,用单一指标来评价 CO_2 吞吐并不是一个理想的方法。因此,何应付等[108]提出采用多指标综合评价方法进行 CO_2 吞吐筛选及注采参数优化研究,并利用层次分析法建立了一个综合评价指标 F,该指标具体表达式为

$$F=0.399C+0.369Q_o+0.130Z_R+0.073R-0.029f_w$$

式中,C 为换油率;Q_o 为平均周期增油量;Z_R 为采收率增幅;R 为阶段采出程度;f_w 为含水率。这几个参数均可采用数值模拟方法得到。

图 5-21 为多指标体系综合函数 F 随周期注入量变化曲线,从图 5-21 可以看出,在其他条件不变时,单井周期注入量 900t 为最佳。

(三) 焖井时间优化

焖井时间是影响压裂水平井 CO_2 吞吐开发效果的主要因素之一,分别设计焖井 10d、20d、30d、40d 和 50d 5 个方案进行模拟计算,结果见图 5-22～图 5-24。从井组指标看,随着焖井时间的增加,井组累计增油量和换油率等指标先增大后减小,在焖井时间 40d 时达到最大值,因此目标工区最佳的焖井时间为 30～40d。

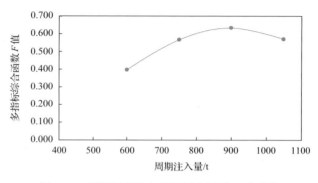

图 5-21　不同周期注入量下综合函数 F 值变化

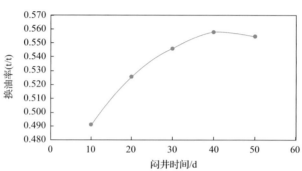

图 5-22　闷井时间与累计换油率关系曲线

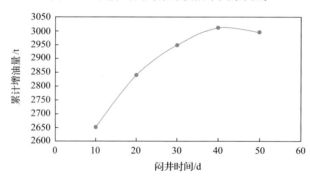

图 5-23　闷井时间与累计增油量关系曲线

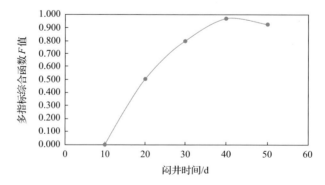

图 5-24　闷井时间与多指标综合函数间关系曲线

(四)注入速度优化

文献调研表明影响 CO_2 吞吐的另一项主要因素为注入速度[132-134],在工区历史拟合的基础上,分别设计注入速度为 40t/d、50t/d、60t/d、70t/d 4 套方案进行模拟计算,结果见图 5-25～图 5-27。

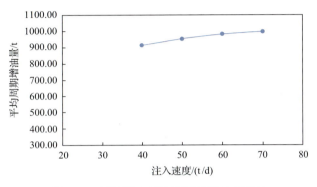

图 5-25　不同注入速度下周期增油量对比

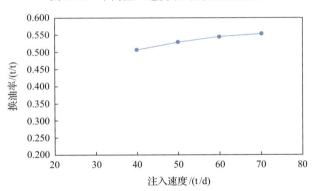

图 5-26　不同注入速度下换油率对比

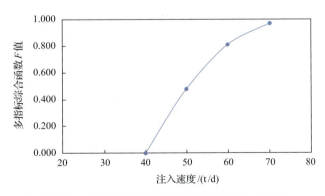

图 5-27　不同注入速度下多指标综合函数 F 对比

从模拟结果可以看出，随着注入速度的增大，周期增油量和换油率均呈现增大的趋势，这与常规认识是一致的。从图 5-27 可以看出注入速度与多指标综合函数关系曲线的拐点在 60t/d 左右。结合矿场实施第 1 周期的结果可以知道，当注入速度增大至 58t/d 时，两口井之间出现了明显窜流现象。尽管在选择吞吐方式时建议采用整体同步吞吐，但考虑到矿场实施时很难保证两口井同步进行注入、闷井和产出，因此建议矿场实施的注入速度要小于 60t/d。

(五)试验井组 CO_2 吞吐技术政策

根据注采参数优化结果，利用数值模拟方法对试验井组的开发指标进行预测，结果见表 5-3。从表 5-3 可以看出随着吞吐周期的增加，周期产油量逐步降低，周期含水率逐渐升高，周期油气比始终在 $700m^3/m^3$ 以下，但是在每个周期开始时的油气比均较高，特别是第 4 周期开始时油气比高于 $7000m^3/m^3$，因此建议矿场仅实施 4 个周期。

表 5-3 试验井组吞吐 3 周期开发指标预测结果

吞吐周期	周期产液/m^3	周期产油/m^3	周期产水/m^3	周期产气/m^3	周期油气比/(m^3/m^3)	周期含水率/%
第 2 周期	1680.00	1295.34	384.67	455387.7	351.56	22.89
第 3 周期	1635.62	1224.07	411.54	596462.9	487.28	25.16
第 4 周期	1458.65	1067.01	391.63	684714.1	641.71	26.85

JN 油田 J2-1 井区 CO_2 吞吐开发技术政策小结：①JN 油田 J2-1 井区两井之间存在沟通，建议实施同步吞吐；②单井周期注入量 900t；③闷井时间 30~40d；④注入速度 60t/d；⑤吞吐周期 4 个周期；⑥数值模拟方法预测中，后 3 个周期累计产增油 1480t，平均单井产油 740t，提高采收率 2.60%。

第三节 特低渗透裂缝性油田 CO_2 驱油藏工程优化设计

一、油藏概述

YYT 油田位于吉林省长春市西北约 170km、长岭县以北约 45km 处的前郭县查干花乡。构造位置位于松辽盆地中央拗陷南部的长岭凹陷，是一断拗叠置的中生代盆地。沉积实体由白垩系上统地层及泉头组地层组成，拗陷层的构造区划为西部缓坡带、中部深凹带、东部陡坡带和华字井阶地，YYT 油田位于拗陷层的东部陡坡带。油田主要含油层系为青山口组二段、一段及泉四段顶部。该区自 1995 年 10 月开始油气勘探，2002 年 9 月 DB16 井突破工业油流发现 YYT 油田，至目前累计探明地质储量 $3330.59×10^4$t。区域构造比较简单，自东往西发育四组北西、北北西断层，将 YYT 油田划分成 4 个油气成藏区块，油藏埋深为 1640~2400m，孔隙度为 11.69%~15.97%，渗透率为 $0.09×10^{-3}$~$4.48×10^{-3}μm^2$。2003~2005 年进行开发先导试验，2005 年 10 月进入全面开发阶段。经过 2006～2008 年 3 年的产建和续建工作,动用面积 53.38km², 动用地质储量 2903.98×10⁴t, 可采储量 287.37×10⁴t, 建成产能 34.6×10⁴t。

从注水情况看,水井注入状况较好,注水压力低,在 14.0MPa 以下,吸水能力较强,但油井见效不明显,地层压力恢复慢,地层供液能力差,单井产能低;油井见效含水上升快,增产有效期短,采收率低(仅 9.9%),急需实施有效提高采收率的技术;同时 SN 气田 CO_2 含量为 22%,日产 CO_2 气 25.23×10⁴m³,这部分 CO_2 仅仅依靠化工、民用处理无法得到有效解决,而利用 CO_2 驱油提高油藏采收率,可以实现 CO_2 的综合利用和埋存相结合,达到双赢的目的,为此开展了 YYT 油田 CO_2 先导试验。

二、注 CO_2 前后流体相态拟合

组分模拟是注 CO_2 驱油油藏数值模拟最重要的技术环节,是决定模拟结果准确与否的关键。流体相态拟合的实质是依据 CO_2 驱油室内实验获得的不连续数据点,运用相态模拟软件对实验数据进行系统拟合计算,形成符合 CO_2 驱油相态变化的连续数据体,并给出组分模型的 PVT 参数,应用这些系统数据实现 CO_2 驱油数值模拟中的相态计算。

(一)拟组分划分

表 5-4 为 YYT 油田地层流体组成及拟组成划分,可以看出该流体重质组分含量很高,C_{7+} 摩尔分数为 72.29%,属于普通的黑油。根据试验区原油 C_{7+} 重组分含量高的特点,按

表 5-4 地层流体拟组分划分

原始组成		地层流体拟组分划分		组分数
各组分名称	摩尔分数/%	各组分名称	摩尔分数/%	
CO_2	0.22	CO_2	0.23	1
C_1	12.45	C_1	12.45	2
C_2	3.31	C_{2+}	7.17	3
C_3	3.86			
C_4	2.77			
C_5	2.24	C_{4+}	7.86	4
C_6	2.86			
C_7	4.72			
C_8	6.72	C_{7+}	17.05	5
C_9	5.61			
C_{10}	4.91			
C_{11}	3.96	C_{10+}	13.13	6
C_{12}	4.26			
		C_{13+}	19.03	7
C_{13+}	42.11	C_{18+}	12.65	8
		C_{23+}	10.43	9

组分性质相近的原则,将 $C_1 \sim C_6$ 合并为 3 种组分,将 C_{7+} 以上重组分劈分为 5 种组分,总计 9 种拟组分,即 CO_2、C_1、$C_2 \sim C_4$、$C_5 \sim C_6$、$C_7 \sim C_9$、$C_{10} \sim C_{12}$、$C_{13} \sim C_{17}$、$C_{18} \sim C_{22}$、C_{23+}。

(二)注气前后地层流体 PVT 实验拟合

表 5-5 给出了 YYT 油田地层流体 PVT 实验数据的拟合结果,各项指标拟合精度均较高,误差范围在 4%之内,达到了注气过程组分模拟的精度要求。

表 5-5 饱和压力与单次闪蒸数据对比表

数据	饱和压力/MPa	单次闪蒸气油比/(m^3/m^3)	地层原油密度/(g/cm^3)	地层油黏度/($mPa \cdot s$)
实际值	6.62	31.61	0.768	2.89
拟合值	6.4	30.94	0.765	2.85
误差/%	3.32	2.12	0.39	1.38

地层原油等组成膨胀实验是模拟地层原油在降压开采过程中地层原油体积变化的方法之一。其主要反映原油和逸出溶解气的综合膨胀能力。由图 5-28 可以看出,降压过程中原油相对体积变化的拟合程度较好。但由于油藏地层原油中溶解气油比相对较低,从地层压力降低到饱和压力过程中,地层油的弹性膨胀能力非常小,因此如不采用注水或注气补充能量,而仅靠天然能量,油藏很难正常开采。

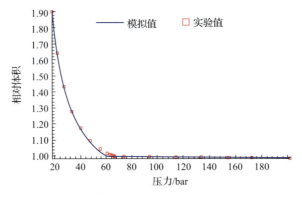

图 5-28 地层原油相对体积拟合图

差异分离实验可以很好地模拟黑油油藏在压降过程中原油溶解气油比、地层原油密度、黏度、体积系数及脱出气性质等的变化情况。图 5-29、图 5-30 为差异分离实验拟合结果图,可以看出整个差异分离实验拟合效果很好。

注气膨胀实验主要用于研究不同注入气对流体相态的影响。在注气前原油相态拟合的基础上,对原油注 CO_2 的膨胀实验进行了拟合,模拟计算的地层流体注气后的体积膨胀系数与实验数据拟合较好(图 5-31)。

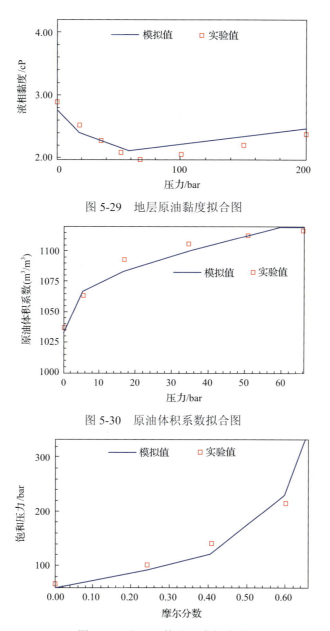

图 5-29 地层原油黏度拟合图

图 5-30 原油体积系数拟合图

图 5-31 注 CO_2 饱和压力拟合图

(三)地层流体拟组分临界特征参数

通过对 YYT 油田原始油藏流体注气前后实验数据的拟合,确定了状态方程(PR3),并调整了状态方程参数,得到了反映实际地层流体相态特征和注气组分模拟所需的 PVT 参数,为下一步的数值模拟打好基础。表 5-6 为 YYT 油田油藏流体拟组分特征参数表。

表 5-6 油藏流体拟组分特征参数表

组分名称	分子量	临界压力/MPa	临界温度/℃	方程因子 Ω_a	方程因子 Ω_b	偏心因子	临界体积
CO_2	44.01	7.29	31.55	0.4572	0.0778	0.23	0.09
C_1	16.04	4.5	−82.55	0.4572	0.0778	0.01	0.1
C_{2+}	37.5	5.56	85.71	0.4572	0.0778	0.16	0.15
C_{4+}	70.2	3.63	196.68	0.4572	0.0778	0.22	0.3
C_{7+}	108	2.79	315.24	0.4572	0.0778	0.38	0.47
C_{10+}	128	2.21	384.93	0.4572	0.0778	0.52	0.63
C_{13+}	194	1.69	459.15	0.4572	0.0768	0.7	0.88
C_{18+}	236	1.22	536.79	0.4672	0.0708	0.96	1.15
C_{23+}	408	0.68	674.05	0.4872	0.0593	1.46	1.53

三、储层特征与三维地质建模

(一) YYT 油田油藏地质特征

1. 构造特征

YYT 油田青山口组和泉头组地层整体呈近南北走向、倾向近西的单斜形态，在单斜的背景上呈现出明显的分带性。由于压扭性构造应力作用，区块内由东往西发育四组北西、北北西断层，这些断层与地层走向呈低角度斜切，将 YYT 油田划分成 4 个油气成藏区块：西部低幅度构造带、中部斜坡带、中部地堑带、东部地垒带。工区处于西部低幅度构造带，由 4 个低幅度的断鼻构造组成，主要发育了 fyx1～fyx7 号 7 条 NNW 向断层，它们是控制油藏的主要断层，断层呈雁行排列，延伸距离较短，一般不能贯穿全工区。

2. 储层特征

YYT 油田为三角洲前缘沉积，主要发育水下分流河道、水下分流河道侧缘、水下分流间湾、席状砂微相，部分小层还发育有河口坝、远砂坝和三角洲泥微相。沉积时期，物源摆动大，自下而上由西南到西北到北向，河道摆动导致垂向上各种微相砂岩交替出现，带来平面和纵向上砂体发育的非均质性。单一河道面宽 150～250m，砂体平面分布广，但单砂层变化快、连通性差。主力含油层系为青二段(K_2qn_2)、青一段(K_2qn_1)，根据沉积旋回划分为Ⅰ～Ⅴ5个砂组，共计 30 个小层。

受断层和沉积微相控制，平面上单砂层横向变化快，纵向上因多期水下分支河道叠置，多套单砂层侧向尖灭、叠置或垂向叠置，部分地区形成较厚砂体。受此影响油层单层厚度薄，平面变化较大，侧向变化快。

平面上主力油层青一段二砂层组($K_2qn_1^2$)为一套在全区分布较为稳定的砂岩发育段，砂体厚度为 12.5～24.9m，平均砂厚为 17.6m。青二段四砂层($K_2qn_2^4$)砂层厚度为 10.8～30.5m，平均砂层厚 19.7m。

根据试油试采及测井解释成果，YYT 油田油水分布受构造和储层的岩性、物性等多种因素控制。纵向上层多层薄，其中 $K_2qn_1^2$ 的 1～4 小层、$K_2qn_2^4$ 的 7～9 小层单层厚度相对较大；平面上受沉积微相控制，沿水下分流河道厚度较大，向边部逐渐减薄，具有西厚东薄的特点。因河道的摆动，油层多薄层迭合连片分布，总体上靠近断层及构造高部位油层发育,向边部逐渐减薄,最厚部位为水下分流河道微相,油层厚度在 20m 以上,最厚达 27.5m。

主力层 $K_2qn_1^2$、$K_2qn_2^4$ 各小层之间有稳定的隔层,隔层厚度在 1~3m,个别小层局部达到 7~8m,隔层发育较好,封隔能力强。但因三角洲前缘河道垂向加积作用较强,下切明显,个别小层如 $K_2qn_2^4$ 的 6~7 小层,局部隔层厚度为零。

3. 岩性特征

根据岩石铸体薄片及粒度分析资料,储层岩性以灰色、灰褐色、灰白色岩屑长石粉细砂岩为主,少量长石粗粉砂岩,粒度中值为 0.05~0.1mm,平均粒度中值为 0.08mm,属于细砂粒级。分选系数为 1.44~3.183,分选性好—中等,磨圆度较差,为棱角—次棱角状;岩石胶结致密,胶结类型主要为孔隙式胶结,镶嵌式、基底式胶结次之,以颗粒支撑、点-线接触为主,结构成熟度较低;粉、细砂岩中陆源碎屑含量占 70%~94%,其成分以长石为主,占 15%~75%,平均为 52%;石英占 10%~58%,平均为 26%;岩屑占 14%~30%,平均为 22%,成分成熟度较低,岩屑主要以火成岩为主,含少量变质岩、沉积岩;填隙物中胶结物含量为 7%~30%,以方解石、白云石为主,含少量硅质。方解石含量在 1%~12%,最高可达 20%;白云石含量在 2%~12%,最高可达 25%;硅质含量在 1%~3%,杂基主要是泥质,泥质含量一般为 1%~4%,最高达 12%,平均 3.1%。

4. 储层物性

根据岩心分析资料,试验区储层物性差,为低孔特低渗透储层。纵向上受物源及沉积微相影响,储层物性有较大的变化。$K_2qn_1^2$ 平均孔隙度为 14.23%,平均渗透率为 $5.42 \times 10^{-3} \mu m^2$,$K_2qn_2^4$ 平均孔隙度为 11.29%,平均渗透率为 $0.963 \times 10^{-3} \mu m^2$。$K_2qn_2^3$ 平均孔隙度为 16.65%,平均渗透率为 $2.23 \times 10^{-3} \mu m^2$。

5. 裂缝特征

YYT 油田储层裂缝较发育,K_2qn_1 裂缝密度平均为 0.312 条/m,K_2qn_2 裂缝密度平均为 0.159 条/m。岩心观察可识别出高角度缝和水平缝两种类型的裂缝。

砂岩中高角度缝延伸长度不一,K_2qn_2 Ⅳ 砂层组延裂缝伸长度一般为 5~7cm,qn_1 Ⅱ 砂层组则可达到 30~120cm,缝宽 0.1~1mm;水平缝与高角度缝剪切,缝长较小,一般为 2~10cm,缝宽为 0.1~0.3mm,裂缝密度大,达 10~50 条/m,主要发育在 qn_1 Ⅱ 砂层组。

从 FMI 测井图像分析,诱导缝倾向为北,走向近东西,倾角在 80°~90°。据此推断现今最大水平主应力方向为东西向。高导缝走向为 NWW—NEE,倾向为 NNW,倾角大致为 70°~80°,井周最大水平主应力的方向为近东西向,有利于保持高导缝的开启。人工压裂裂缝与天然裂缝大体一致,也基本呈东西向。

6. 微观孔隙结构特征

储集层孔隙以次生溶蚀孔为主,类型主要为杂基溶孔和颗粒溶孔,其次为原生孔隙。平均孔喉半径 0.3191μm,均质系数 0.1893,变异系数 0.2018,分选系数 2.0755,反映出喉道以微、细、中孔喉为主,基本没有大孔喉,类型属于细喉-极细喉,喉道大小分布的均匀程度比较差,微观非均质较强。

7. 储层非均质特征

储层具有较强的层内、层间、平面非均质性。根据各井各砂组的岩心物性分析，渗透率的变化范围在 $0.01×10^{-3}$～$144.75×10^{-3}μm^2$，渗透率级差变化范围在 1.44～2294.9，变异系数为 0.17～3.26。

层内非均质性：全区砂岩层内变异系数平均为 1.09，渗透率突进系数平均为 3.7，渗透率级差平均为 262.40。

层间非均质性：全区砂岩层间变异系数平均为 0.92，渗透率突进系数平均为 2.30，渗透率级差平均为 15.5。

平面非均质性：不同的沉积微相物性相差大。分支河道部位平均孔隙度为 15.22%，平均渗透率为 $12.45×10^{-3}μm^2$；河道侧翼部位平均孔隙度为 9.98%，平均渗透率为 $0.43×10^{-3}μm^2$；河口坝部位平均孔隙度为 10.86%，平均渗透率为 $0.96×10^{-3}μm^2$；远砂坝部位平均孔隙度为 9.14%，平均渗透率为 $0.12×10^{-3}μm^2$。

8. 储层油水关系

YYT 油田具有良好生、储、盖组合条件。受所处沉积相带、构造部位共同制约，为典型的构造-岩性油藏。根据试油试采资料认识，先导试验区生产层基本上是油水同层，仅在青一Ⅱ1 小层有油水界面，为 –2180m。

9. 储层敏感性评价

储层敏感性试验结果表明，储层的水敏性、速敏性和碱敏性均表现为无-弱敏感性。盐度敏感性中等偏弱，表现为随着盐度的降低，渗透率降低，临界矿化度不低于 5505mg/L。中等—强的盐酸敏和土酸敏。

10. 油藏温度和压力系统

YYT 油田原始地层压力为 22.64MPa，压力系数为 0.984MPa/100m；饱和压力为 8.74MPa，地饱压差为 13.90MPa；原始地层温度为 97.84℃，温度梯度为 4.2℃/100m，属于常温常压油藏。

YYT 油田原油性质比较好，主力层青一Ⅱ原始地层条件下原油密度为 $0.78g/cm^3$，黏度为 1.91mPa·s，地面原油密度为 $0.8740g/cm^3$，地面原油黏度为 22.42mPa·s，凝固点为 30.5℃，原油含蜡量为 26.7%，含硫为 0.3%，气油比为 $44.4m^3/m^3$，原油体积系数为 1.155。$K_2qn_2^4$ 无高压物性资料，其地面原油密度（20℃）为 $0.8760g/cm^3$，地面原油黏度为 26.99mPa·s，凝固点为 30℃，原油含蜡量为 26.4%，含硫为 0.3%，属于低密度、低黏度、高饱和、高凝固点原油。

(二) 三维地质建模

在精细地质研究的基础上，以小层为单元，基于沉积微相的控制，建立精细的三维地质模型，精确描述气体的超覆和指进。建模采用 PETREL 软件，结合岩心、地震资料及 117 口完钻井资料，建立了 YYT 油田工区 $K_2qn_2^4$、$K_2qn_2^5$、$K_2qn_1^1$、$K_2qn_1^2$ 4 个砂层组共 21 个小层的储层构造模型、储层沉积微相模型和基于沉积微相控制的储层三维参数模型 (表 5-7)，以此为基础反映油藏内幕构造、储层、流体分布特征。

模型平面网格单元为 20m×20m，垂向网格单元约为 0.15m，总网格数 39145230 个，较为精确地保留了研究区隔夹层信息。

地质建模是以数据库为基础的，在地质建模过程中，数据准备是一项基础但十分重要的工作，数据的丰富程度及其准确性在很大程度上决定着所建模型的精度。基础数据主要为研究区所有井的井坐标数据、地层分层数据、单井相解释数据及储层参数解释数据(孔隙度、渗透率)。

表 5-7　YYT 油田地质建模情况汇总表

网格精度	地质模型内容及方法		
	模型名称		资料及方法
20m×20m×0.15m	构造模型	断层模型	地震解释资料为主
		层面模型	地震约束井分层数据
	沉积微相模型		精细地质研究成果
	物性模型	孔隙度	相控建模
		渗透率	
	饱和度模型		相控建模

1. 三维构造模型

构造建模反映储层的空间格架。因此在建立储层属性的空间分布之前，应先进行构造建模。构造模型包括断层模型和层面模型。

断层模型：断层模型实际上反映的是三维空间上的断层面。YYT 油田工区共发育 35 条断层，其中 31 条边界正断层，4 条逆断层。本次研究利用地震资料解释断层多边形，绘制断层框架，在断层多边形和井断点的控制下生成断层面模型，断层面相互切割形成断层模型，根据断点数据及其组合关系，建立断层模型(图 5-32)。

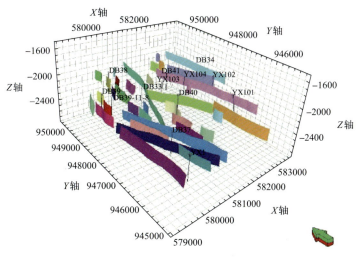

图 5-32　YYT 油田工区断层模型

层面模型：在精细地层对比和断层模型建立的基础上，建立层面模型(图 5-33)，这一研究为后面的三维地质建模研究提供了直观的三维框架。

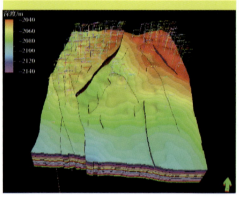

图 5-33　YYT 油田工区构造层面模型

2. 三维相模型

三维相建模的目的是获取储层内部不同单一微相三维分布，为储层参数三维建模奠定基础。在三维构造建模的基础上，以沉积模式为指导，应用井资料(单井相或微相解释成果)进行井间三维预测(模拟或插值)，建立三维相模型，定量描述储集砂体的大小、几何形态及其三维空间分布，并为储层参数建模奠定基础。

在三维构造建模的基础上，以沉积模式为指导，采用序贯指示模拟+人机交互后处理的思路建立相模型。具体建模过程中使用了多维互动的思路，在单井、连井剖面相和二维平面相研究的基础之上，利用序贯指示模拟建模方法建立相模型，然后再通过人机交互后处理方法，将沉积相边界数字化，对相模型加以优化，将地质思维、地质认识和数学算法有机融合，建立尽可能符合地质实际的相模型，再现了研究区河口坝、水下分流河道、席状砂等微相类型的空间分布特征。如图 5-34 所示，$K_2qn_2^4$ 砂组发育水下分流河道和河口坝沉积，早期基准面上升，$K_2qn_2^{4-1}\sim K_2qn_2^{4-4}$ 只发育零星的砂体，到 $K_2qn_2^{4-8}$、$K_2qn_2^{4-9}$ 小层，随着基准面的下降，河口坝的规模随之不断扩大，$K_2qn_2^{4-10}$ 小层晚期基准面再次上升，河口坝规模又逐渐减小。$K_2qn_1^2$ 砂组整体处于基准面下降，河口坝较为发育。

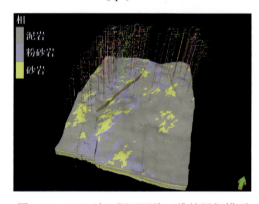

图 5-34　YYT 油田腰西区块三维储层相模型

3. 三维储层参数模型

储层参数三维建模的目的是获取储层各种参数的三维分布规律，明确储层参数的空间非均质性特征。为了使所建的储层物性模型更符合地质实际，针对不同的沉积微相类型赋予不同的参数分布，以反映不同沉积微相内部储层参数空间变化的差异性。

储层参数受控于相模型，因此储层参数的三维建模主要是在相控的基础上进行的。在建模过程中，应用 PETREL 软件，在相模型的控制下，分别对孔隙度、渗透率、含油饱和度、有效厚度进行了设置，在单井解释参数数据的控制下，采用序贯高斯模拟的算法进行随机性建模，从而建立了研究区各小层的孔隙度、渗透率和饱和度三维模型。从图 5-35～图 5-37 可以看出，物性参数在顺物源方向上物性变化较平缓，而垂直物源方向上变化迅速。河口坝和水下分流河道物性最好，而向坝缘部位物性逐渐变差。

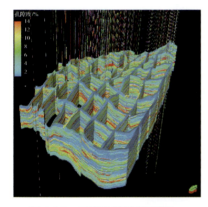 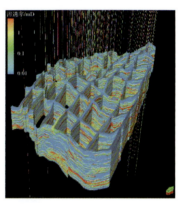

图 5-35　三维孔隙度模型图　　　　　图 5-36　三维渗透率模型图

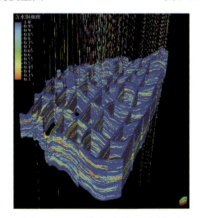

图 5-37　三维含水饱和度模型

四、注 CO_2 混相程度分析

注 CO_2 驱替过程中的混相程度高低是油藏工程师最关心的问题之一。图 5-38 是 YYT 油田原油长细管实验模拟结果，可以看出注 CO_2 的最小混相压力为 26MPa。按常规混相、非混相观点，腰英台油田属于非混相驱替，但根据前述建立的非完全混相驱替理论，在

注入井附近必然存在混相区域。为此,依据腰英台油田基础参数,建立典型模型,建立快速评价公式,并分析 YYT 油田注 CO_2 混相程度。

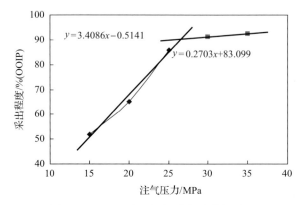

图 5-38　YYT 油田长细管实验模拟结果

根据 YYT 油田实际储层物性和流体物性确定各影响因素的条件范围,按照 6 因素 3 水平,采用响应面软件 Design Expert 8.0 的 BBD 方法设计 54 组试验,利用数值模拟软件建立典型模型,模拟每组参数水平下 CO_2 驱混相体及系数、半低界面张力区体积分数等。表 5-8 为试验影响因素及水平。

表 5-8　试验影响因素及水平

影响因素	因素	水平		
		−1	0	1
注入气甲烷含量/%	A	0	5	10
注入气轻烃含量/%	B	0	5	10
生产流压/MPa	C	2	6	10
注气前地层压力水平/MPa	D	10	15	20
注气速度/(HCPV/a)	E	0.063	0.1107	0.1581
总注入量/HCPV	F	0.5	0.75	1.0

根据非完全混相驱替理论中的相关定义,利用数值模拟即可获得不同方案的纯 CO_2 气相体积分数,再采用 Design Expert 分析软件就可以获得纯 CO_2 气相体积分数的快速评价模型:

$$\begin{aligned} C_m = & 3.689 + 21.033 C_{CH_4} - 26.179 C_{C_2} - 0.875 P_{wf} + 0.023 P_i - 11.009 V_{inj} + 1.535 Q \\ & - 35.500 C_{CH_4} C_{C_2} - 1.844 C_{CH_4} P_{wf} - 0.073 C_{CH_4} P_i - 29.167 C_{CH_4} V_{inj} \\ & + 0.700 C_{CH_4} Q + 2.03 C_{C_2} P_{wf} + 0.065 C_{C_2} P_i + 34.875 C_{C_2} V_{inj} \\ & - 3.100 C_{C_2} Q + 0.003 P_{wf} P_i + 0.879 P_{wf} V_{inj} + 0.051 P_{wf} Q \\ & + 0.055 P_i V_{inj} - 0.030 P_i Q + 0.383 V_{inj} Q + 34.333 C_{CH_4}^2 \\ & + 29.333 C_{C_2}^2 + 0.039 P_{wf}^2 - 0.001 P_i^2 + 7.495 V_{inj}^2 - 0.907 Q^2 \end{aligned} \quad (5\text{-}4)$$

式中,C_{CH_4} 为注入其中甲烷的摩尔分数,%;C_{C_2} 为注入气中轻烃的摩尔分数,%;P_{wf}

为井底流压，MPa；V_{inj} 为注入速度，t/d；Q 为注入总量，HCPV；P_i 为注气前地层压力，MPa；C_m 为纯 CO_2 气相体积分数，%。

图 5-39 和图 5-40 分别为回归的二次多项式模型残差的正态概率分布和实际值与公式计算值的对比，可以看出残差的正态概率分布基本是一条直线，说明本次获得模型是可靠的。

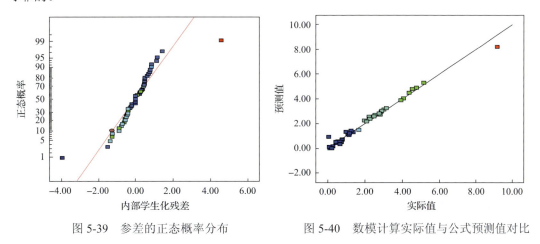

图 5-39 参差的正态概率分布　　图 5-40 数模计算实际值与公式预测值对比

与纯 CO_2 气相体积分数回归公式方法相似，可以获得低界面张力区体积分数的快速评价模型：

$$\begin{aligned}C_s=&-0.181-0.205\,C_{CH_4}-20.096\,C_{C_2}-0.041P_{wf}-0.041P+65.809V-2.002Q\\&-30.694\,C_{CH_4}\,C_{C_2}-0.068\,C_{CH_4}\,P_{wf}+0.087\,C_{CH_4}\,P+20.465\,C_{CH_4}\,V\\&-0.424\,C_{CH_4}\,Q+1.255\,C_{C_2}\,P_{wf}+0.067\,C_{C_2}\,P+437.092\,C_{C_2}\,V+4.027\,C_{C_2}\,Q\\&-0.002P_{wf}P-1.304P_{wf}V+0.212P_{wf}Q-0.222P\,V+0.036P\,Q+51.459V\,Q\\&-10.3951\,C_{CH_4}^{\,2}+36.882\,C_{C_2}^{\,2}+0.016P_{wf}^{\,2}+0.001P^2-318.366V^2-0.427Q^2\end{aligned}\quad(5\text{-}5)$$

图 5-41 和图 5-42 分别为回归的二次多项式模型残差的正态概率分布和实际值与

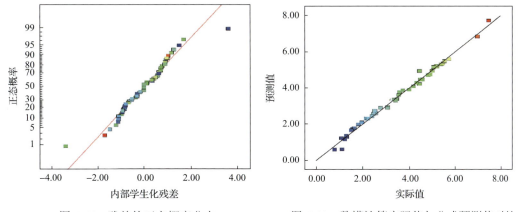

图 5-41 残差的正态概率分布　　图 5-42 数模计算实际值与公式预测值对比

公式计算值的对比，可以看出残差的正态概率分布基本是一条直线，说明本次获得模型是可靠的。

利用式(5-4)、式(5-5)对 YYT 油田注 CO_2 驱混相程度进行计算，认为其混相程度低于 20%，绝对混相区域只集中在注入井附近，油藏大部分区域属于非混相区。

五、注 CO_2 油藏工程优化设计

前节分析表明，YYT 油田注 CO_2 驱混相程度很低，开展油藏工程优化设计需根据油藏动静态特性，以扩大波及体积为核心，通过数值模拟研究，在历史拟合的基础上开展 CO_2 驱油的开发层系、井网、注入方式和注采参数的优化研究。

（一）方案设计原则

方案设计原则如下。
(1) 充分利用原井网，局部不合理井区进行注采调整。
(2) 层系划分要求有足够的物质基础，在此基础上考虑储层非均质性进行井网的组合划分。
(3) 以主力层为主要开发层系，提高 CO_2 的利用率。
(4) 采取三步走战略，先井组，后扩大，再推广。
(5) 根据 CO_2 供气量确定注气规模。

（二）注入 CO_2 纯度优化

利用 YYT 油田 DB33 区块的实际模型，在注入速度、注入压力、注入量、生产井井底流压一定的条件下，模拟计算 CO_2 中 CH_4 含量对油藏混相程度及采收率的影响，确定注入 CO_2 纯度标准，计算结果见表 5-9。

从计算结果看，在其他条件相同的情况下，随着 CO_2 中 CH_4 含量的升高，混相程度降低，采收率降低，在 CH_4 摩尔分数为 10%时出现拐点。因此注入 CO_2 气中 CH_4 的含量应低于 10%，根据吉林大情字井油田黑 59 区块的实际试验资料分析，当 CH_4 摩尔分数低于 7%时，对最小混相压力影响小于 5%，当 CH_4 摩尔分数高于 7%时，随着 CH_4 摩尔分数的增加，油藏混相压力急剧升高[135-137]。混相压力的升高导致纯 CO_2 气相体积分数降低，驱油效果变差，采收率降低。因此注入 CO_2 气中 CH_4 含量越低，越有利于 CO_2 驱油，要求 CO_2 中 CH_4 的含量低于 7%。而随着 CO_2 中 C_2～C_6 含量的增加，混相压力降低，油藏混相程度提高，采收率增加，因此可以在经济许可的范围内增加 5%～10%的 C_2～C_6。

表 5-9 注入 CO_2 纯度优化结果

CH_4摩尔分数/%	气相波及系数/%	组分波及系数/%	组分-气相/%	混相程度/%	采收率/%
0	35.2	65.54	25.94	23.6	17.33
5	35.57	64.67	29.1	23.27	16.99
10	36.34	64.51	28.17	22.57	16.93
15	36.82	64.39	27.57	22.13	16.67
20	36.10	63.00	26.91	19.21	15.42

(三) 注入速度优化

利用 YYT 油田 DB33 区块的实际模型,在注入压力、注入总量、生产井井底流压一定的条件下,模拟计算不同注入速度对驱油效果的影响,计算结果见表 5-10。

分析注入速度优化结果,随着注入速度的提高,混相程度、采收率提高,在注入速度达到 50t/d 时出现拐点,上升幅度减小,组分波及系数与气相波及系数之差在注入速度为 50t/d 时达到最大值,因此综合考虑确定注入速度为 45~50t/d。

从已实施先导试验区块注入情况看,吸气能力明显高于吸水能力[138-140]。对不含水油藏,一般吸气指数是吸水指数的 6 倍以上,含水油藏吸气指数是吸水指数的 2~3 倍,该区目前含水 80%左右,注水压力为 8~13MPa,日注水量为 30~40m^3/d,据此预计在同样的注入压力下,日注气能力可达 60~120m^3/d,折合液态 CO_2 42~85t/d。因此 YYT 油田 CO_2 驱油吸气能力可满足注入速度要求。

表 5-10 注入速度优化结果

注入速度/(t/d)	气相波及系数/%	组分波及系数/%	组分-气相/%	混相程度/%	采收率/%
39.2	21.22	65.97	44.75	22.71	17.29
43.0	21.54	65.98	44.44	23.12	17.51
46.7	22.8	66.37	43.57	23.34	17.61
50.5	23.7	68.04	44.34	23.65	17.69
54.2	25.0	68.27	43.27	23.93	17.74

(四) 注入量优化

在注入压力、注入速度、生产井井底流压一定的条件下,模拟计算不同注入总量对驱油效果的影响,计算结果见表 5-11。从表 5-11 模拟结果看出:随着注入总量的增加,采收率增加,混相程度增加,但组分波及系数与气相波及系数之差不断降低,换油率下降,说明注气利用率下降;增加气量主要以气相形式存在,气相波及系数增加,效果变差。综合考虑采收率及换油率,确定注入总量为 0.8HCPV,即 DB33 注入 275×10^{4}t,DB34 注入 143×10^{4}t,DB37 注入 73×10^{4}t。

表 5-11 注入总量优化结果

注入总量/HCPV	气相波及系数/%	组分波及系/%	组分-气相/%	混相程度/%	换油率/(t/t)	采收率/%
0.7	11.4	64.96	53.56	21.52	0.27	16.08
0.8	14.38	65.72	51.34	21.96	0.24	16.92
0.9	21.34	66.24	44.90	22.47	0.21	17.27
1	25.49	66.86	41.38	23.17	0.2	17.44

(五) 生产井流压确定

注入压力、注入速度一定的条件下,模拟计算不同生产井井底流压对驱油效果的影响，计算结果见表 5-12。分析计算结果，随着生产井井底流压的增大，混相程度提高，采收率提高，但流压过大，影响波及体积，采收率提高幅度降低。因此确定生产井流压控制在 6～7MPa。

表 5-12　生产井流压优化结果

流压/MPa	气相波及系数/%	组分波及系数/%	组分-气相/%	混相程度/%	采收率/%
4	38.48	64.61	26.13	22.44	16.57
5	39.12	66.47	27.35	22.87	16.95
6	41.07	67.39	26.32	23.23	17.44
7	39.18	66.84	27.66	23.76	17.78
8	38.68	65.41	26.73	25.15	17.87

从区块无因次采液采油指数关系曲线（图 5-43、图 5-44）来看，在水驱条件下，区块储层提液潜力小，主要依靠降低含水增加产量，气驱无因次采液指数增加，水驱转气驱可以增加产液量。从已实施区块看，低液低含水油藏产液量增加幅度在 1.5～2 倍，高

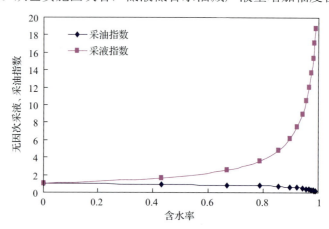

图 5-43　水驱油无因次采液、采油指数曲线

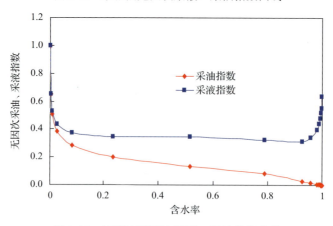

图 5-44　气驱油无因次采液、采油指数曲线

含水油藏产液量增加幅度较小,为 3~5t,但见效井含水降低幅度大,为 10%~30%,从而提高产油量 1~3t。类比同类油藏草舍、吉林黑 58 区块,预计平均油井单井产能 2.5~3t/d。

(六)注气时机的选择

超前注气可以提高地层压力,增加混相程度,减少应力敏感性影响,提高油井产能[141-143]。设计了超前 6 个月、4 个月、2 个月、同步、滞后 2 个月、4 个月、6 个月 7 种不同注气时机方案,超前注入初期效果较好,但最终效果相差不大。本区目前已注水开发,但地层压力低,不利于 CO_2 驱油,因此设计了油井停产 1 个月、2 个月、3 个月、4 个月,水井注水提高压力的开发方案,研究注入压力、注入速度、注入时间一定的条件下,不同停产时间对驱油效果的影响,计算结果见表 5-13。

表 5-13 注气时机优化结果

停产注水时间/月	气相波及系数/%	组分波及系数/%	组分-气相/%	混相程度/%	采收率/%
1	36.19	64.57	28.38	24.31	16.9
2	40.07	65.39	26.32	24.41	17.44
3	39.67	65.27	25.60	24.53	17.55
4	39.25	65.24	26.01	24.87	17.6

分析模拟计算结果,超前注气可以有效提高地层压力,提高开发初期油井产能,YYT 油田目前地层压力低,混相程度低,可以采取先停产注水,恢复地层压力的方式改善注气效果。模拟结果表明,停产时间越长,混相程度越高,采收率越高,考虑生产需求,在条件允许的情况下,可以停产 2 个月注水恢复压力,然后开井生产。

(七)补孔时机优化

设计同步补孔、滞后 3 个月、滞后 6 个月补孔采油,在注入速度、注入量、井底流压一定的情况下,模拟计算补孔时机对采收率的影响。计算结果表明,油井晚补孔有利于提高地层压力,提高早期换油率;滞后 3 个月、滞后 6 个月补孔比同步补孔生产最终采收率分别提高 0.84%和 1.23%(表 5-14)。结合注入时机优选结果,确定注入半年后视生产情况补孔采油。

表 5-14 补孔时机优化结果

补孔时机	气相波及系数/%	组分波及系数/%	组分-气相/%	混相程度/%	采收率/%
同步补孔	37.67	63.49	25.82	23.42	16.49
滞后 3 个月	39.60	65.54	25.94	23.6	17.33
滞后 6 个月	40.52	66.15	25.63	23.82	17.72

(八)注入系统压力确定

根据对 CO_2 注入井井筒流动规律的研究,CO_2 在井筒内以液态-超临界状态存在,计算不同注入速度、不同注入压力下井筒密度分布,在井口温度为 100℃、注入速度为 48t/d,注入压力为 8MPa、12MPa、16MPa 时,井筒 CO_2 平均密度为 $0.82g/cm^3$、$0.86g/cm^3$、$0.89g/cm^3$(图 5-45)。根据华东草舍、胜利高 89、大庆油田实际测试资料,井筒 CO_2 密度为 $0.72\sim0.85g/cm^3$,平均为 $0.8g/cm^3$。

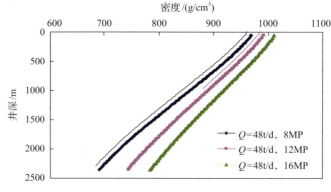

图 5-45 注入量 48t/d 时不同压力下井筒密度计算曲线

综合考虑取井筒 CO_2 平均密度 $0.82g/cm^3$,按此计算 2300m 井深,井筒液柱产生压力为 18.8MPa;本区油藏破裂压力平均为 38MPa,按 0.9 的安全系数计算,注入端井底压力不高于 34.2MPa;考虑 $0.5\sim1.0$MPa 井筒摩阻、$2\sim3$MPa 管网摩阻;井口注入压力最大 16.0MPa,管网系统压力为 $18\sim19$MPa,因此设计系统注入压力 20MPa。

(九)注入方案优化

为了确定最佳注入方案,利用数模对不同开发方式、不同注气方式、不同注采井网形式进行优化,方案设计如下(表 5-15 和表 5-16):①原井网水驱;②原井网 CO_2 气驱,即连续注气、周期注气、气水交替;③行列井网 CO_2 气驱,即转注 6 口,停注 1 口形成行列井网,连续注气、周期注气、气水交替;④气水混驱,即转注 6 口,停注 1 口形成行列井网。

1. 原井网水驱

在目前井网条件下,继续采用水驱开发方式,预计最终采收率 11.09%。

2. 原井网条件下 CO_2 驱

以优选的注入参数为注入条件进行数值模拟。从模拟结果看,在原井网条件下,连续注气压力回升快,前期收效快,产量高,采油速度高,但气体突破快,有效期短,最终采收率为 17.74%,提高采收率幅度为 6.65%。

周期注入方式效果略好于连续注气,气突破减缓,在 3 种注气周期中,注三关一效果最好，采收率高，可以达到 18.41%，提高采收率幅度 7.32%，较连续注气增加 0.67%。

气水交替注入好于连续注气，气突破明显减缓，在 3 种交替周期中，气四水三交替周期效果最好，采收率 23.31%，提高采收率 10.22%，较周期注气增加 2.9%（表 5-17）。

表 5-15 井网优化方案设计

井网形式	补孔工作量 油井	补孔工作量 水井	转注工作量	生产井数	注气井数	注水井数	备注
原井网水驱				73		22	
原井网气驱				73	22		
行列井网气驱	22	6	5	69	26		
行列气水混驱	22	6	5	69	14	11	隔行 A 注水
				69	12	14	隔行 B 注水
				69	14	12	隔列 A 注水
				69	12	14	隔列 B 注水
隔井气水混驱	22	6	5	69	12	14	
动态反应确定气水井				69	26		

表 5-16 注气方式设计

注气方式	周期设计		
连续注气			
周期注气（月）	注三关一	注四关一	注五关一
气水交替（月）	水四气三	水三气三	水三气四

表 5-17 原井网条件下不同注气方式效果对比

方案类型	采出程度/%	气相波及系数/%	组分波及系数/%	组分-气相/%	混相系数/%	半混相系数/%
连续注气	17.74	9.5	65.23	55.72	0.71	22.94
周期注气注三关一	18.41	13.95	67.76	53.81	0.86	22.26
周期注气注四关一	18.21	12.29	66.73	54.44	0.79	22.22
周期注气注五关一	18.01	11.49	65.93	54.44	0.86	22.66
气水交替气三水三	21.25	13.88	68.57	54.68	1.4	27.98
气水交替气四水三	21.31	14.94	68.77	53.83	1.62	27.15
气水交替气三水四	20.53	11.52	67.92	56.39	1.22	26.31

3. 完善井网条件下气驱

目前区块主要是行列注采井网，但局部井区未转注，在注气过程中受裂缝的影响，处于水井排、裂缝方向上的井易于气窜，造成气线推进不均衡，因此 DB33 区块需要转注 5 口井完善注采井网，在此基础上研究注入方式。

以优选的注入参数为注入条件进行数值模拟。从模拟结果看，完善井网对CO_2驱油效果有一定的改善，连续注气采收率18.22%，较不完善井网提高0.48%（表5-18）。

周期注入方式效果好于连续注气，注三关一效果最好，采收率19.02%，提高采收率幅度7.93%，较连续注气增加0.80%。

气水异井注入油藏混驱好于周期注气，对比7种不同注采井网形式，按动态反映确定注水井，进行不规则井网异井注入方式效果最好，最终采收率19.62%，提高采收率幅度8.53%，较周期注气增加0.60%。

气水交替注入好于气水异井注气，气突破明显减缓，在3种交替周期中，气四水三交替周期效果最好，采收率22.51%，提高采收率11.42%，较气水异井混驱注气提高2.80%。

表5-18 完善井网条件下不同注气方式效果对比

方案类型	采出程度/%	气相波及系数/%	组分波及系数/%	组分-气相/%	混相系数/%	半混相系数/%
连续注气	18.22	12.27	67.33	55.06	0.65	25.47
周期注气注三关一	19.02	15.54	69.53	53.99	0.60	21.89
周期注气注四关一	18.72	15.21	68.52	53.31	0.63	22.36
周期注气注五关一	18.39	13.53	67.86	54.33	0.64	23.47
气水交替气三水三	22.13	16.37	68.33	51.96	1.34	28.75
气水交替气四水三	22.51	17.89	69.06	51.17	1.35	28.81
气水交替气三水四	21.75	15.96	67.69	51.73	1.13	28.39
异井注入A1	19.53	16.68	59.14	42.46	1.29	28.24
异井注入A2	17.68	15.57	56.73	41.16	0.98	26.28
异井注入B1	18.85	15.94	57.31	41.37	1.03	27.29
异井注入B2	18.90	16.05	57.89	41.84	1.12	25.51
异井注入C1	19.21	16.24	58.15	41.91	1.20	27.31
异井注入C2	18.44	15.82	57.29	41.47	1.10	27.14
异井注入D	19.62	17.12	59.54	42.42	1.32	28.46

六、实施效果分析

DB33井区CO_2驱先导试验自2011年4月开始实施，先后转注12口，对应油井34口。CO_2先导试验分为两个阶段：第一阶段在DB33北部先导试验区，2011年4月开始转注北部5口井，由于地面管线投资、腐蚀等问题，采用连续注气方式；第二阶段在DB33北部扩大注气试验区，2012年8月转注南部6口井注气，与北部5口井实施气水交替注入（图5-46）。截至2014年3月，累注气$16.7×10^4m^3$，阶段累注水$8.3×10^4m^3$，区块日产液286.7t，日产油48.2t，综合含水率83.2%，平均单井日产液8.43t，日产油1.54t。

依据中国石化企业标准CO_2驱替效果评价方法中确定的CO_2驱替单井及区块增油量计算方法，采用产量递减法计算CO_2驱增产量。截至2014年3月，对应34口采油井中共有 28 口井见效，总体见效率 82.3%，较水驱见效率 47.5%提高了 34.8 个百分点。见效后油井递减率明显降低，由水驱阶段月递减率 3.07%下降到 1.1%。试验区注 CO_2 阶段累积产油 64557t，按递减计算累增油量为 18031t，见效井平均单井日增油为 0.67t。其中北部先导试验区 20 口井见效，累增油量为 14985.82t，平均见效井增产油量为 0.69t/d（图 5-47）；南部扩大区 8 口井见效，累增油量为 3045.17t，平均见效井增产油量为 0.63t/d（图 5-48）。阶段换油率为 0.12t 油/tCO_2，阶段累采气为 6.35×10^4t，存碳率为 61.9%。

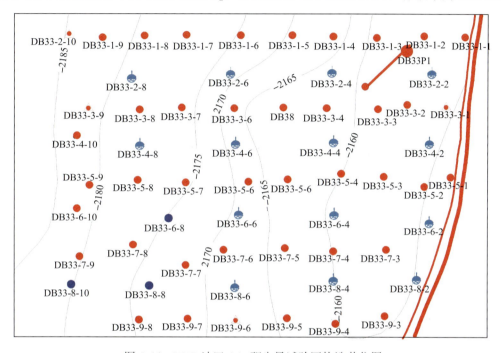

图 5-46 YYT 油田 CO_2 驱先导试验区构造井位图

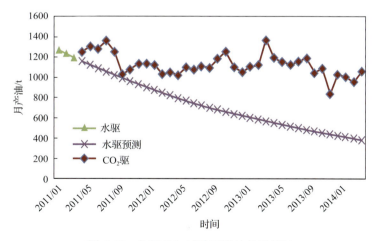

图 5-47 北部 CO_2 试验区增油效果统计

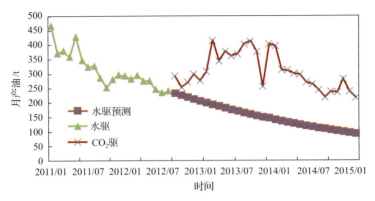

图 5-48 南部扩大区增油效果统计

绘制各井注 CO_2 的 Hall 曲线，并与同井注水的 Hall 曲线进行对比。从计算结果可以看出，注气曲线与注水曲线相比，其斜率的比值各不相同，但基本处于 1.5～3.0，说明该试验区注 CO_2 能力是注水能力的 1.5～3.0 倍(图 5-49、图 5-50)。

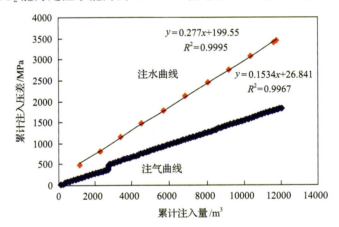

图 5-49 DB33-2-2 井注气和注水 Hall 曲线

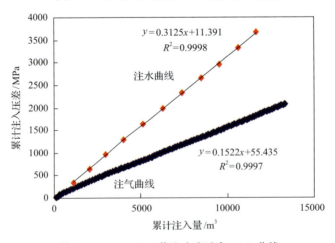

图 5-50 DB33-2-6 井注水和注气 Hall 曲线

尽管 CO_2 注入能力较强，但是先导试验过程中储层能量并没有显著回升（图 5-51），

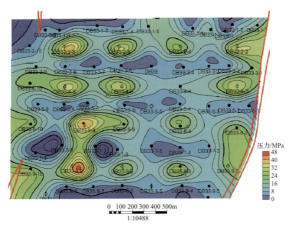

(a) 2011年12月地层压力等值线

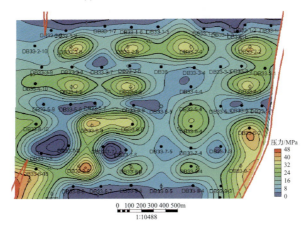

(b) 2012年12月地层压力等值线

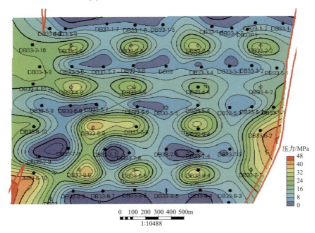

(c) 2013年12月地层压力等值线

图 5-51　YYT 油田 DB33 先导试验区储层能量变化

主要原因是：①工区天然裂缝发育，气窜较严重，储层能量保持困难；②水井转注气后及气水交替注入过程中，因气源及地面管线、井口冻堵等工程问题长期停注，实际注入量远不能满足配注量要求；③工区不封闭，实施过程中发现本区与邻近吉林油田区块存在连通，导致能量保持困难。

YYT 油田 CO_2 驱油井见效快、见气快（图 5-52）。28 口见效井中 15 口井为注气半年内见效，6 口井为注气 6~12 个月见效，只有 7 口井为注气一年以上见效，且见效井多在见效一年内见气，油井见气后仍具有一定的驱油效果，是主要产油阶段。

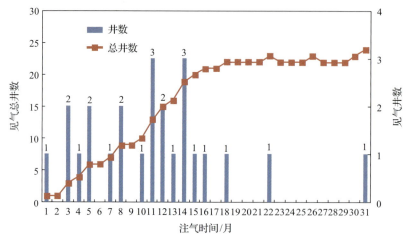

图 5-52 试验区油井见气井数随时间变化曲线

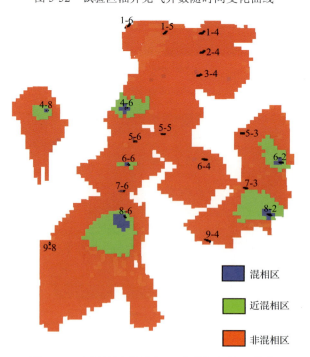

图 5-53 先导性试验区青 14 小层混相情况分布

在 CO_2 驱历史拟合的基础上,采用数值模拟的方法计算了先导性试验区纯 CO_2 气相体积分数和低界面张力区体积分数,截至 2014 年 3 月分别为 0.97%和 19.12%,混相区域仅分布于注入井近井 4 个网格之内,半混相区域受气体突进方向影响,主要分布于注入井周边及见气井连线上(图 5-53)。总体来看,YYT 油田 CO_2 驱混相程度低。

第四节 水驱废弃油田 CO_2 驱综合调整方案优化

一、油藏概述

PC 油田沙一下油藏位于一长轴背斜构造的东北翼,为构造—岩性油气藏,油藏埋深为 2280~2430m,含油面积为 14.54km²,平均有效厚度为 5.3m,石油地质储量为 1135.2×10^4t;地下原油黏度为 1.74mPa·s,原油密度为 0.74g/cm³;地面原油黏度为 11.12mPa·s,原油密度为 0.858g/cm³,凝固点为 27.2℃,溶解气相对密度为 0.717,甲烷含量为 55.07%;原始地层压力为 23.58MPa,原始饱和压力为 9.82MPa,原始地饱压差为 13.76MPa,属低饱和油藏。地层温度为 82.5℃,原始气油比为 84.5m³/t,原始含油饱和度为 80%。地层水矿化度为 24×10^4mg/L,氯离子含量为 16×10^4mg/L,水型为 $CaCl_2$,地层水黏度为 0.5mPa·s。

PC 油田沙一下油藏自 1980 年 1 月正式投产,截至 2005 年 8 月水驱废弃。2008 年 3 月 20 日开始实施二氧化碳-水交替驱先导试验,采出程度由试验前的 53.88%提高到目前的 61.67%。该先导试验为水驱废弃油藏进一步提高采收率提供了一条新途径。

二、精细油藏描述与三维地质建模

(一)油藏精细描述

1. 沉积储层研究

沙一下沉积时期,DP 凹陷构造活动相对较弱,表现为整个凹陷稳定下沉,与周边山地高差明显减小,坡降小于 20m/km,陆源碎屑补偿明显减少,整个湖盆基本属于较深水湖泊沉积,在湖盆边缘发育了小型河流三角洲沉积。

根据沙一下油藏河流三角洲前缘亚相的沉积特点及电测曲线特征的变化,进一步细分为水下分流河道、河道间、河口坝、席状砂、远砂及泥坪 6 种微相。根据取心井微相划分结果及利用沉积微相-测井相所建立的不同微相对应的 SP 曲线和 GR 曲线特征,对钻遇沙一下 1 砂组(Es_1^{1-1})河流三角洲前缘亚相沉积体系的 450 口井进行了单井微相划分,编制了 Es_1^{1-1} 各流动单元微相的平面展布图,分析了微相分布特征。

Es_1^{1-1-5} 流动单元砂体不发育,全区发育泥坪。Es_1^{1-1-4} 流动单元只发育远砂微相,零星分布。Es_1^{1-1-3} 流动单元物源区来自东北方向,发育一条主河道,河道延伸长,范围广,以宽条带状大面积分布于东北部;席状砂微相环绕河道分布,向前、向外演变为远砂微相,向西南部过渡为泥坪。Es_1^{1-1-2} 流动单元物源区来自北部、东北方向,发育两条河道;北部河道延伸短,范围广,以带状分布正北部;东北部河道呈朵状分布于中部,向前延伸到 P1-332、P110、P1-165、P1-48 井区一带,河道周边发育席状砂,连片分布,向外演变为远砂微相,向西南部过渡为泥坪。Es_1^{1-1-1} 流动单元远砂呈土豆状零星分布于东北部。

从研究主流动单元来看,Es_1^{1-1-2} 渗透率主要分布在 50～500mD,渗透率变异系数为 0.5;Es_1^{1-1-3} 流动单元渗透率主要分布在 100～1300mD,渗透率变异系数为 0.6(表 5-19)。平面非均质性中等偏强。

表 5-19 各流动单元的渗透率

流动单元	渗透率最大值/mD	渗透率最小值/mD	渗透率平均值/mD	渗透率突进系数	渗透率级差	渗透率变异系数
Es_1^{1-1-1}	24.8	20.1	21.2	1.2	1.2	0.1
Es_1^{1-1-2}	1639.1	24.8	329.3	5.0	66.1	0.5
Es_1^{1-1-3}	3790.4	24.8	628.9	6.0	152.9	0.6
Es_1^{1-1-4}	574.8	46.5	225.7	2.5	12.4	0.3

储层砂体层间非均质性是指不同砂体(砂层)之间垂向上物性的差异程度,从 PC 油田 Es_1^{1-1} 层间渗透率直方图来看(图 5-54),其渗透率变异系数为 0.6,级差是为 52.2,突进系数为 2.1,平均值为 341.4mD,最大值为 715.3mD,最小值为 13.7mD,PC 油田 Es_1^1 的层间非均质性不强,层间总体上为较均质储层。

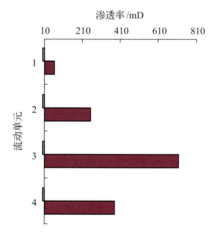

图 5-54 PC 油田 Es_1^{1-1} 层间渗透率直方图

2. 微构造研究

微构造研究是在油藏构造背景上精细描述油层本身的细微起伏变化,以较密井网资料为基础并应用三维可视化地质建模技术进行微构造研究。对主力流动单元 Es_1^{1-1-2}、Es_1^{1-1-3} 储层顶面深度进行海拔和补心高和井斜校正后,以 2m 为等值线间距,编制了 1:5000 微构造平面图。与原构造相比,在断层两侧高部位处出现 10 多个构造高点,正向微构造表现更加明显(图 5-55、图 5-56)。

3. 主力层韵律段及夹层研究

考虑整体夹层的识别和可对比性,通过对 PJ4 井 Es_1^{1-1-3} 流动单元重新二次解释(图 5-57),识别出 Es_1^{1-1-3} 内主要夹层,对比出沙一下油藏 450 口井的夹层,描述 0.2m 薄夹层分布,将 Es_1^{1-1-3} 流动单元细分为 3 个韵律段,并对韵律段及夹层进行研究。

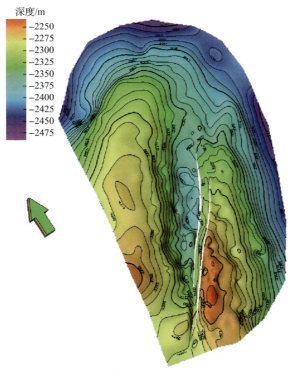

图 5-55　Es_1^1 顶构造图（20m 等值线）

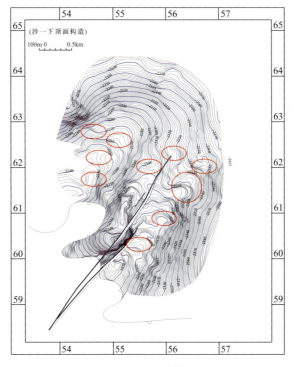

图 5-56　PC 油田 Es_1^{1-1-2} 微构造图

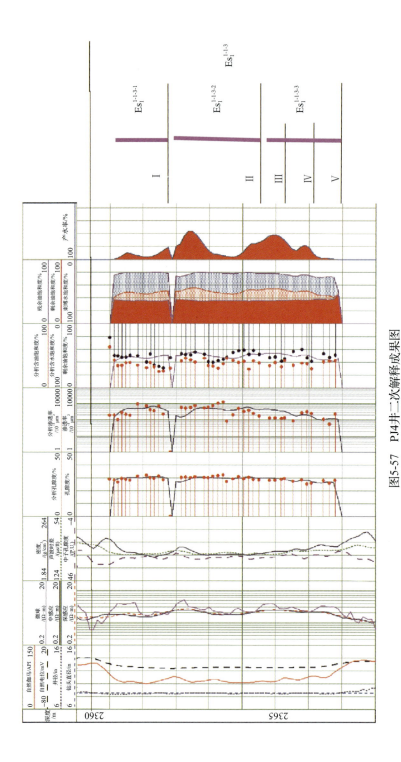

图5-57 PJ4井二次解释成果图

从 PC 油田 Es_1^{1-1-3} 夹层厚度图、流动单元对比图(图 5-58、图 5-59)可以看到,$Es_1^{1-1-3-1}$、$Es_1^{1-1-3-2}$ 之间夹层连通性较好,顺河道方向夹层层数多,单层厚度小;从东北到西南,夹层层数减少,厚度增加。

4. 储层动态变化特征

经过长期注水冲刷,岩石孔隙中微颗粒运移,导致储层岩石成分、接触关系等都发生较大变化。据岩心分析资料统计,PC 油田沙一下后期泥质含量由开发初期(P1-154)的约 30%减少到近 20%(PJ4),降低约 10%;接触关系以线接触为主变为点-线接触为主;完整高岭石晶体经过注水冲刷后变成片状晶体(图 5-60、图 5-61)。

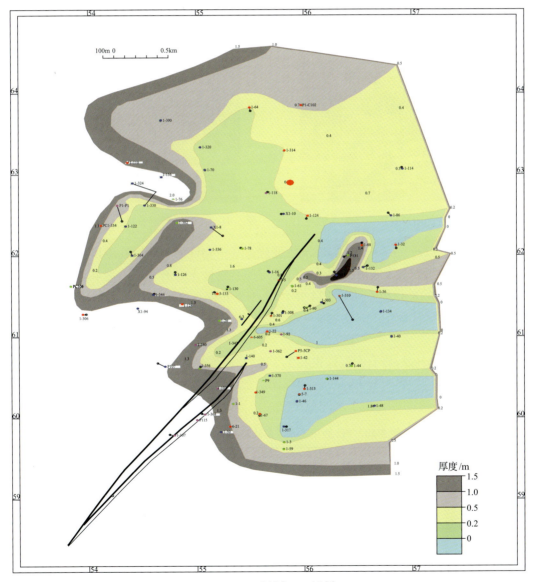

图 5-58　PC 油田沙一下 $Es_1^{1-1-3-2}$、$Es_1^{1-1-3-3}$ 之间夹层厚度图

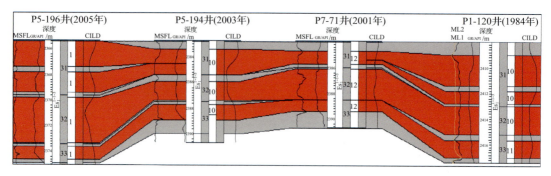

图 5-59　P5-196 井—P1-120 井沙一下油层对比图

图 5-60　开发初期岩石颗粒以线接触为主

图 5-61　高含水期岩石颗粒以点-线接触为主

经过长期注水开发后，储层物性发生变化。其中物性好的储层孔隙度、渗透率增大明显，逐渐形成优势渗流通道；物性差的储层的其物性无显著变化。选取该区早期所钻的 P1-154 井、P1-18 井和后期的 PJ4 井、P1-312 井作对比分析，可以发现同一粒度中值的储层在注水开发后，孔隙度增加幅度为 20.7%；渗透率增加幅度为 17.1%（表 5-20、图 5-62、图 5-63）。

由于长期注水开发，岩石润湿性也发生了改变。通过 P1-154 井（1985 年）与 PJ4 井（2002年）润湿性对比，可以发现井 Es_1^{1-1-2} 流动单元由于水洗程度相对较低，由原始的弱亲油转变为中性；Es_1^{1-1-3} 流动单元由于水洗程度高，由原始的弱亲油转变为弱亲水（图 5-64）。

表 5-20　PC 油田 Es_1^{1-1-3} 层岩心物性分析结果对比

取心时间	井号	孔隙度/%			渗透率/mD		
		最小	最大	平均	最小	最大	平均
1985 年	P1-154	21.9	31.2	26.1	15	802	240
2002 年	PJ4	25.5	32.4	29.4	57.5	1367	410
差值		3.6	1.2	3.3	42.5	565	170

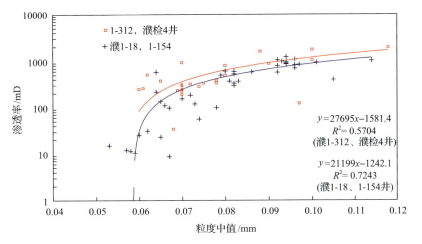

图 5-62　Es_1^1 油层渗透率-粒度中值交汇图

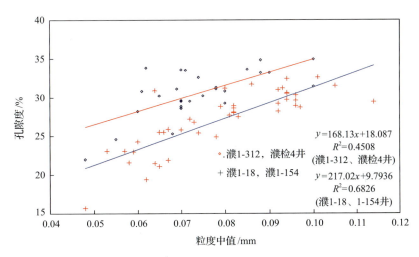

图 5-63　Es_1^1 油层孔隙度-粒度中值交汇图

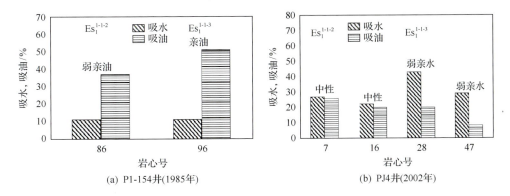

图 5-64　P1-154 井(1985 年)与 PJ4 井(2002 年)润湿性测定结果对比图

经过长期注水开发，储层骨架颗粒孔喉网络会发生变化（表5-21）。水洗严重后，微观非均质性加强，基质被冲刷，孔隙增大，渗流性增强（图5-65）。被冲刷的黏土碎片可能堵塞一部分较小的喉道，导致部分渗流能力的下降（图5-66）。而长石、岩屑等易沿解理面和结合面溶蚀、破裂，产生次生溶洞，可以扩大孔喉空间，流体先沿大孔喉渗流，易产生指进现象，驱油效率降低。

表5-21 PC油田沙一下不同含水期各流动单元孔喉参数表

含水阶段	井号	流动单元	渗透率/mD	孔喉半径/μm 平均值	孔喉半径/μm 最大值	相对分选系数	排驱压力/MPa	中值压力/MPa	孔喉道分选系数	相带
特高含水期	PJ4	Es_1^{1-1-2}	250	3.85	26.22	0.27	0.08		1.93	Q
		Es_1^{1-1-3}	1039	6.31	36.8	0.3	0.05		2.07	Sh
中含水期	P1-154	Es_1^{1-1-2}	88.6	2.78	6.68	1.37	0.11	0.23	3.64	Q
		Es_1^{1-1-3}	907	5.39	12.25	0.71	0.06	0.11	3.57	Sh

注：Q为前缘；Sh为远砂。

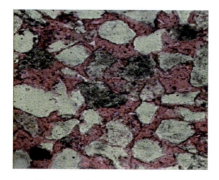

图5-65 水洗严重，孔隙增大

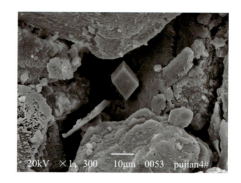

图5-66 被冲刷的黏土片

（二）三维地质建模

根据储层构造、沉积相分布，隔夹层展布、储层非均质性研究，建立研究区构造、储层展布及储层物性等三维地质模型。

建立三维地质模型的基础数据可以是地震解释数据、测井解释数据、数字化的测井曲线，或将已有的各类平面图数字化。根据PC油田沙一下1砂层组（Es_1^{1-1}）的实际情况，建模所需数据全部为测井数据，包括井轨迹、流动单元的分层数据、断点数据、物性数据、单砂层顶底面数据、砂岩厚度/有效厚度、测井曲线和岩性数据等。

1. 构造模型

本次模拟研究对象为PC油田Es_1^1油藏的1～4砂层，共7个流动单元，涉及含油面积14.54km²，地质储量1073.4×10⁴t。建立地质模型时将Es_1^{1-1-3}细分为3个模拟层，其他Es_1^{1-1-1}、Es_1^{1-1-2}、Es_1^{1-1-4}、Es_1^{1-1-5}流动单元分别为1个模拟层。Es_1^{1-1-2}层顶部构造由构造等值线确定，其余小层由 Es_1^{1-1-2} 层顶部构造与砂层厚度叠加而成。由模拟区的构造图（图 5-67）可以看出，构造整体走向为 NNE，地层倾向为 NE 方向。

根据精细化油藏描述成果，同时为了反映 CO_2 驱替特征及前缘移动，建立的 PC 油田 Es_1^1 油藏网格构建顺着主应力方向，根据工区大小精细化划分网格节点为 402×680×51=13941360 个，其中平面网格步长为 10m，纵向网格尺寸 0.2m 左右（图 5-67）。

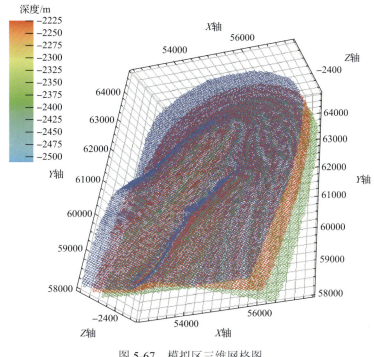

图 5-67 模拟区三维网格图

2. 储层模型

储层参数包括砂层厚度、有效厚度、渗透率、孔隙度、含油饱和度等。根据 PC 油田 Es_1^1 油藏各小层的含油范围及井点油层厚度，通过插值得到每个网格单元的油层厚度值；孔隙度、渗透率、含油饱和度等数据主要是利用测井解释数据。对物性参数需要分小层、分沉积微相类型分别统计其分布特征及计算变差函数，并进行理论模型的拟合，储层参数的模拟。

由模拟区的小层厚度分布图可以看出，Es_1^1 油藏储层连通程度高，砂层连通率达到 96%以上，其中主力层 Es_1^{1-1-2}、Es_1^{1-1-3} 砂层连通率达到 98%以上，东北部砂体厚度较大，向构造上倾方向，砂层变薄逐渐尖灭（图 5-68）。由模拟区的渗透率分布图可以看出，主力流动单元 Es_1^{1-1-2}、Es_1^{1-1-3} 平面渗透率较高，为中孔、中高渗储层（图 5-69、图 5-70）。

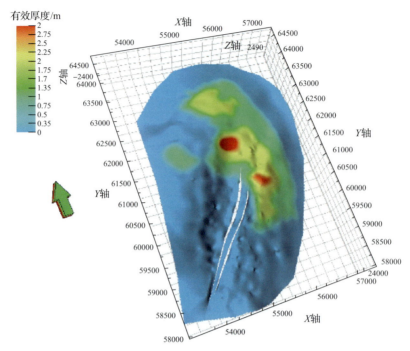

图 5-68　模拟区 $Es_1^{1-1-3-3}$ 砂体厚度等值图

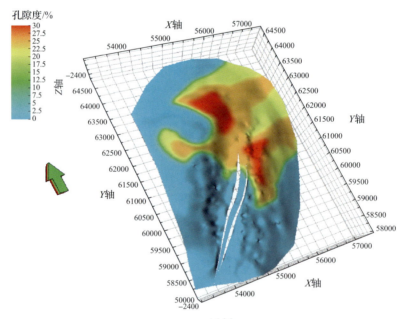

图 5-69　模拟区 $Es_1^{1-1-3-3}$ 砂体孔隙度

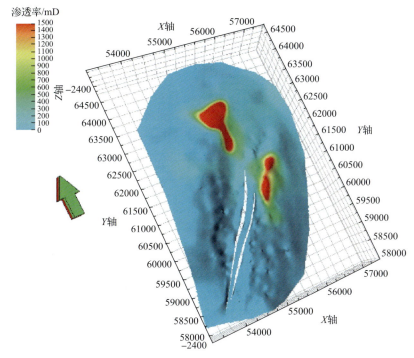

图 5-70　模拟区沙一下 $Es_1^{1-1-3-3}$ 砂体渗透率

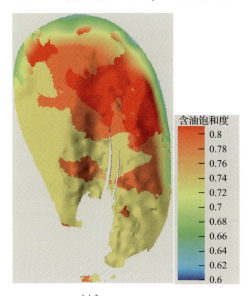

图 5-71　Es_1^{1-1-2} 多相渗初始含油饱和度图

3. 相控建模数模一体化

用沉积相的平面展布和垂向演化趋势来约束，建立相控地质模型。不同沉积相使用不同的相渗曲线进行相控数值模拟，刻画出了不同微相初始含油饱和度的差异性（图 5-71）。

三、先导试验实施效果分析

(一) 区块整体情况

PC 油田 Es_1^1 油藏已实施 10 个注气井组,累计注气 21.2×10^4t,累增油 1.93×10^4t。率先实施的两个井组:P1-1 井组、P1-59 井组,这两个井组累计注入量较大,对应油井均持续见效;2013 年 7 月陆续注入的 P1-90 井组等对应油井开始陆续见到增油趋势(图 5-72)。

图 5-72　CO_2 驱替方案实施后整体生产曲线

(二) P1-1 井组效果分析

P1-1 井组位于 Es_1^1 油藏南部,P15 断层构造高部位,P1-1 试验井组采取一注三采,即 P1-1 井注气对应 P1-349、P1-67、P6-21 三口井采油,该井组有效气驱面积 $0.18km^2$,气驱控制储量 8.58×10^4t,采出程度 53.88%。

1. 增油效果分析

日产油由最初的 0.6t 上升到最高的 15.9t,且第 1 个周期内增油效果明显,含水率大幅下降,增油量达到 2352.1t(图 5-73)。P1-1 井组阶段增油量呈现如下特点:①见效快,注入 184d 后见效,初步见效即为主体见效期;②主体见效持续时间短,主体见效时间 129d,日产油 10~16t;③主体见效后产量下降块,后期见效日产油 3.5~10t。

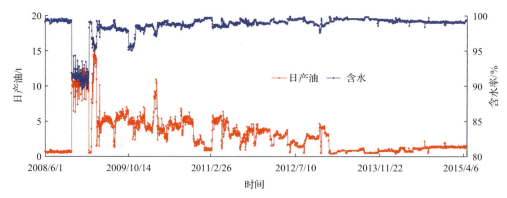

图 5-73　P1-1 井组生产曲线

增油效果最显著的井是 P1-67 井，含水率下降超过 15%（图 5-74），表明 CO_2 波及了水没有波及的孔隙，有效驱替了水驱废弃油藏残余油，形成了高饱和度油带，采出了原始原油。

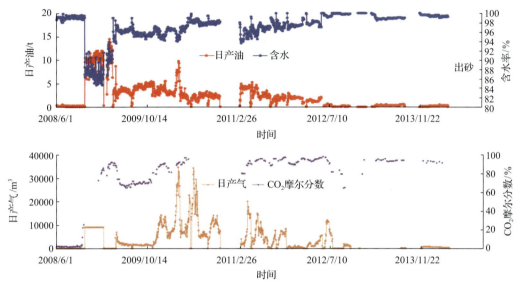

图 5-74　P1-67 井生产曲线

2. 混相特征分析

压力监测结果显示，濮 1-1 井组地层压力 20.29~22.16MPa，满足方案设计地层压力不低于最小混相压力 18.42MPa 的要求。注入 CO_2 摩尔分数达到 99.9%，完全满足方案要求 CO_2 浓度不低于 90% 的要求。

生产过程中观测原油，颜色由黑色变成褐色；原油密度由 0.8639g/cm³ 下降到 0.8353g/cm³；原油地面黏度由见效前的 24.66mPa·s 下降到 7.99mPa·s。伴生天然气的组分分析结果显示，产出物组分发生明显变化，除去 CO_2 后的伴生天然气近似于原始原油溶解气性质，原油烃组分中间烃含量上升，重烃含量明显下降。

3. 关井效果分析

适当关井可使 CO_2 充分接触剩余油，充分混相，有助于 CO_2 向周边其他井扩散和运移，增加见效方向，抑制气窜。

2008 年 11 月 5 日关井，7d 后油井恢复生产，进入第一见效增油阶段，见效期为 98d。2009 年 2 月 18 日，注气即将结束时再次关井，关井 17d，油井恢复生产后进入第二见效增油阶段，见效期 31d。2010 年 6 月 3 日，注气即将结束时再次关井，关井 7 天，油井恢复生产后日产油逐步上升。

4. 储层非均质性影响气驱方向

油藏非均质导致见效不均衡，从而影响气驱方向。如图 5-75 和图 5-76 所示，P1-1 井与 P1-67 井处于同一沉积相中，且与主渗方向夹 45°，连接方向渗透率较高。P1-1 井与 P6-21

井虽在同一沉积相中,但与 P1-67 井相比,渗透率较差,轻微见效。P1-1 井与 P1-349 井处于不同沉积相中,非均质性强,连通效果不好。同时 P1-67 井加大采液量,加剧了 CO_2 沿连接方向流动。

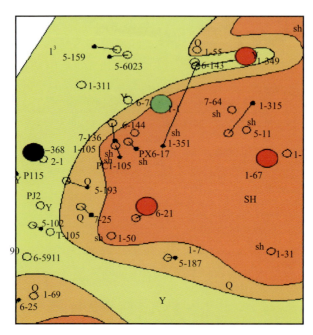

图 5-75　P1-1 井组沉积微相图

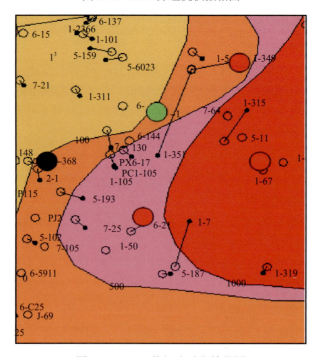

图 5-76　P1-1 井组渗透率等值图

5. 对气窜预计不足

方案预测对 CO_2 在非均质情况下气窜现象估计不足,导致与预测相关的增油状况指标较差。如图 5-77 和图 5-78 所示,方案预测为初次见效快,持续时间短;主体见效时间长。实际工况为见效快,注入 184d 后见效;主体见效持续时间短,仅 129d;主体见效后产量下降迅速,后期见效日产油 3.5~10t。

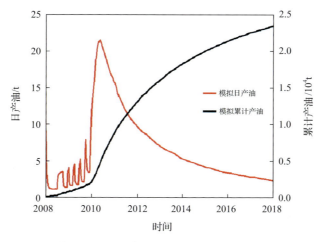

图 5-77 P1-1 井组预测日产油与累计产油

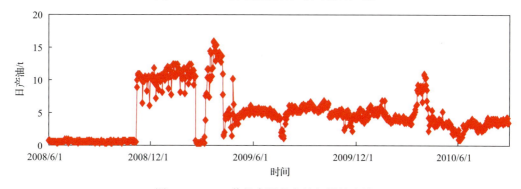

图 5-78 P1-1 井组实际日产油与累计产油

6. 井距分析

P1-1 井网井距小于 300m,易受非均质影响。由于受流度比影响,注气驱比水驱更容易产生气窜,在下一步注气混相驱的井网选择时,应适当地增加井网井距,既要保证注气尽快见效,又要确保尽量延缓气窜。

(三) P1-59 井组效果分析

P1-59 井组位于 Es_1^1 油藏东南边部,采取一注四采大井距注气,即 P1-59 井注气,对应 P6-21、P1-67、P1-152、PX1-54 四口井采油,有效气驱面积 0.437km²,气驱控制储量 30×10^4t,采出程度 56.23%。

P1-59 井组于 2010 年 7 月 22 日开始注气，井组油井 2011 年 6 月开始生产沙一下，2012 年 8 月 6 日明显见效，井距 400m，增油效果保持比较稳定。总体来说，P1-59 井组采用大井距注气，见效时间晚，稳产时间长（图 5-79～图 5-81）。

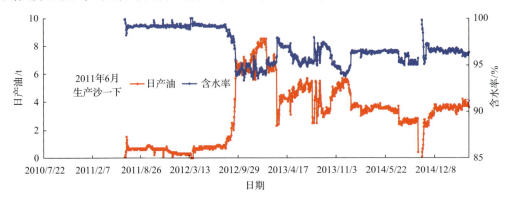

图 5-79　P1-59 井组生产曲线

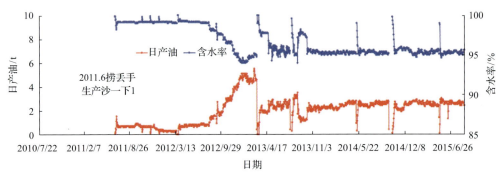

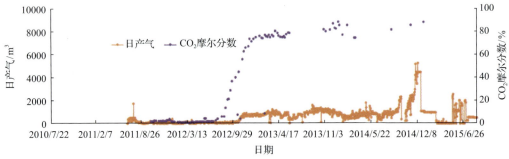

图 5-80　P1-152 井生产曲线

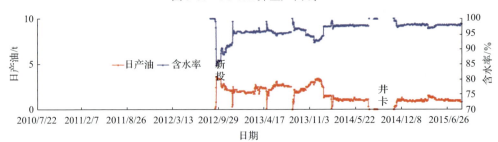

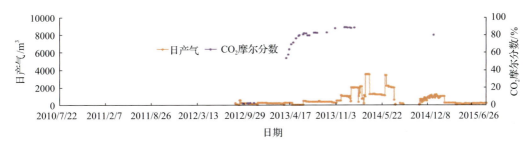

图 5-81 PX1-54 井生产曲线

(四) P1-309 井组效果分析

P1-309 井组位于沙一下油藏东南部，P15 断层高部位，为一注三采井组即 P1-309 井注气，P1-42、P1-305 和 P1-349 3 个井采油。

该井组中 P1-42 井物性较好，处于河道相沉积，叠合有效厚度较厚（10m 以上），注采井距为 230m，高注低采模式，剩余油饱和度为 40%，注气后日增油为 7t；而 P1-305 和 P1-349 井物性较差，P1-305 井为远砂沉积、叠合有效厚度为 6m，注采井距稍大（340m），高注低采模式，剩余油饱和度为 42%，注气日增油为 1t；P1-349 井为前缘砂沉积，叠合有效厚度接近 4m，注采井距为 380m，低注高采模式中间有两个构造高点和低点，剩余油饱和度为 42%，注气日增油为 0.6t（图 5-82～图 5-86）。总体来说，该井组多方向见效，但受物性、微构造、微相等影响，见效效果存在一定的差异性。

四、流体相态拟合

（一）拟组分划分

表 5-22 为 PC 油田沙一下油藏地层流体组成及拟组成划分，可以看出该流体重质组分含量比较高，C_{11+} 摩尔分数为 35.389%，根据试验区原油组分含量特点，按组分性质相近的原则，将 C_1～C_{10} 合并为 4 种组分，将 C_{11+} 以上重组分劈分为 2 种组分，总计 8 种拟组分，即：N_2、CO_2、C_1、C_2～C_3、C_4～C_5、C_6～C_{10}、C_{11}～C_{14}、C_{15+}。

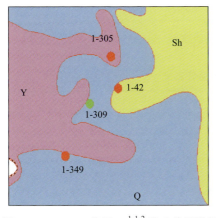

图 5-82 P1-309 井组 Es_1^{1-1-2} 流动单元微相

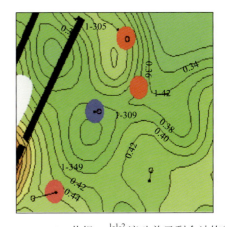

图 5-83 P1-309 井组 Es_1^{1-1-2} 流动单元剩余油饱和度

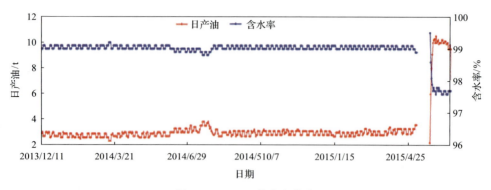

图 5-84　P1-42 井生产曲线

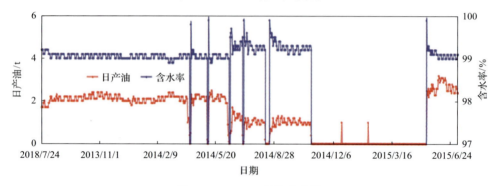

图 5-85　P1-305 井生产曲线

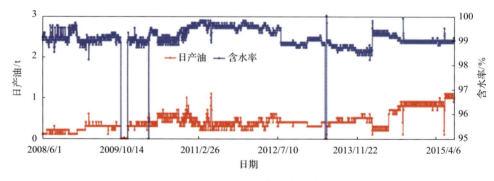

图 5-86　P1-349 井生产曲线

表 5-22　地层流体拟组分划分

原始组成		地层流体拟组分划分		组分数
各组分名称	摩尔分数/%	各组分名称	摩尔分数/%	
N_2	1.284	N_2	1.284	1
CO_2	0.280	CO_2	0.280	2
C_1	24.362	C_1	24.362	3
C_2	3.757	C_{2+}	11.562	4
C_3	7.805			

续表

原始组成		地层流体拟组分划分		组分数
各组分名称	摩尔分数/%	各组分名称	摩尔分数/%	
iC_4	2.371			
nC_4	0.775	C_{4+}	7.585	5
iC_5	2.769			
nC_5	1.671			
C_6	1.956			
C_7	3.197			
C_8	5.992	C_{6+}	19.538	6
C_9	4.500			
C_{10}	3.893			
C_{11+}	35.389	C_{11+}	19.732	7
		C_{15+}	15.657	8

（二）地层流体 PVT 实验拟合

表 5-23 给出了 PC 油田沙一下油藏地层流体 PVT 实验数据的拟合结果，各项指标拟合精度均较高，误差范围在 4%之内，达到了注气过程组分模拟的精度要求。

表 5-23 饱和压力与单次闪蒸数据对比表

数据	饱和度压力/MPa	单次闪蒸气油比/(m^3/m^3)	地层原油密度/(g/cm^3)	地层油黏度/($mPa \cdot s$)
实际值	9.833	64.28	0.7688	2.436
拟合值	9.8302	66.295	0.7791	2.436
误差/%	0.0018	3.13	1.338	0.001

地层原油等组成膨胀实验是模拟地层原油在降压开采过程中地层原油体积变化的方法之一，其主要反映原油和逸出溶解气的综合膨胀能力。由图 5-87 可以看出，降压过程中原油相对体积变化的拟合程度较好。

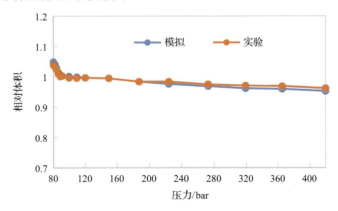

图 5-87 地层原油相对体积拟合图

差异分离实验可以很好地模拟黑油油藏在压降过程中原油溶解气油比、地层原油密度、黏度、体积系数及脱出气性质等变化情况。图 5-88、图 5-89 为差异分离实验拟合结果，可以看出整个差异分离实验拟合效果很好。

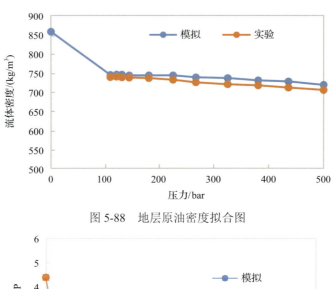

图 5-88　地层原油密度拟合图

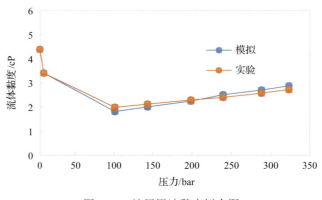

图 5-89　地层原油黏度拟合图

(三) 地层流体拟组分临界特征参数

通过对 PC 油田沙一下油藏原始油藏流体 PVT 实验数据的拟合，确定了状态方程 (PR3)，并调整了状态方程参数，得到了反映实际地层流体相态特征和注气组分模拟所需的 PVT 参数，为下一步的数值模拟打好基础。表 5-24 为 PC 油田沙一下油藏流体拟组分特征参数表。

表 5-24　油藏流体拟组分特征参数表

组分名称	分子量	临界压力/MPa	临界温度/K	方程因子(Ω_a)	方程因子(Ω_b)	偏心因子	临界体积
N_2	28.01	3.39	126.2	0.4572	0.0778	0.04	0.09
CO_2	44.01	7.38	304.7	0.4572	0.0778	0.23	0.094
C_1	16.04	4.6	190.6	0.4572	0.0778	0.01	0.098
C_{2+}	39.54	4.45	348.88	0.4572	0.0778	0.13	0.183

续表

组分名称	分子量	临界压力/MPa	临界温度/K	方程因子(Ω_a)	方程因子(Ω_b)	偏心因子	临界体积
C_{4+}	66.33	3.5	442.48	0.4572	0.0778	0.22	0.289
C_{6+}	111.5	2.75	580.44	0.4572	0.0778	0.33	0.45
C_{11+}	232.53	1.49	743.71	0.4572	0.0778	0.76	0.93
C_{15+}	442.23	0.69	931.75	0.4572	0.0768	1.33	1.76

五、油藏工程综合调整优化设计

(一)P1-1 井组调整方案设计

对 P1-1 井组气窜现象严重的情况进行分析,需要对原有方案进行调整,抑制气窜,改善提高采收率效果。

通过调整注采参数和调整注采周期的办法,设计了 13 套抑制气窜的方案。设计参数如表 5-25 所示,包括基础方案,降低注入量、保持生产井产量方案,降低生产井产量、保持注入量方案,同时降低注入量和产量方案,注气井周期性开关井、生产井一直生产方案,注气井和生产井周期性开关井方案,注气井保持开井、见效井周期性开关井方案。

表 5-25 调整注采参数方案表

调整注采量方案说明	方案编号	日产液/m³			日注气/t
		P1-67	P1-349	P6-21	
基础方案(原计划方案)	1	100	50	140	40
降低注入量,保持生产井的产量方案	2	100	50	140	25
	3	100	50	140	30
降低生产井产量,保持注入量方案	4	75	100	140	40
	5	50	100	140	40
同时降低注入量和生产量的方案	6	75	100	140	25
	7	50	100	140	25
调整注采周期方案说明	方案编号	生产井周期开井天数			注气井周期开井数
对注气井保持周期性的开关井,生产井一直生产	8				15
	9				30
对注气井、生产井保持周期性的开关井	10	15			15
	11	30			30
注气井一直开井、见气井保持周期性开关井,另外两口井一直生产	12	15			
	13	30			

注:注入量选取前 7 个方案的最佳注入方案(方案 5)。

(二)P1-1 井组调整方案优选

经过数值模拟计算,在不同的注入参数和注采周期情况下,5 年后的最终产油量如图 5-90 所示,提高 P1-349 和 P6-21 产液量、降低 P1-67 井产液量,有助于调整 CO_2

渗流方向，改善 CO_2 驱驱油效果；注气井保持注入，P1-67 井周期性关井有助于抑制气窜强度。

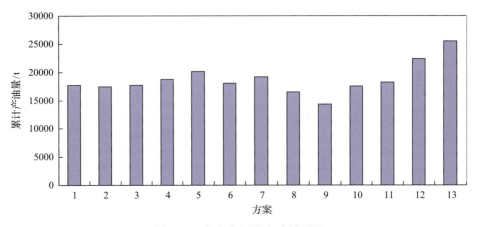

图 5-90　各方案累计产油量预测

分析认为 P1-67 井有大孔道，气窜严重，导致注入 CO_2 对剩余两口井迟迟不能见效。剩余两口井见效慢，使 6 个注气段塞结束后，见效周期短，效果差。适当地减小见效井注入量，周期关井，有助于提高注 CO_2 驱最终效果，提高累计产油量。

根据油藏数值模研究成果，建议 P1-67 井周期性关井，开井时调整液量，使 CO_2 向周边其他井扩散和运移，增加见效方向，第 5 段塞、第 6 段塞 CO_2 驱注入状况作如下调整。

(1) P1-1 井：继续按方案设计注入 CO_2 段塞，完成剩余 910t 注气量。
(2) P1-67 井：周期性开关井，周期天数为 15d，开井时产液量降至 $50m^3/d$。
(3) P1-349 井：日产液提高为 $100m^3$。
(4) P6-21 井：仍按目前状况生产。
(5) 继续加强资料录取工作，密切跟踪监测生产情况。

第五节　CO_2 驱替开发技术政策方面的认识

我国注 CO_2 提高采收率主要针对水驱难以有效动用的低/特低渗透油藏，为了获得较好的开发效果，中国石化石油勘探开发研究院气驱项目组针对我国陆相油田实际情况，在非完全混相驱替机理研究基础上，结合已有的先导性试验，提出了改善 CO_2 驱替效果的几个主要做法。

一、CO_2 驱井网层系优化

科学的层系划分与井网设计是改善 CO_2 驱效果的前提和基础，油藏类型、沉积环境、储层物性等不同时，最优的 CO_2 驱替井网均不相同。

通过对大庆树 101 试验区和芳 48 试验区的井网类型和实施效果分析（图 5-91、图 5-92

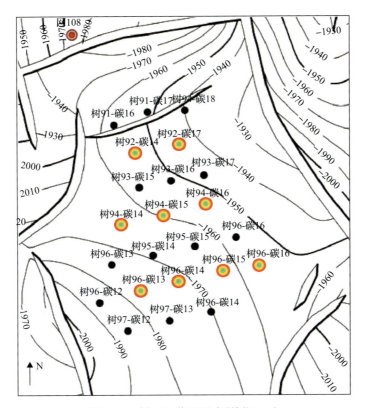

图 5-91　树 101 井网形式（单位：m）

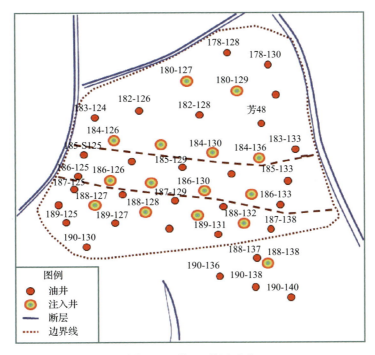

图 5-92　芳 48 井网形式

和表5-26),可以看出针对 CO_2 驱替的井网类型优化和射孔层位严格控制对驱替效果的影响十分巨大。因此,建议在实施 CO_2 驱替时,要在室内 PVT 与地质建模基础上,运用 CO_2 驱替组分模型优化 CO_2 驱替井网,并严格分层,控制射孔层段。

表5-26 大庆特低渗透油藏 CO_2 驱油试验进展情况(截至2014年2月)

区块	注气井数/口	油井开井/口	注气压力/MPa	注气目的层	井排距/m	累积注气/10^4t	注入体体/PV	累积产油/10^4t	油气比/(m³/t)	单井日产油/t	采油速度/%	采出程度/%
树101	7	17	18.0	YI6、YII41-2	300×250	13.14	0.13	5.71	87	1.7	0.8	4.81
芳48	10	20	13.8	FI 主力层	400×250 300×150 300×100	20.44	0.27	0.77	564	0.4		0.85

二、超前注气,提高混相程度

低/特低渗透油藏的天然能量低,在开采过程中地层压力下降快,而地层压力下降后,储层渗流能力迅速下降,产量快速递减。早期注气有利于保持地层压力甚至提高地层压力,增加混相程度,减少应力敏感性影响,保持油井的长期高产,提高油藏开发效果。

为了研究特低渗透油藏超前注气效果和注气时机,设计了同步注入、超前3个月注入和超前6个月注入3个方案进行计算,模拟计算时, CO_2 注入井按定流压注入,流压值为40MPa,生产井流压设置为5MPa(下同),计算结果如图5-90和图5-91所示。

从图5-93可以看出超前注入能有效提高地层的平均压力,超前注气的时间越长,地层压力就越高,超前注气3个月时,地层压力达到原始地层压力的131%,在超前注气6个月条件下,地层压力达到30.7MPa,是初始压力的146%,并且超过该区块注 CO_2 的最小混相压力(29MPa)。日产油量的对比曲线(图5-94)说明超前注入提高了油井的初期产能,能够降低特低渗透油藏早期的产量递减,使区块的早期采油速度增大,并且超前注入时间越长,油井早期产量越大。总而言之,超前注气能提高地层压力,增加混相程度,并保持油井的长期高产。

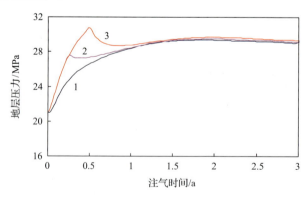

图5-93 超前注气地层压力的对比

1. 同步注入;2. 超前3个月注入;3. 超前6个月注入

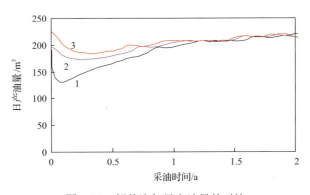

图 5-94　超前注气日产油量的对比

1. 同步注入；2. 超前 3 个月注入；3. 超前 6 个月注入

三、周期注气，发挥扩散作用

对现有的先导试验分析发现，除混相程度外，波及体积是影响 CO_2 驱效果的重要因素。对比连续注气和周期注气的波及系数（表 5-27）可以看出，周期注气能够增加 CO_2 的波及效率，这是因为通过周期注气能够发挥 CO_2 扩散作用。从树 101 矿场实施结果看，换油率达到了 0.39t/t，平均单井产油量超过 2.6t/d（图 5-95）。

表 5-27　树 101 区块不同注入方式 CO_2 波及系数对比

注入方式	注入体积/HCPV	波及系数/%
连续注气	0.702	53.61
注四关一	0.723	54.49
注三关一	0.741	55.54

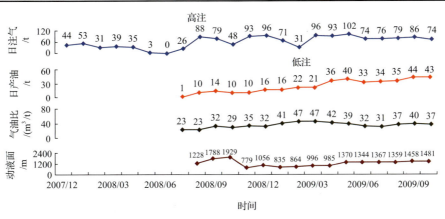

图 5-95　树 101 区块注 CO_2 开采曲线

四、水气异井注入，油藏混驱，增大波及体积

水气交替注入是目前矿场应用较多的注入类型，其能提高注入气的波及系数，但会

引起水屏蔽和CO_2旁通油,以及严重的腐蚀问题,特别是对于特低渗透储层可能引起注水压力上升。

气水异井注入、油藏混驱开发模式是传统驱替方式水气交替驱的一种变形方式。通过气、水异井注入,可以在保持地层能量的同时有效地控制气窜,延缓气突破时间,避免注入井气水交替带来的欠注和腐蚀问题,具有较高的油藏采收率(图5-96)。不同注入方式对比见表5-28。

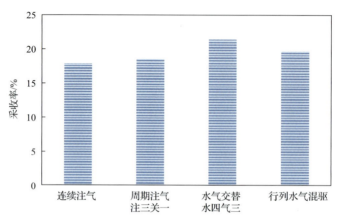

图 5-96　YYT 油田不同注入方式优化对比

表 5-28　不同注入方式有缺点分析

注入方式	优点	缺点
连续注入	易于现场操作,前期采油速度高	CO_2突破速度快,波及面积小,采收率提高幅度小
周期注入	气突破减缓,易于现场操作	停注期压力保持难度大;影响稳定生产
水气交替	波及系数高;气突破速度慢,采收率高	易形成水屏蔽,注入压力高造成欠注;同井气水注入腐蚀严重;含水下降速度慢
气水混驱	波及系数高;突破速度慢;解决了水气交替带来的注入压力上升,降低注入井腐蚀	含水下降幅度小

五、高压低速,扩大波及体积,增加混相程度

在第二章的论述中已指出,对于低/特低渗透油藏,要充分发挥CO_2扩散作用。理论分析和数值模拟结果表明,在其他条件相同时,注入速度越低,越能有效地发挥CO_2的溶解扩散作用,驱替效果也越好(图5-97、图5-98)。因此在条件允许时,应采用较低的注入速度和采油速度。

除了驱替速度外,注采压差也是影响油藏开发效果的关键因素之一。利用数值模拟方法,通过改变地层压力或生产流压达到变化注采压差的目的,不同生产流压的模拟计算结果见图5-99和图5-100,从模拟结果可以看出,生产流压越高,即注采压差越低,地层压力保持水平越高,则达到相同累计产油量时的油气比越低,油藏生产效果越好,且CO_2的波及系数越大,气相波及系数越小。

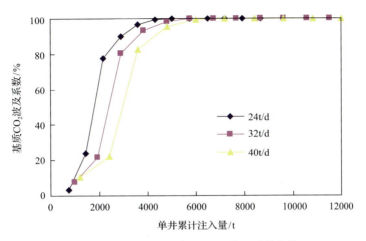

图 5-97　不同注入速度下 CO_2 波及系数变化

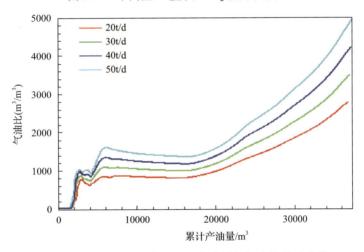

图 5-98　不同注入速度下累计产油量与气油比关系曲线

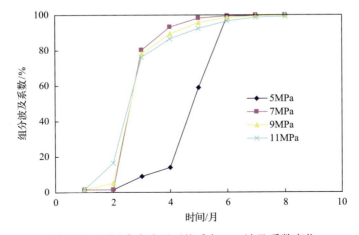

图 5-99　不同生产流压下基质中 CO_2 波及系数变化

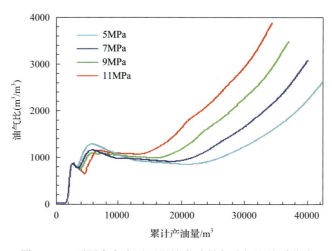

图 5-100 不同生产流压下累计产油量与油气比关系曲线

参 考 文 献

[1] Khatib A K, Earlougher R C. CO_2 injection as an immiscible application for enhanced recovery in heavy oil reservoirs. SPE California Regional Meeting, Bakersfield, 1981.

[2] Reid T B, Robinson H J. Lick creek meakin sand unit immiscible CO_2/water flood project. Journal of Petroleum Technology, 1981, 33(9): 1723-1729.

[3] Fox M J, Simlote V N, Beaty W G. Evaluation of CO_2 flood performance, Springer"A"sand NE Purdy Unit, Garnin County, OK. SPE International Petroleum Technology Conference, Tulsa, 1984.

[4] Koottungal L. 2014 worldwide EOR survey. Oil and Gas Journal, 2014, 112(4B): 100-113.

[5] John D R, Reid B G. A literature analysis of the WAG injectivity abnormalities in the CO_2 process. SPE Reservoir Evaluation & Engineering, 2001, 4(5): 375-386.

[6] Monger T G. A laboratory and field evaluation of the CO_2 huff-n-puff process for light-oil recovery. SPE Resrvoir Evaluation & Engineering, 1988, 3(4): 1168-1176.

[7] 张国强, 孙雷, 孙良田, 等. 小断块油藏CO_2单井吞吐强化采油可行性研究. 西南石油学院学报, 2006, 28(3): 61-66.

[8] 蔡秀玲, 周正平, 杜凤华. CO_2单井吞吐技术的增油机理及应用. 石油钻采工艺, 2002, 24(4): 45-46.

[9] 赵军胜, 钱卫明, 孟彩仁. 高含水井CO_2吞吐试验及效果分析. 钻采工艺, 2001, 24(5): 57-60.

[10] Wei Y, Hamid R L, Kamy S. Simulation study of CO_2 huff-n-puff process in Bakken tight oil reservoirs. SPE169575-MS, 2014.

[11] Song C Y, Yang D Y. Performance evaluation of CO_2 huff-n-puff processes in tight oil formations. SPE Unconventional Resources Conference Canada, Alberta, 2013.

[12] 董喜贵, 韩培慧. 大庆油田二氧化碳驱油先导性矿场试验. 北京: 石油工业出版社, 1999.

[13] 谢尚贤, 韩培慧, 钱昱. 大庆油田萨南东部过渡带注CO_2驱油先导性矿场试验研究. 油气采收率技术, 1997(3): 20-26, 48.

[14] Trebin F A, Zadora G I. Experimental study of the effect of a porous media on phase change in gas condensate system. Neft'i Gaz, 1968, 8: 37-40.

[15] Tindy R, Raynal M. Are test-cell saturation pressure accurate enough. Oi and Gas Journal, 1966, 64(49): 126-139.

[16] Coskuner Y B, Yin X, Ozkan E. A statistical mechanics model for PVT behavior in nanopores. SPE Annual Technical Conference and Exhibition, San Antonio, 2017.

[17] Firincioglu T, Ozkan E. An Excess-Bubble-Point-Suppression correlation for black oil simulation of nano-porous unconventional oil reservoirs. SPE Annual Technical Conference and Exhibition, New Orleans, 2013.

[18] Jin Z, Firoozabadi A. Thermodynamic modeling of phase behavior in shale media. SPE Journal, 2016, 21(1): 190-207.

[19] Sandoval D, Yan W, Michelsen M. Phase envelope calculations for reservoir fluids in the presence of capillary pressure. SPE Annual Technical Conference and Exhibition, Houston, 2015.

[20] Teklu T, Alharthy N, Kazemi H, et al. Phase behavior and minimum miscibility pressure in nanopores. SPE Reservoir Evaluation & Engineering, 2014, 17(3): 396-403.

[21] Orr F M, Silva M K, Lien C L. Equilibrium phase compositions of CO_2/crude oil mixtures-Part2: Comparison of continuous multiple-contact and slim tube displacement tests. SPE Journal, 1983 23(2): 281-291.

[22] 李菊花, 李相方, 刘斌. 注气近混相驱油藏开发理论进展. 天然气工业, 2006, 26(2): 108-110.

[23] Stalkup F I. Displacement behavior of the condensing/vaporizing gas drive process. SPE Annual Technical Conference and Exhibition, Dallas, 1987.

[24] Zick A A. A combined condensing/vaporizing mechanism in the displacement of oil by enriched gases. SPE Annual Technical Conference and Exhibition, New Orleans, 1986.

[25] Novosad Z, Costain T. New interpretation of recovery mechanisms in enriched gas drives. Journal of Canadian Petroleum Technology, 1988, 27(2): 54-60.

[26] Johns R T, Orr F M. Miscible gas displacements of multi-component oil. SPE Journal, 1996, 39(2): 38-50.

[27] Shyeh-yung J J, Stadler M P. Effect of injection composition and pressure displacement of oil by enriched hydrocarbon gases. SPE Reservoir Engineering, 1995, 10(2): 109-115.

[28] Lars H, Curties W. Compositional grading-theory and practice. SPE Annual Technical Conference and Exhibition, Dallas, 2000.

[29] 雷霄, 邓传忠, 米洪刚, 等. 涠洲12-1油田注伴生气近混相驱替机理实验及模拟研究. 石油钻采工艺, 2007(06): 32-34.

[30] 程杰成, 刘春林, 汪艳勇, 等. 特低渗透油藏二氧化碳近混相驱试验研究. 特种油气藏, 2016, 23(06): 64-67, 144.

[31] 候利斌. 特低渗透油藏CO_2近混相驱提高采收率技术研究. 北京: 中国石油大学(北京)硕士学位论文, 2016.

[32] 张翰爽. 高倾角油藏CO_2近混相三次采油开发机理及矿场应用研究. 成都: 西南石油大学博士学位论文, 2015.

[33] 刘子雄, 刘德华, 李菊花, 等. 考虑滞后效应的水气交替近混相驱数值模拟. 断块油气田, 2008(03): 87-90.

[34] 赵凤兰, 张蒙, 候吉瑞, 等. 低渗透油藏CO_2混相条件及近混相驱区域确定. 油田化学, 2018, 35(02): 273-277.

[35] Geffen T M. Improved oil recovery could ease energy shortage. World Oil, 1977, 177(5): 84-88.

[36] National Petroleum Council. Enhanced oil recovery: An analysis of the potential for enhanced oil recovery from Know Fields in the United States. Washington: Richardson, 1976.

[37] Carcoana A N. Enhanced oil recovery in Romania. SPE Enhanced Oil Recovery Symposium, Tulsa, 1982.

[38] Taber J J, Martin F D, Seright R S. EOR screening criteria revisited: Part 2: Applications and impact of oil prices. SPE Reservoir Engineering, 1997, 12(3): 14-21.

[39] 李仕伦, 张正卿, 冉新权, 等. 注气提高石油采收率技术. 成都: 四川科学技术出版社, 2001.

[40] Wood D J, Lake L W, Johns R T. A screening model for CO_2 flooding and storage in gulf coast reservoirs based on dimensionless groups. SPE/DOE Symposium on Improved Oil Recovery held in Tulsa, Oklahoma, 2006.

[41] Daniel D, Zaki B, William K. Screening criteria for application of carbon dioxide miscible displacement in waterflooded reservoirs containing light oil. SPE/DOE Improved Oil Recovery Symposium, Tulsa, 1996.

[42] Johns R T, Sah P, Solano R. Effect of dispersion on local displacement efficiency for multicomponent enriched-gas floods above the MME. SPE International Oil and Gas Conference and Exhibition in China, Beijing, 2000.

[43] 桑德拉 R, 尼尔森 R F. 油藏注气开采动力学. 张晓宜译. 北京: 石油工业出版社, 1987.

[44] Cardwell W T. Solutions of immiscible displacement equations without triple values. Transaction of American Institute of Mining, Metallurgical, and Petroleum Engineers, 1956: 216-271.

[45] Holden L. On the strict hyperbolicity of the Buckley-Leverett equations for Three-Phase Flow in a Porous Media. SIAM Jouranal on Applied Mathematics, 1990, 50: 667-682.

[46] Isaacson E L, Marchesin D, Plohr B J, et al. Multiphase flow models with singular Riemann problems. Computational and Applied Mathematics, 1992, 11: 147-166.

[47] Guzman R E, Fayers F J. Mathematical properties of three-phase flow equations. SPE Journal, 1997, 2(3): 291-300.

[48] Guzman R E, Fayers F J. Solutions to the three-phase Buckley-Leverett problem. SPE Journal, 1997, 2(3): 301-311.

[49] Jessen K, Wang Y, Ermakov P, et al. Fast, Approximate solutions for 1D multicomponent gas injection problems. Journal, 2001, 6(4): 442-451.

[50] Bedrikovetsky P G, Shapiro A A, Pires A P. New analytical solutions for 1-D multicomponent gas injection problems. SPE International Conference and Exhibition, Abu Dhabi, 2004.

[51] Juanes R, Lie K A. A front-tracking method for efficient simulation of miscible gas injection processes. SPE Reservoir Simulation Symposium, Houston, 2005.

[52] 杨浩, 肖平, 胡春礼, 等. 气驱窜流特性理论研究. 大庆石油地质与开发, 2010, 29(4): 156-159.

[53] 徐阳, 任绍然, 章杨, 等. CO_2 驱过程中不同相态流态对采收率的影响. 西安石油大学学报(自然科学版), 2012, 27(1): 53-56.

[54] Iqbal G M, Tiab D. Effect of dispersion on miscible flow in heterogeneous porous media. Journal of Petroleum Science&Engineering, 1989, 3(1-2): 47-63.

[55] 孔祥言. 高等渗流力学. 合肥: 中国科学技术大学出版社, 1999.

[56] 李东霞, 苏玉亮, 高海涛, 等. CO_2 非混相驱油过程中流体参数修正及影响因素. 中国石油大学学报(自然科学版), 2010, 34(5): 104-107.

[57] 徐阁元. 考虑扩散的 CO_2 驱多相多组分分区渗流模型. 油气田地面工程, 2011, 30(2): 24-25.

[58] 梅茂燕, 张茂林, 李闽, 等. 气驱过程中考虑弥散的渗流方程. 天然气工业, 2004, 24(3): 98-99.

[59] Lohrenz J, Bray B, Clark C. Calculating viscosities of reservoir fluids from their compositions. Journal of Petroleum Technology, 1964, 16(10): 1171-1176.

[60] Pedersen K, Fredenslund A. An improved corresponding states model for the prediction of oil and gas viscosities and thermal conductivities. Chemical Engineering Science, 1987, 42(1): 182-186.

[61] Little J E, Kennedy H. A correlation of the viscosity of hydrocarbon systems with pressure, temperature and composition. SPE Journal, 1968, 8(2): 157-162.

[62] 郭绪强, 荣淑霞. 基于 PR 状态方程的黏度模型. 石油学报, 1999, 20(3): 56-61.

[63] Grogan A, Pinczewski W. The role of molecular diffusion processes in tertiary CO_2 flooding. Journal of petroleum technology, 1987, 39(5): 591-602.

[64] Renner T. Measurement and correlation of diffusion coefficients for CO_2 and rich-gas applications. SPE Reservoir Engineering, 1988, 3(2): 517-523.

[65] Riazi M R. A new method for experimental measurement of diffusion coefficients in reservoir fluids. Journal of Petroleum Science and Engineering, 1996, 14(3): 235-250.

[66] Zhang Y C, Hyndman C L, Maini B B. Measurement of gas diffusivity in heavy oils. Journal of Petroleum Science and Engineering, 2000, 25(1): 37-47.

[67] Civan F, Rasmussen M L. Improved measurement of gas diffusivity for miscible gas flooding under nonequilibrium vs. equilibrium conditions. SPE/DOE Improved Oil Recovery Symposium, Tulsa, 2002.

[68] Yang D, Gu Y. Interfacial interactions between crude oil and CO_2 under reservoir conditions. Petroleum Science and Technology, 2005, 23(9-10): 1099-1112.

[69] Yang D, Tontiwachwuthikul P, Gu Y. Interfacial tensions of the crude oil+ reservoir brine+ CO_2 systems at pressures up to 31 MPA and temperatures of 27℃ and 58℃. Journal of Chemical & Engineering Data, 2005, 50(4): 1242-1249.

[70] Izgec O, Demiral B, Bertin H J, et al. CO_2 injection in carbonates. SPE Western Regional Meeting, Irvine, 2005.

[71] Zheng C M, Bennett G D. 地下水污染物迁移模拟. 第二版. 孙晋玉, 卢国平, 译. 北京: 高等教育出版社, 2009.

[72] Akbarzadeh K, Hammami A, Kharrat A, et al. Asphaltenes-problematic but rich in potential. Oilfield Review, 2007, 19(2): 22-43.

[73] Srivastava R, Huang S, Dong M. Asphaltene deposition during CO_2 flooding. SPE production & facilities, 1999, 14(4): 235-245.

[74] Jamaluddin A, Joshi N, Iwere F, et al. An investigation of asphaltene instability under nitrogen injection. SPE International Petroleum Conference and Exhibition in Mexico, Villahermosa, 2002.

[75] Takahashi S, Hayashi Y, Takahashi S, et al. Characteristics and impact of asphaltene precipitation during CO_2 injection in sandstone and carbonate cores: An investigative analysis through laboratory tests and compositional simulation. SPE International Improved Oil Recovery Conference in Asia Pacific, Kuala Lumpur, 2003.

[76] Novosad Z, Costain T. Experimental and modeling studies of asphaltene equilibria for a reservoir under CO_2 injection. SPE Annual Technical Conference and Exhibition, New Orleans, 1990.

[77] Fisher D, Yazawa N, Sarma H K, et al. A new method to characterize the size and shape dynamics of asphaltene deposition process in CO_2 miscible flooding. SPE International Improved Oil Recovery Conference in Asia Pacific, Kuala Lumpur, 2003.

[78] Eclipse technical description version 2013.1. Schlumberger, 87-101.

[79] Asgarport S. An overview of miscible flooding. 1994, Journal of Canadian Petroleum Technology, 33(2): 13-15.

[80] 郭肖, 郭平, 杨凯雷, 等. 葡北油田气驱最小混相压力的确定. 西南石油学院学报, 2001, 23(4): 26-28.

[81] Yuan H, Johns R T, Egwunu A M, et al. Improved MMP correlations for CO_2 flooding using analytical gas flooding theory. SPE/DOE Symposium on Improved Oil Recovery, Tulsa, 2004.

[82] Firoozabadi A, Katz D L, Soroosh H, et al. Surface tension of reservoir crude oil/gas systems recognizing the asphalt in the heavy fraction. SPE Reservoir Engineering, 1988, 3(1): 265-272.

[83] Nitin K S. Effects of pressure gradients on displacement performance for miscible gas floods. Palo Alto: Stanford University, 2004.

[84] 计秉玉, 王凤兰, 何应付. 对 CO_2 驱油过程中油气混相特征的再认识. 大庆石油地质与开发, 2009, 28(3): 103-109.

[85] 郭平, 杨学锋, 冉新权. 油藏注气最小混相压力研究. 北京: 石油工业出版社, 2005.

[86] Leontaritis K J, Mansoori G A. Asphaltene flocculation during oil production and processing: A thermodynamic collodial model. SPE International Symposium on Oilfield Chemistry, San Antonio, 1987.

[87] 龚凯. 基于统计缔合理论/混合单元法的 CO_2 驱混相机理研究. 北京: 中国石油大学(北京)博士后出站报告, 2015.

[88] Coats K H. Simulation of gas condensate reservoir performance. Journal of Petroleum Technology, 1985, 37(10): 1870-1886.

[89] 刘玄. CO_2 非完全混相驱物理化学渗流中几个关键问题研究. 北京: 中国石油大学(北京)博士后出站报告, 2015.

[90] 周宇, 王锐, 苟斐斐, 等. 高含水油藏 CO_2 驱油机理. 石油学报, 2016, 37(S1): 143-150.

[91] 刘晓艳, 李宜强, 冯子辉, 等. 不同采出程度下石油组分变化特征. 沉积学报, 2000(2): 324-326.

[92] 闫伟超, 孙建孟. 微观剩余油研究现状分析. 地球物理学进展, 2016, 31(5): 2198-2211.

[93] 孙先达. 储层微观剩余油分析技术开发与应用研究. 长春: 吉林大学博士学位论文, 2011.

[94] Yelling W F, Metcalfe R S. Determination and prediction of CO_2 minimum miscibility pressures. Journal of Petroleum Technology, 1980, 32(1): 160-168.

[95] Christiansen R L, Kim H H. Rapid measurement of minimum miscibility pressure with the rising-bubble apparatus. SPE Reservoir Engineering, 1987, 2(4): 523-527.

[96] Thomas F B, Bennion D B. A comparative study of RBA, P-x, multicontact and slim tube results. Journal of Canadian Petroleum Technology, 1994, 33(2): 47-57.

[97] Benham A L, Dowden W E, Kunzman W J. Miscible fluid displacement-prediction of miscibility. AIME, 1960, 219: 229-237.

[98] Stalkup F I. Miscible Displacement. Texas: Society of Petroleum Engineers, 1983.

[99] Holm L W. Miscibility and miscible displacement. Journal of Petroleum Technology. 1986, 38(8): 817-818.

[100] Leverett M C, Lewis W B. Steady flow of gas-oil-water mixtures through unconsolidated sands. Transactions of the AIME, 1941, 142(1): 107-116.

[101] Corey A T, Rathjens C H, Henderson J H, et al. Three-phase relative permeability. Journal of Petroleum Technology, 1956, 8(11): 63-65.

[102] Stone H L. Probability model for estimating three-phase relative permeability. Journal of Petroleum Technology, 1970, 22(2): 214-218.

[103] Stone H L. Estimation of three-phase relative permeability and residual oil data. Journal of Canadian Petroleum Technology, 1973, 12(4): 53-61.

[104] Baker L E. Three-phase relative permeability correlations. SPE Enhanced Oil Recovery Symposium, Tulsa, 1988.

[105] Blunt M J. An empirical model for three-phase relative permeability. SPE Journal, 2000, 5(4): 435-445.

[106] 王振华, 陈刚, 李书恒, 等. 核磁共振岩心实验分析在低孔渗储层评价中的应用. 石油实验地质, 2014, 36(6): 773-779.

[107] 周元龙, 姜汉桥, 王川, 等. 核磁共振研究聚合物微球调驱微观渗流机理. 西安石油大学学报(自然科学版), 2013, 28(1): 70-75.

[108] 张硕, 杨平, 叶礼友, 等. 核磁共振在低渗透油藏气驱渗流机理研究中的应用. 工程地球物理学报, 2009, 6(6): 675-680.

[109] 张硕. 低渗透油藏 CO_2 气驱渗流机理核磁共振研究. 深圳大学学报(理工版), 2009, 26(3): 228-233.

[110] 范宜仁, 刘建宇, 葛新民, 等. 基于核磁共振双截止值的致密砂岩渗透率评价新方法. 地球物理学报, 2018, 61(4): 1628-1638.

[111] Gharbi R, Peters E, Elkamel A. Scaling miscible fluid displacement in porous media. Energy Fuels, 1998, 12(4): 801-811.

[112] Gharbi R. Dimensionally scaled miscible displacement in heterogeneous permeable media. Transport in Porous Media, 2002, 48(3): 271-279.

[113] Grattoni C A, Jing X D, Dawe R A. Dimensionless groups for three-phase gravity drainage flow in porous media. Journal of Petroleum Science and Engineering 2001, 29(1): 53-61.

[114] Kulkarni M M, Rao D N. Characterization of operative mechanisms in gravity drainage field projects through dimensionless analysis. SPE Annual Technical Conference and Exhibition, San Antonio, 2006.

[115] Afra S, Tarrahi M. Assisted EOR screening approach for CO_2 flooding with bayesian classification and integrated feature selection techniques. Carbon Management Technology Conference, Sugar Land, 2015.

[116] Trivedi J, Babadagli T. Scaling miscible displacement in fractured porous media using dimensionless groups. Journal of Petroleum Science and Engineering, 2008, 61(2-4): 58-66.

[117] Redlich O, Kwong J N S. On the thermodynamics of solutions V an equation of state, fugacities of gaseous solutions. Chemical Reviews, 1949, 44(1): 233-244.

[118] Soave G. Equilibrium constants from a modified Redlich-Kwong equation of state. Chemical Engineering Science, 1972, 27(6): 1197-1203.

[119] Peng D Y, Robinson D B. A new two-constant equation of state. Industrial and Engineering Chemistry Fundamentals, 1976, 12(11-12): 3069-3078.

[120] Gross J, Sadowski G. Perturbed-chain SAFT: An equation of state based on a perturbation theory for chain molecules. Industriale Engineering Chemistry Research, 2001, 40: 1244-1260.

[121] 蔺学军. 油藏数值模拟入门指南. 北京: 石油工业出版社, 2015.

[122] 王鹏, 郭天民. 五个立方型状态方程应用于多元混合物高压 P-V-T 关系预测结果的比较. 高校化学工程学报, 1990(1): 8-17.

[123] Karimi-Fard M, Durlofsky L J, Aziz K. An efficient discrete-fracture model applicable for general purpose reservoir simulators. SPE Journal, 2004, 9(2): 227-236.

[124] Goldthorpe W H, Chow Y S. Unconventional modelling of faulted reservoirs: A case study. SPE Reservoir Simulation Symposium, Dallas, 1985.

[125] Lim K T, Aziz K, Schiozer D J. A new approach for residual and Jacobian arrays construction in reservoir simulators. SPE Computer Applications, 1995, 7(4): 93-96.

[126] 袁士义, 宋新民, 冉启全. 裂缝性油藏开发技术. 北京: 石油工业出版社, 2004.

[127] 韩霄松. 快速群智能优化算法的研究. 长春: 吉林大学博士学位论文, 2012.

[128] Kennedy J, Eberhart R C. Particle swarm optimization. Proceedings of IEEE International Conference on Neutral Networks, Perth, 1995.

[129] 倪红梅. 基于智能计算的蒸汽驱开发效果预测与参数优化方法研究. 大庆: 东北石油大学博士学位论文, 2016.

[130] 刘炳官. CO_2 吞吐法在低渗透油藏的试验. 特种油气藏, 1996, 3(2): 44-50.

[131] 何应付, 赵淑霞. 基于多指标的致密油藏 CO_2 吞吐影响因素及筛选方法. 重庆科技学院学报(自然科学版), 2018, 20(1): 40-44.

[132] 高慧梅, 谭学群, 何应付. 致密油藏多级压裂水平井 CO_2 吞吐潜力评价模型. 科学技术与工程, 2014, 14(27): 207-210.

[133] Mohammed-Singh L. Screening criteria for carbon dioxide huff-n-puff operations. SPE/DOE Symposium on Improved Oil Recovery, Tulsa, 2006.

[134] 张娟, 张晓辉, 张亮, 等. 水平井 CO_2 吞吐增油机理及影响因素. 油田化学, 2017, 34(3): 475-481.

[135] 吕广忠, 伍增贵, 栾志安, 等. 吉林油田 CO_2 试验区数值模拟和方案设计. 石油钻采工艺, 2002(4): 39-41, 83.

[136] 陈光莹. CO_2 与原油最小混相压力模拟预测及实验测定. 长沙: 湖南大学博士学位论文, 2016.

[137] 鞠斌山, 秦积舜, 李治平, 等. 二氧化碳-原油体系最小混相压力预测模型. 石油学报, 2012, 33(2): 274-277.

[138] 赵明国, 丁先运, 李金珠. 低渗透油田水/CO_2 交替驱注入参数优选. 科学技术与工程, 2012, 12(27): 7068-7070.

[139] John D R, Reid B G. 二氧化碳驱过程中水气交替注入能力异常分析. 牛宝荣, 范华, 摘译. 国外油田工程, 2002(5): 1-6+21.

[140] 孟凡坤, 苏玉亮, 郝永卯, 等. 基于 B-L 方程的低渗透油藏 CO_2 水气交替注入能力. 中国石油大学学报(自然科学版), 2018, 42(4): 91-99.

[141] 李南, 田冀, 焦红梅, 等. 低渗透油藏 CO_2 驱超前注气可行性评价. 科学技术与工程, 2014, 14(20): 194-197.

[142] 何应付, 周锡生, 李敏, 等. 特低渗透油藏注 CO_2 驱油注入方式研究. 石油天然气学报, 2010, 32(6): 131-134, 531.

[143] 庄永涛, 刘鹏程, 张婧瑶, 等. 大庆外围油田 CO_2 驱注采参数优化研究. 钻采工艺, 2014, 37(1): 42-46, 12.